图解
机械制造
原理

机器
是怎么
制造出来的
？

周湛学　编著

化学工业出版社
·北京·

内容简介

本书是通俗、全面介绍机械制造过程及相关技术的科普读物，内容主要包括机器组成、机械产品类型、机械制造过程、金属材料来源、毛坯制造方法、传统机械制造方法、机械制造新技术、机械加工质量检验、机械零件热处理、机器装配、典型零件加工等。

机械制造的全过程：开采矿石，经过冶炼制成金属原材料；通过铸造、锻压、冲压、焊接等加工方法制成毛坯；再通过传统制造技术及先进制造技术生产出各种零部件，最后通过装配将零部件组装成人们需要的各种机械产品。

全书以立体模型图、原理示意图为主，文字辅助说明，易学易懂，适合爱好机械制造并热爱科技的广大青少年阅读。

图书在版编目（CIP）数据

图解机械制造原理：机器是怎么制造出来的？/周湛学编著. —北京：化学工业出版社，2023.11（2025.1重印）
ISBN 978-7-122-44126-3

Ⅰ.①图… Ⅱ.①周… Ⅲ.①机械制造-图解 Ⅳ.①TH-64

中国国家版本馆CIP数据核字（2023）第167818号

责任编辑：张兴辉　张燕文
责任校对：李露洁
装帧设计：王晓宇

出版发行：化学工业出版社
　　　　　（北京市东城区青年湖南街13号　邮政编码100011）
印　　装：河北延风印务有限公司
787mm×1092mm　1/16　印张22¼　字数578千字
2025年1月北京第1版第3次印刷

购书咨询：010-64518888
售后服务：010-64518899
网　　址：http://www.cip.com.cn
凡购买本书，如有缺损质量问题，本社销售中心负责调换。

定　　价：**108.00元**

前 言
PREFACE

　　充满了科技魅力的机械制造，给人类创造了一个既神奇又美好的世界，从人类使用天然工具到制造工具，从简单的手工制造到简易机床的出现，人们一直为研发更有效更迅速的制造技术而努力。

　　生产各种机械、仪器和工具等的工业称为机械制造业，机械制造涵盖机械产品制造的全过程。任何机器或部件都是由若干零部件装配而成的，所以制造技术是使原材料变成产品的一系列技术的总称。

　　机械制造业是社会生产力发展水平的重要标志。为了让热爱机械制造并爱好科技的广大读者了解机械制造原理和技术，了解机器制造全过程，本书用通俗的语言和科学的概念讲述机械制造的原理，使读者在愉快的阅读中增长知识，同时让人们认识和感受到只有科学技术不断创新，才能缔造更美好的生活、创造更光辉的未来，让更多的人体会到科技创新的重要性，并勇于探索和实践。

　　本书特色鲜明，属于机械制造原理科普读物，内容主要包括机器组成、机械产品类型、机械制造过程、金属材料来源、毛坯制造方法、传统机械制造方法、机械制造新技术、机械加工质量检验、机械零件热处理、机器装配、典型零件加工等。

　　机械制造是从材料生产开始的，先进行矿石开采，经过冶炼生成金属原材料；通过铸造、锻压、冲压、焊接等加工方法制成毛坯；再通过传统制造技术及先进制造技术生产出各种零部件，通过装配将零部件组装成人们需要的各种机械产品。这就是机器生产的全过程。

　　先进制造技术是制造技术的最新发展阶段，是由传统的制造技术发展起来的，既保持了过去制造技术中的有效要素，又不断吸收各种高新技术成果。因此，本书以讲述传统的机械制造技术为主，对于初学者和热爱这个行业的人来说，也只有了解了最基本的原理和技术，才会由浅入深地学习和发展机械制造技术。为了拓宽视野，书中也介绍了一些机械制造新技术，例如特种加工技术、3D打印技术等。

　　本书最后以"有趣的机械制造"一章作为结尾，讲述了一些常见机械产品的生产制造过程，让读者从中感受一下机械制造的魅力，看完后是否会增强您的创造力和想象力呢？本书通俗易懂，读者能从中体会到一种新的理念，对机器制造的全过程有一种全新的理解。全书以立体模型图、原理示意图为主，文字辅助说明，适合爱好机械制造并热爱科技的广大青少年阅读。

　　因水平所限，书中不妥之处在所难免，恳请读者予以批评指正。

编著者

目 录

CONTENTS

第4章　毛坯的制造方法 / 065

第 5 章　传统机械制造方法　　　/ 126

第 11 章　有趣的机械制造　　　　　　　　　　/ 314

机械制造全过程思维导图

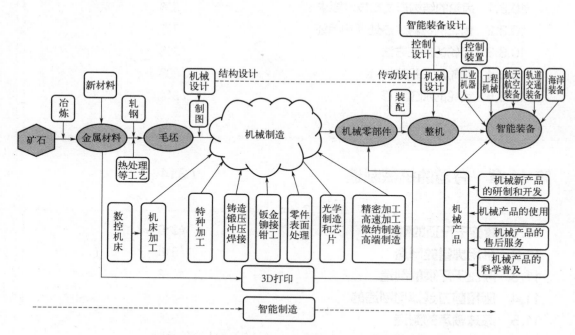

机械制造技术思维导图

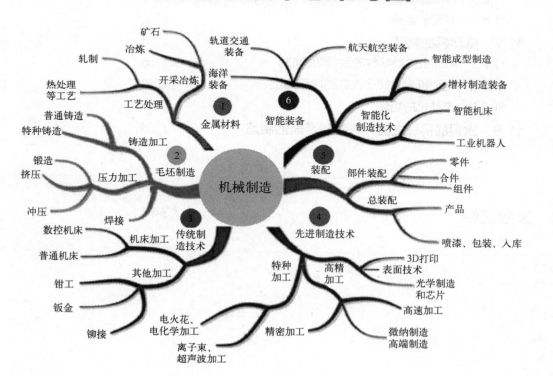

第1章
机械产品及分类

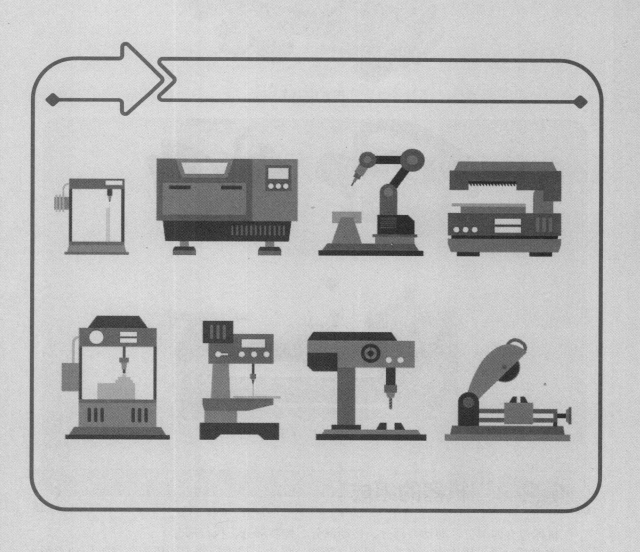

1.1 什么是机器

　　机器是由各种金属和非金属零部件组装成的装置，消耗能源（例如电能或化学能），可以运转和做功。它用来代替人的劳动，进行能量转换、信息处理以及产生有用功。机器是由不同的加工方法制造而成的，其加工方法主要有铸、锻、焊、车、铣、刨、磨、钳等。

　　机器是指机械制造厂家向用户或市场所提供的成品或附件，如汽车（见图 1-1）、发动机（见图 1-2）、机床（见图 1-3）等都称为机器。任何机器都可以看作由若干零件和部件组成，部件又可分为不同层次的子部件（也称为组件），直至最基本的零件。

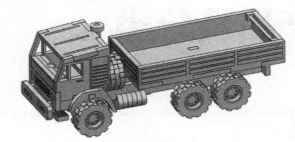

图 1-1　汽车

图 1-2　发动机

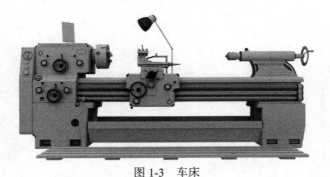

图 1-3　车床

1.2 机器的组成

　　机器包含四部分，即动力部分、传动部分、控制部分、执行部分。
　　动力部分可采用人力、畜力、风力、液力、电力、热力、磁力、压缩空气等作动力源，其中利用电力和热力的原动机（包括电动机和内燃机）使用最广。

传动部分和执行部分由各种机构（如内燃机中的凸轮机构）组成，是机器的主体。

控制部分包括各种控制机构、电气装置、计算机和液压系统、气动系统等。

汽车是典型的机器，由动力部分、传动部分、控制部分、执行部分组成。汽车动力部分是发动机，传动部分是变速器、传动轴，控制部分是车载 ECU（发动机电子控制单元），执行部分是指各个终端的执行部件，如电动摇窗机等。

1.3 机械产品的种类和用途

机械产品的分类方法很多，按行业分为医疗、建筑、航空、农业等机械，按用途分为民用、工业生产、工程等机械，还可以按照其他方法进行分类。

1.3.1 基础零部件

基础零部件包括轴承、液压件、密封件、紧固件、链条、齿轮、模具等。

① 轴承 如图 1-4 所示，是机械设备中一种重要的零部件。它的主要功能是支承机械旋转体，减小其运动过程中的摩擦因数，并保证其回转精度。

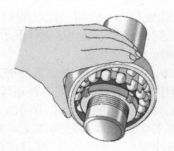

图 1-4 轴承

② 液压件 是液压泵（见图 1-5）、液压马达、液压缸、液压阀、增压器等一切用于液压系统的元件。液压件分为动力元件（液压泵）、控制元件（溢流阀、顺序阀、方向阀等）、执行元件（液压马达、液压缸）、辅件（油箱、管路等）。

(a) 齿轮泵　　　　　　　　(b) 叶片泵

图 1-5 液压泵

　　液压泵常按结构分为柱塞泵、齿轮泵、叶片泵三大类。齿轮泵广泛应用于采矿机械、冶金机械、建筑机械、工程机械、农林机械等。起重运输车辆、工程机械的液压系统中选用高压叶片泵。

　　③密封件　常用密封件（见图1-6）主要分为静态密封和动态密封。静态密封指的是密封件与其密封的装置相对静止，例如管道上连接法兰的密封垫片，而动态密封两者则是相对运动的，例如液压缸的密封件。

　　④紧固件　标准紧固件主要包括螺栓、螺柱、螺钉、螺母、垫圈和铆钉等（见图1-7）。

图1-6　密封件　　　　　　　　　　　　　　图1-7　紧固件

　　⑤链条　如图1-8所示，用于传递机械动力，应用广泛，例如在输送机、绘图机、印刷机、汽车、摩托车以及自行车中都能见到。它由一系列短圆柱滚子链节连接在一起，由一个主动链轮驱动。这是一种简单、可靠的动力传递装置。

　　⑥齿轮　有齿的轮状零件（见图1-9），是机器上常用、重要的零件之一，通常成对啮合，一个主动旋转，另一个被动旋转，用以改变方向、速度、转矩等。

　　⑦模具　是用来制作成型工件的工具，不同的模具由不同的零件构成（见图1-10）。它主要通过使所成型材料物理状态改变来实现工件外形的加工，素有"工业之母"的称号，在外力作用下使坯料成为有特定形状和尺寸的制件。模具广泛用于冲裁、模锻、冷镦、挤压、粉末冶金件压制、压力铸造，以及工程塑料、橡胶、陶瓷等制品的压塑或注塑成型加工。

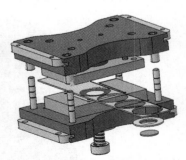

图1-8　链条　　　　　　　图1-9　齿轮　　　　　图1-10　圆形垫片冲孔落料复合
　　　　　　　　　　　　　　　　　　　　　　　　　　　　　　冲压模具

1.3.2 农业机械

农业机械指农、畜产品初加工和处理过程中所使用的各种机械，包括农用动力机械、农田建设机械、土壤耕作机械、种植和施肥机械、植物保护机械、作物收获机械、农田排灌机械、农业运输机械、畜牧业机械和农产品加工机械等。广义的农业机械还包括林业机械、渔业机械和蚕桑、养蜂、食用菌类培植等农副业机械。农业机械实际上是农业、畜牧业、林业和渔业所有机械的总称。

① 农用动力机械　指为农业生产、农副产品加工、农田建设、农业运输和各种农业设施提供原动力的机械。常用的有各种内燃机（柴油机、汽油机等）、拖拉机（见图1-11）、电动机、水轮机、风力机等。在农业中用机电动力代替人力和畜力，可提高生产率、减轻劳动强度、增强抵御自然灾害的能力，及时地完成各项农事作业，对产量的提高具有显著作用。

② 农田建设机械　指用于进行各种土石方作业，以改善农业生产用地的基本条件、增强抵御自然灾害能力和防治水土流失的施工机械。

③ 土壤耕作机械　指对耕作层土壤进行加工整理的机械，具有打破犁底层、恢复土壤耕层结构、提高土壤蓄水保墒能力、消灭部分杂草、减少病虫害、平整地表以及提高农业机械化作业标准等作用。基本耕

图1-11　拖拉机

作机械用于土壤的耕翻或深松耕，主要有铧式犁、圆盘犁、凿式松土机、旋耕机等。旋耕机（见图1-12）与耕地拖拉机（见图1-13）配套完成耕、耙作业。因其具有碎土能力强、耕后地表平坦等特点，而得到了广泛的应用；同时能够切碎埋在地表以下的根茬，便于播种机作业，为后期播种提供良好的种床。

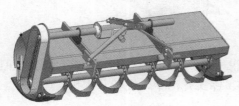

图1-12　旋耕机

图1-13　耕地拖拉机

④ 种植和施肥机械　插秧机（见图 1-14）是将稻苗植入稻田中的一种农业机械。插秧机的作用是提高插秧的工作效率和栽插质量，实现合理密植，有利于后续作业的机械化。播种机（见图 1-15）是播种作物种子的一种农业机械。用于某类或某种作物的播种机，常冠以作物种类名称，如谷物条播机、玉米穴播机、棉花播种机、牧草撒播机等。施肥机是一种肥料的施用机械。根据施肥方式的不同，可分为化肥施用机（固体、液体）、厩肥施用机（固体、液体）。由于农家肥料和化学肥料、液体肥料和固定肥料性质差别很大，因而施用这些肥料的机械其结构和原理也不相同。

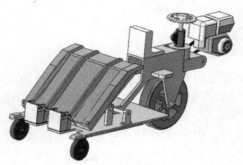

图 1-14　插秧机

图 1-15　播种机

⑤ 作物收获机械　图 1-16 ～ 图 1-18 所示为收割机，是收取成熟作物的整个植株或果实、种子、茎、叶、根等的农业机械。由于各种作物的收取部位、形状、物理性质和收获的技术要求不同，因此需要采用不同种类的作物收获机械，主要包括谷物收获机械、玉米收获机械、棉花收获机械、薯类收获机械、甜菜收获机械、花生收获机械、甘蔗收获机械、蔬菜收获机械、果品收获机械、采茶机械、牧草收获机械和青饲料收获机械等。

图 1-16　收割机

图 1-17　小型收割机

⑥ 农田排灌机械　是利用各种能源和动力，提水灌入农田或排出农田多余水分的机械。广义的农田排灌机械还包括水井钻机（见图 1-19）、铧式开沟犁、旋转开沟机、暗沟犁、开沟铺管机等。

⑦ 农业运输机械　是将各种农业生产资料、农副产品和生活资料等从一个地点运送到另一

个地点的交通工具。常用的农业运输机械主要是各种农用车辆,图1-20所示为拖拉机挂车。

图1-18 联合收割机

图1-19 水井钻机

⑧农产品加工机械 是对收获后的农产品或采集的禽、畜产品进行初步加工,以及某些以农产品为原料进行深度加工的机械设备。经加工后的产品便于储存、运输和销售,供直接消费或作为工业原料。农产品加工机械的种类很多,使用较多的有谷物干燥设备、粮食加工机械、油料加工机械、棉花加工机械、麻类剥制机械、茶叶初制和精制机械、果品加工机械(见图1-21)、蔬菜加工机械、乳品加工机械、种子加工处理设备(见图1-22)和制淀粉设备等。

图1-20 农业运输机械(拖拉机挂车)

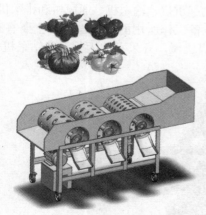

图1-21 番茄分拣机

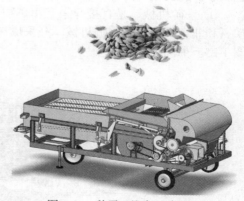

图1-22 种子(粮食)清选机

目前农业机械化已经代替了人工劳作。过去农业作业都是依靠人工(见图1-23和

图 1-24），现在利用智能化设备代替人工已非常普遍。

图 1-23　收麦子

图 1-24　插秧

1.3.3　矿山机械

　　矿山机械是直接用于矿物开采和浮选等作业的机械，包括采矿机械和选矿机械。探矿机械的工作原理和结构与开采同类矿物所用的采矿机械大多相同或相似，广义上说，探矿机械也属于矿山机械。另外，矿山作业中还应用大量的起重机、输送机、通风机和排水机械等。

　　① 采矿机械　是直接开采有用矿物和开采准备工作所用的机械设备，主要有开采金属矿石和非金属矿石的采掘机械，开采煤炭用的采煤机械，开采石油用的石油钻采机械等（见图 1-25 ～图 1-27）。

图 1-25　大型采矿挖煤机

图 1-26　挖掘机

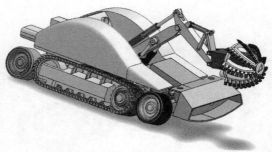

图 1-27　掘进机

② 起重机　图 1-28 所示为桥门式起重机。

图 1-28　桥门式起重机

③ 输送机　可广泛应用于矿山、冶金、建材、化工、电力、食品加工等工业领域。输送机不仅可以完成散装物料的运输，还可用来输送成件物料，根据输送物料种类的不同，可选择不同类型的输送机（见图 1-29 ～图 1-31）。

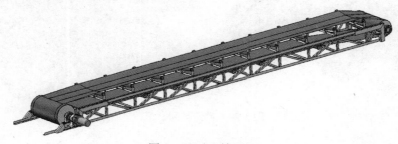

图 1-29　矿山输送机

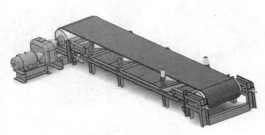

图 1-30　矿用带式输送机

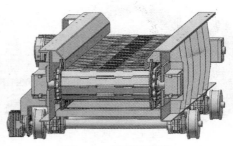

图 1-31　链板输送机

④ 工矿车辆　属非公路车辆，主要用于矿山、工程方面，比一般载重车辆更耐用，载重也更大。矿用车辆按卸物方式的不同可分为以下几类：固定车厢式矿车（见图 1-32）、底卸式矿车、侧卸式矿车（见图 1-33）、矿山自卸卡车（见图 1-34）。

图 1-32　固定车厢式矿车

图 1-33　侧卸式矿车

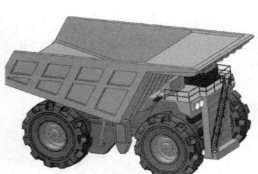

图 1-34　矿山自卸卡车

1.3.4 工程机械

　　工程机械是装备工业的重要组成部分。概括地说，凡土石方施工工程、路面建设与养护、流动式起重装卸作业和各种建筑工程所需的综合性机械化施工工程所必需的机械装备，统称为工程机械。它主要用于国防建设、交通运输建设、能源工业建设和生产、矿山等原材料工业建设和生产、农林水利建设、工业与民用建筑施工、城市建设、环境保护等领域。

　　工程机械主要包括起重机械、运输机械、土方机械、桩工机械、钢筋混凝土机械、石料开采加工机械、装修机械、路面机械、线路机械、桥梁机械和隧洞机械。

　　① 起重机械　用于重物的吊运和安装。主要机种有塔式起重机（见图1-35）、履带式起重机（见图1-36）、汽车起重机（见图1-37）等。

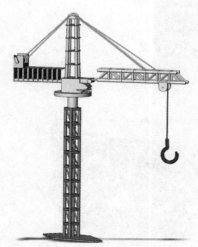

图 1-35　塔式起重机　　　　　图 1-36　履带式起重机　　　　　图 1-37　汽车起重机

　　② 运输机械　用于物料的运输装卸，包括连续输送机械、搬运车辆和装卸机械等。连续输送机械主要机种有带式输送机（见图1-38）、螺旋输送机等。搬运车辆主要机种有自卸车（见图1-39）、翻斗车（见图1-40）、叉车（见图1-41）等。

　　③ 土方机械　用于土方的铲掘、运送、填筑、压实和平整。主要有挖掘机（见图1-42）、铲车（见图1-43）、压路机（见图1-44）等。

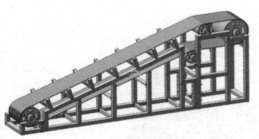

图 1-38　带式输送机

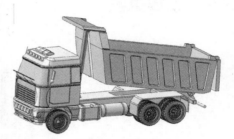

图 1-39　自卸车

图 1-40　翻斗车

图 1-41　叉车

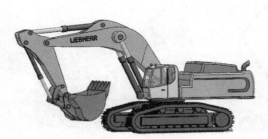

图 1-42　挖掘机

图 1-43　铲车

④ 桩工机械　用于基础工程，在底层中设置各种基桩。主要有打桩机（见图 1-45）、压桩机、振动沉桩机和灌注桩钻孔机等。

⑤ 钢筋混凝土机械　用于混凝土的配料、搅拌、输送、灌注、振捣和钢筋加工。主要机械有沥青混凝土搅拌站（见图 1-46）、混凝土搅拌机（见图 1-47）、混凝土搅拌车（见图 1-48）、混凝土振捣器等。

图 1-44　压路机

图 1-45　打桩机

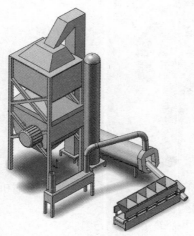

图 1-46　沥青混凝土搅拌站

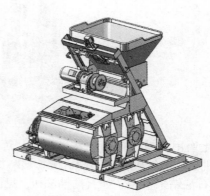

图 1-47　混凝土搅拌机

⑥ 石料开采加工机械　石料开采机械有风镐（见图 1-49）、凿岩机（见图 1-50）等，石料加工机械包括各种石料破碎机和筛分机等。

图 1-48　混凝土搅拌车

图 1-49　风镐

图 1-50　风动凿岩机

1.3.5　石化通用机械

　　石化通用机械包括石油钻采机械、炼油机械、化工机械、泵、风机、气体压缩机、制冷空调机械、造纸机械、印刷机械、塑料加工机械、制药机械等。

　　① 石油钻采机械　如石油抽油机（见图 1-51）、钻井拖车（见图 1-52）。

图 1-51　石油抽油机

图 1-52　钻井拖车

② 化工机械 化工生产中为了将原料加工成一定规格的成品，往往需要经过原料预处理、化学反应以及反应产物的分离和精制等一系列化工过程，实现这些过程所用的机械，常常都被划归为化工机械。主要有过滤机、破碎机（见图1-53）、粉碎机（见图1-54）、离心分离机、旋转窑、搅拌机、旋转干燥机以及流体输送机械等。

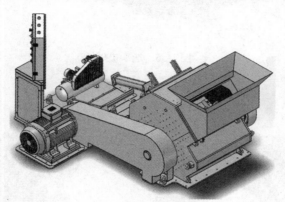

图1-53　破碎机

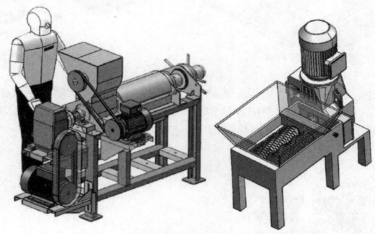

图1-54　粉碎机

③ 气体压缩机 是把机械能转换为气体压力能的一种动力装置，常用于风动工具，提供气体动力，在石油化工、钻采、冶金等行业也常用于压送氧、氢、氨、天然气、焦炉煤气、惰性气体等介质。

④ 制冷空调机械 是依靠机械作用或热力作用，使制冷工质发生状态变化（包括集态变化），完成制冷循环，并利用工质在低温下的温升或集态变化进行制冷的机械。

⑤ 造纸机械（见图1-55） 是包括原料准备、制浆、造纸，直到制成卷筒或平张成品，以及加工纸和纸板的机械。

⑥ 印刷机械（见图1-56） 是印刷机、装订机（见图1-57）、制版机及其他辅助机械的统称。这些机械有不同的性能和用途，因此它们的形式不完全相同。

⑦ 塑料加工机械 广泛应用于建筑材料工业、包装工业、电气电子信息工业、农业、汽车及交通业、轻工业、石油化学工业、机械工业、国防工业等国民经济各个部门及人们生活的各个领域，在国民经济中具有极为重要的作用。

图 1-55　造纸机械

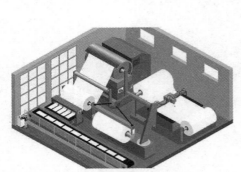

图 1-56　印刷机械

图 1-57　装订机

　　塑料加工机械种类繁多，按加工工艺分为注塑机、挤出机和吹塑机三大类。注塑机（见图 1-58）根据模具的形状可以生产出各种塑料产品。挤出机（见图 1-59）可以挤出片材、管材、棒材。吹塑机（见图 1-60）可以生产薄膜、塑料瓶。

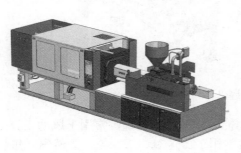

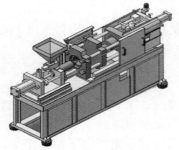

图 1-58　注塑机

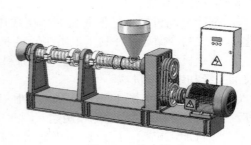

图 1-59　挤出机

⑧ 制药机械　包括制粒烘箱、沸腾干燥机、湿法机、粉碎机、切片机、炒药机、煎药机、压片机、制丸机、多功能提取罐、储液罐、配液罐、减压干燥箱、胶囊灌装机（见图1-61）、泡罩式包装机、颗粒包装机、散剂包装机、混合机、提升加料机等。

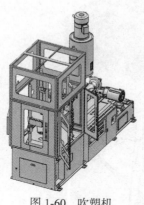

图1-60　吹塑机

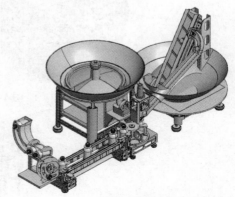

图1-61　胶囊灌装机

1.3.6　电工机械

电工机械是产生电能以及生产电线电缆的机器的统称。电工机械包括发电机（见图1-62）、变压器（见图1-63、图1-64）、高低压开关、电焊机（见图1-65）、蓄电池（见图1-66）、家用电器（见图1-67）、电动机（见图1-68）等。

图1-62　发电机

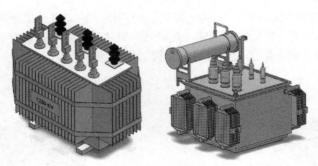

图 1-63　变压器

图 1-64　安装变压器

图 1-65　电焊机

图 1-66　蓄电池

图 1-67　家用电器

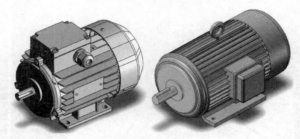

图 1-68　电动机

1.3.7　机床

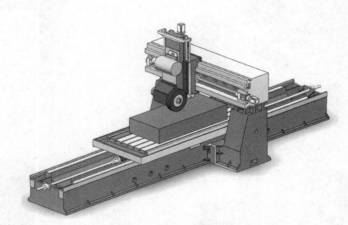

机床是机械工业的基本生产设备，其品种、质量和加工效率直接影响着其他机械产品的生产技术水平和经济效益。因此，机床工业的现代化水平和规模，以及所拥有的机床数量和质量是一个国家工业发达程度的重要标志之一。

机床是对金属或其他材料的坯料或工件进行加工，使之获得所要求的几何形状、尺寸精度和表面质量的机器。机械产品的零件大都是用机床加工出来的。机床是制造机器的机器，也是能制造机床本身的机器，这是机床区别于其他机器的主要特点，故机床又称为工作母机或工具机。

① 金属切削机床　主要用于对金属进行切削加工。目前将机床划分为 12 类：车床、铣床、钻床、磨床、镗床、齿轮加工机床、螺纹加工机床、刨床、插床、拉床、锯床及其他机床（见图 1-69 ～图 1-73）。

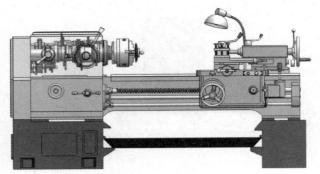

图 1-69　车床

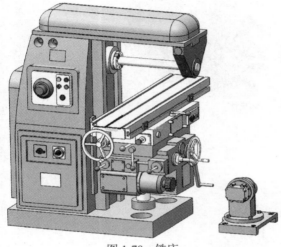

图 1-70　铣床

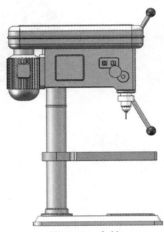

图 1-71　台钻

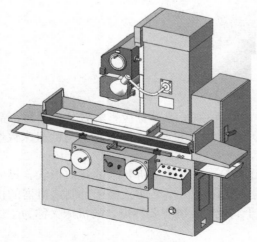

图 1-72　平面磨床

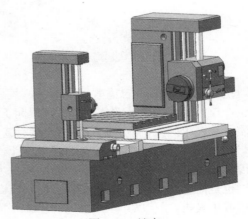

图 1-73　镗床

② 木工机床　用于对木材进行切削加工，如图 1-74 所示。

③ 特种加工机床 用物理、化学等方法对工件进行特种加工，如图1-75所示。

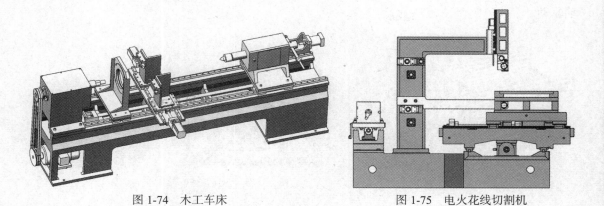

图1-74　木工车床　　　　　　　　　　　图1-75　电火花线切割机

④ 锻压机械 是指在锻压加工中用于成形和分离的机械设备。常用于对坯料进行压力加工，如锻造、挤压和冲裁等。锻压机械包括成形用的锻锤、机械压力机、液压机、螺旋压力机和平锻机，以及开卷机、矫正机、剪切机、锻造操作机等辅助机械。液压机（见图1-76）是一种利用液体静压力加工金属、塑料、橡胶、木材、粉末等制品的机械。它常用于压制工艺，如锻压、冲压、冷挤、校直、弯曲、翻边、薄板拉深、粉末冶金、压装等。

⑤ 铸造机械 是利用铸造技术将金属熔炼成符合一定要求的液体并浇进铸型里，经冷却凝固、清整处理后得到有预定形状、尺寸和性能的铸件的所有机械设备。图1-77所示压铸机就是在压力作用下把熔融金属液压射到模具中冷却成型，开模后得到固体金属铸件的一种工业铸造机械。

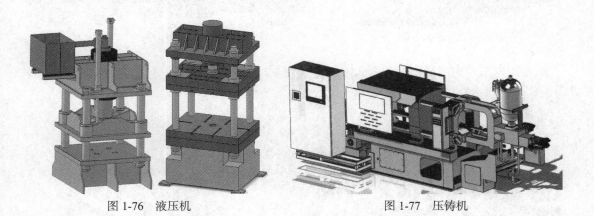

图1-76　液压机　　　　　　　　　　　图1-77　压铸机

1.3.8　汽车

汽车是由动力驱动，具有四个或四个以上车轮的非轨道承载的车辆，主要用于载运人员和（或）货物、牵引载运人员和（或）货物的车辆以及特殊用途。汽车分为以下几种类型。

① 货车 又称载货汽车（见图1-78）、载重汽车、卡车，主要用来运送各种货物或牵引

全挂车。

② 越野车　如图 1-79 所示，主要用于非公路上载运人员和货物或牵引设备，一般为全轴驱动。

图 1-78　货车　　　　　　　　　　　　　　　图 1-79　越野车

③ 自卸车　如图 1-80 所示，指货箱能自动倾翻的载货汽车，有向后倾卸的和左右后三个方向均可倾卸的两种。

④ 牵引车　如图 1-81 所示，专门或主要用来牵引的车辆，可分为全挂牵引车和半挂牵引车。

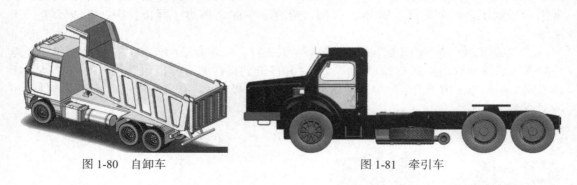

图 1-80　自卸车　　　　　　　　　　　　　　图 1-81　牵引车

⑤ 专用汽车　为了承担专门的运输任务或作业，装有专用设备，具备专用功能的车辆，见图 1-82 ～图 1-84。

图 1-82　消防车　　　　　　　　　　　　　　图 1-83　救护车

⑥ 客车　如图 1-85 所示，指乘坐 9 人以上，具有长方形车厢，主要用于载运人员及其

行李物品的车辆。

图 1-84　油罐车

图 1-85　客车

⑦ 轿车　如图 1-86 所示，指乘坐 2 ～ 8 人的小型载客车辆。

图 1-86　轿车

1.3.9　仪器仪表

仪器仪表是用以检验、测量、观察、计算各种物理量、物质成分、物性参数等的器具或设备。压力表（图 1-87）、电表（图 1-88）、测长仪、显微镜（图 1-89）、乘法器、检测电机的仪器（图 1-90）等均属于仪器仪表。广义上，仪器仪表也可具有自动控制、报警、信号传递和数据处理等功能，例如用于工业生产过程自动控制中的气动调节仪表和电动调节仪表，集散型仪表控制系统也属于仪器仪表。

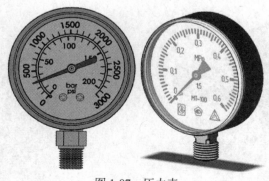

图 1-87　压力表

图 1-88　电表

图 1-89　显微镜

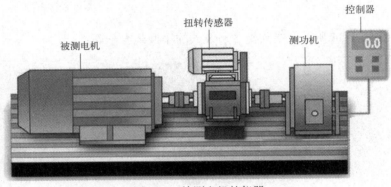

图 1-90　检测电机的仪器

1.3.10　包装机械

包装机械是完成全部或部分产品和商品包装过程的机械。包装过程包括充填、包裹、封口等主要工序，以及与其相关的前后工序，如清洗、堆码和拆卸等。此外，包装还包括计量或在包装件上盖印等工序。使用机械包装产品可提高生产率，减轻劳动强度，同时适应大规模生产的需要，并满足清洁卫生的要求。图 1-91 所示为蛋糕充填机，图 1-92 所示为自动螺钉包装机，图 1-93 所示为金属集装箱。

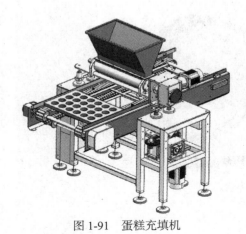

图 1-91　蛋糕充填机

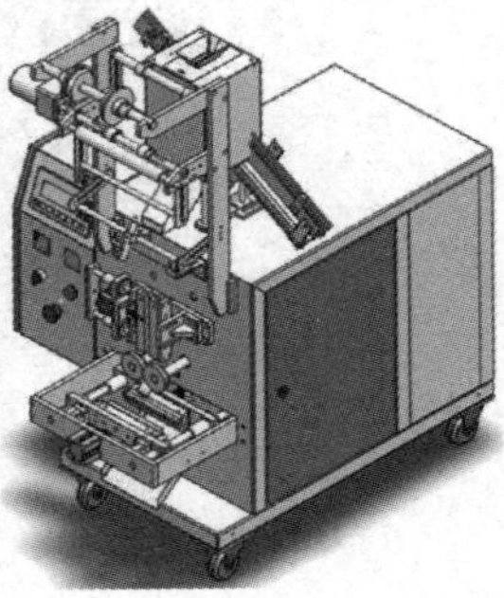

图 1-92　自动螺钉包装机

图 1-93　金属集装箱

1.3.11　环保机械

环保机械是指用于控制环境污染、改善环境质量而由生产单位或建筑安装单位制造和建造出来的机械设备、构筑物及系统。环保机械主要包括固废处理设备（见图 1-94）、环境监测设备、污水处理设备（见图 1-95 和图 1-96）、空气净化设备（见图 1-97）等。

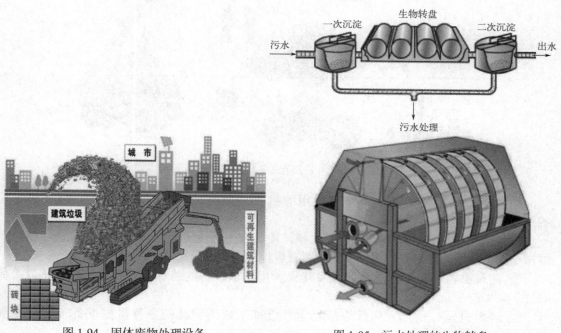

图 1-94　固体废物处理设备　　　　图 1-95　污水处理的生物转盘

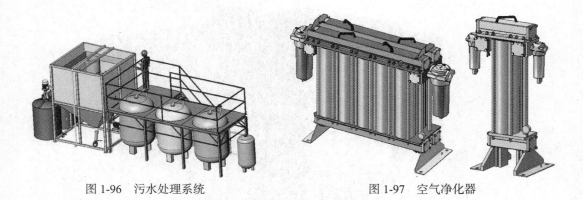

图 1-96　污水处理系统　　　　　　　　图 1-97　空气净化器

1.3.12　其他机械

① 铁路施工机械　是修建铁路使用的机械。按其作业范围可分为路基施工机械、隧道施工机械、桥梁施工机械和铺轨机械等（见图 1-98）。

图 1-98　铁路施工机械、建筑机械

路基施工机械是修筑铁路路基使用的机械，主要有推土机、铲运机、压实机和挖掘机等。

隧道施工机械是开挖隧道使用的机械，按其施工性质可分为隧道分部开挖施工机械和隧道全断面开挖及衬砌施工机械等，主要有盾构机、凿岩台车。

② 建筑机械　是工程建设和城乡建设所用机械设备的总称，在我国又称为建设机械（见图 1-98）。

③ 纺织机械　是把天然纤维或化学纤维加工成纺织品的各种机械设备（图 1-99 和图 1-100）。

④ 轻工机械　主要包括造纸、食品、包装、塑料加工、日用化工、日用机电及其他轻工行业的专用机械（见图 1-101 ～图 1-104）。

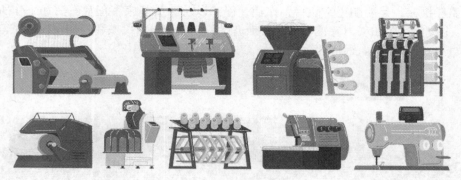

图 1-99 纺织机械

图 1-100 卷布机

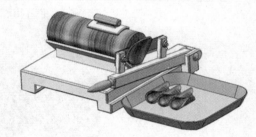

图 1-101 手动切片机

图 1-102 磨面机

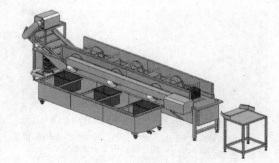

图 1-103 豆芽清洗机

图 1-104 食品原料清洗机

⑤ 船舶机械 是船舶正常航行、作业、停泊以及船员和旅客正常生活和工作所需的机械设备。主要包括船舶动力装置、传动与推进设备、船舶舱内机械和船舶甲板机械等。例如船舶起货机、液压舵机、锚机和绞缆机等（见图 1-105 ～图 1-107）。

图 1-105　船舶机械

图 1-106　电动锚机

图 1-107　船用绞缆机
（BHC 是绞缆机的制动保持能力，即刹车力）

1.3.13 机器人

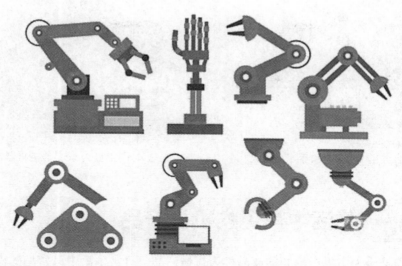

机器人正在改变我们的生活，图 1-108 ～图 1-112 所示为实现各种功能的机器人。

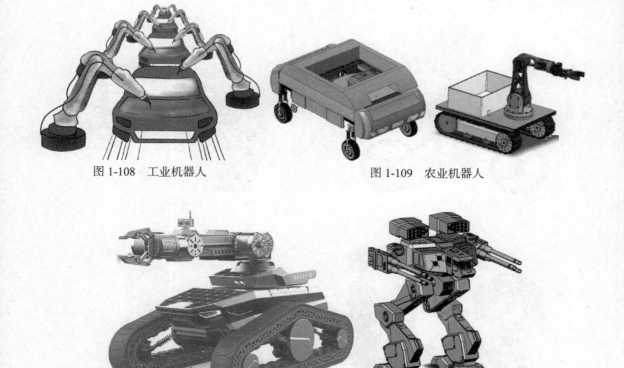

图 1-108 工业机器人　　　　　　　　图 1-109 农业机器人

图 1-110 军用机器人

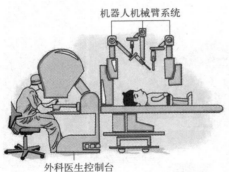

机器人机械臂系统

外科医生控制台

图 1-111　达·芬奇外科手术机器人

图 1-112　公共服务机器人

1.4　生活中常见的机械产品

　　以金属类材质为主生产组装的成品称为机械产品。日常生活中最常见的机械产品包括自行车、摩托车、汽车、机械钟表、轮椅、锁具、跑步机、家用电器、照相机等，如图 1-113 ～图 1-122 所示。

图 1-113　自行车

图 1-114　机械手表和机械钟表

图 1-115　轮椅

图 1-116　跑步机

图 1-117　洗衣机

图 1-118　电风扇

图 1-119　空调

图 1-120　油烟机

图 1-121　摩托车

图 1-122　照相机

　　机械产品都是通过机械制造出来的，因此说机械制造业是国民经济的基础产业，它的发展直接影响到国民经济各部门的发展，也影响到国计民生和国防建设。从生活中穿的衣服、吃的食品、住的房子、进出的车辆，再到国家强大和安全稳定，如强大的经济和军事实力，以及公路铁路、导弹火箭、航天卫星等，都与机械制造密切相关。

第 2 章
什么是机械制造

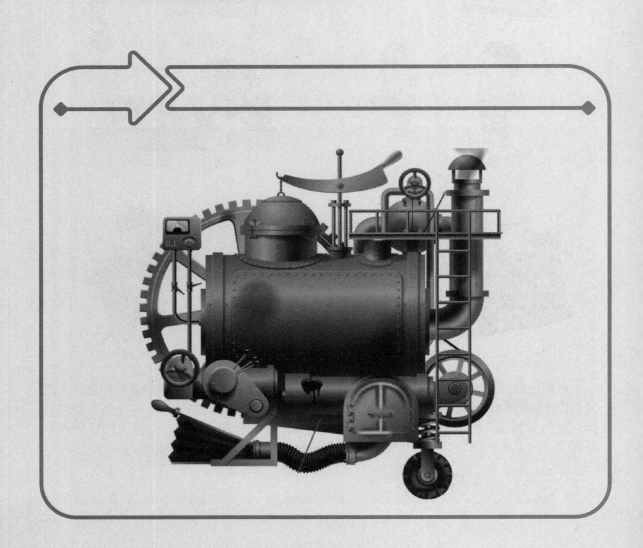

2.1　制造与制造技术

制造是人类主要的生产活动之一。制造的历史悠久，从制造石器、陶器，到制造刀、枪、剑、戟等兵器，钻、凿、锯、锉、锤等工具，锅、盆、罐、犁（见图 2-1）、车（见图 2-2）等用具，这个漫长的时期属于早期制造。早期制造是依靠手工（见图 2-3）完成的，可以理解为用手来做。从英国工业革命开始，以机械工业化生产为标志，逐渐用机械代替手工，社会分工更加细化，产品生产由手工业向机器大工业转变（见图 2-4、图 2-5）。

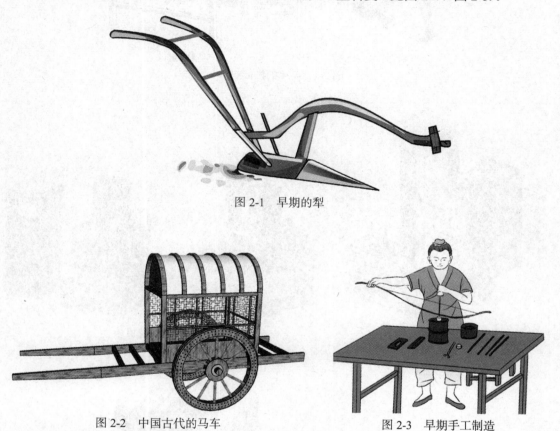

图 2-1　早期的犁

图 2-2　中国古代的马车　　　　　　　图 2-3　早期手工制造

制造是人类按照所需，运用主观掌握的知识和技能，借助手工或可以利用的客观物质工具，采取有效的方法，将原材料转化为最终产品，并投放市场的全过程。制造技术是完成制造活动所需的一切手段的总和，是制造活动和制造过程的核心。手工制造的核心是能工巧匠的技能、技巧；机械制造技术是机械制造的核心，包括制造的知识、经验、操作技能、制造装备、工具和有效的方法。

现代制造技术或先进制造技术（见图 2-6 ～图 2-11）是 20 世纪 80 年代提出的，机械、电子、信息、材料、生物、化学、光学和管理等技术交叉、融合和集成并应用于产品生产的技术或理念。

未来的制造将突破人们传统的思维和想象，向纳米制造、分子制造、生物制造等方面发展。为了满足人类不断发展变化的需要，制造在不断发展变化，制造技术也在不断发展和进步。

早期的车床　　　　　　　　　　　早期的磨床

图 2-4　简单的机械制造

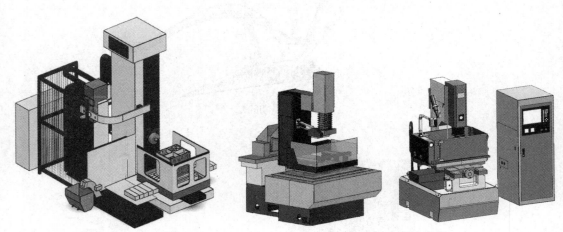

图 2-5　机床　　　　　　　　　　　图 2-6　电火花机床

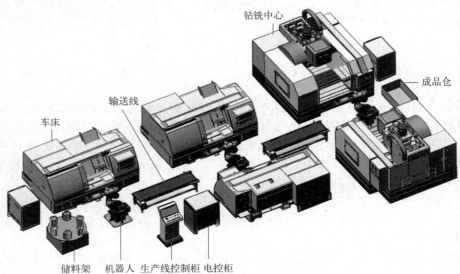

图 2-7　柔性制造系统

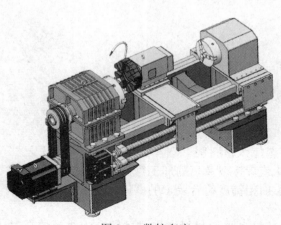

图 2-8　数控车床

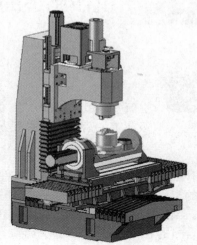

图 2-9　数控铣床

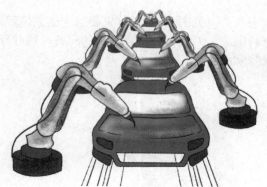

图 2-10　汽车生产线上的焊接机器人

图 2-11　搬运机器人

2.2　机械制造的定义

　　机械制造是各种动力机械、起重运输机械、农业机械、冶金矿山机械、化工机械、纺织机械、机床、工具、仪器仪表及其他机械等的设计制造过程的总称。从事上述生产的工业称为机械制造业，也称机械工业，其作用是为整个国民经济提供技术装备，是重要的工业门之一，也是国民经济的支柱，其发展水平是国家工业化程度的主要标志之一。

　　机械制造工艺是用机械制造的方法，将原材料制成机械零件毛坯，再将毛坯精加工成机械零件，然后将这些零件装配成机器的整个过程。

2.3　机械制造的过程

机械制造过程是什么？简单来说，机械制造过程用十五个字概括：
按要求、选材料、用方法、制零件、配机器。

　　按什么要求呢？按零件的服役条件要求。选什么材料呢？选择满足使用性能和工艺性能要求的工程材料。用什么方法呢？铸造、锻压或焊接以及切削加工等，同时根据需要进行热处理。制成什么零件呢？制成形状、尺寸和表面粗糙度符合要求的零件。最后配机器，即把质量合格的各种零部件装配成机器。
　　具体来讲，机械产品的制造过程是根据设计信息将原材料或半成品转变为成品的全过程。制造过程包括原材料的运输保管、生产准备、毛坯制造、零件加工制造、部件和产品的装配、质量检验和喷漆包装等。

2.3.1　技术准备

　　某种零件和产品投产前，必须做各项技术准备工作（见图2-12），首先要制定工艺规程，这是指导各项基础操作的重要文件。此外，原材料供应，刀具、夹具、量具的配备，热处理设备和检测仪器的准备，都要在技术准备阶段安排就绪。

刀具

夹具

量具

制定工艺规程

图 2-12　技术准备

2.3.2　常用材料及选择

　　机械制造中最常用的材料是钢和铸铁，其次是有色金属合金。非金属材料如橡胶、塑料等，在机械制造中也具有独特的使用价值。

（1）金属材料

① 铸铁和钢　它们都是铁碳合金，其区别主要在于含碳量不同。钢的含碳量低于铸铁的含碳量。铸铁具有适当的易熔性、良好的液态流动性，因而可铸成形状复杂的零件（见图2-13）；它的减振性、耐磨性、切削加工性（灰铸铁）均较好且成本低廉。钢具有高的强度、韧性和塑性，并可用热处理方法改善其力学性能和可加工性。钢制零件的毛坯可用铸造、冲压、焊接或锻造等方法获得。

常用的铸铁有灰铸铁、球墨铸铁、可锻铸铁、合金铸铁等。其中灰铸铁和球墨铸铁是脆性材料，不能进行碾压和锻造。

按照用途钢可分为结构钢、工具钢和特殊钢。结构钢用于制造各种机械零件和工程构件。工具钢主要用于制造各种刃具、模具（见图2-14）和量具。特殊钢（如不锈钢、耐热钢、耐酸钢等）用于制造在特殊环境下工作的零件。按照化学成分钢又可分为碳素钢和合金钢。根据含碳量不同钢还可分为低碳钢、中碳钢和高碳钢。

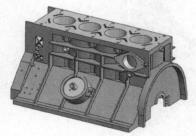

图 2-13　铸件

图 2-14　模具

低碳钢含碳量一般低于0.25%，它的强度较低，塑性很高，具有良好的焊接性，适于冲压、焊接，常用来制作螺钉、螺母、垫圈、轴、气门导杆和焊接构件等。含碳量在0.1%～0.2%的低碳钢还用于制作渗碳的零件，如齿轮、活塞销、链轮等。通过渗碳淬火可使零件表面耐磨，并具有一定的耐冲击性能。

中碳钢含碳量在0.25%～0.6%，它的综合力学性能好，既有较高的强度，又有一定的塑性和韧性，常用来制作受力较大的螺栓、螺母、键、齿轮和轴等零件。

高碳钢含碳量在0.6%以上，具有高的强度和弹性，多用来制作板弹簧（见图2-15）、螺旋弹簧或钢丝绳。

图 2-15　板弹簧

　　② 有色金属　以铜合金为例，它是以纯铜为基体加入一种或几种其他元素构成的合金。纯铜呈紫红色，又称紫铜。常用的铜合金分为黄铜、青铜、白铜三大类。

　　黄铜以锌作主要添加元素，并含有少量的锰、铝、镍等，具有美观的黄色，它具有很好的塑性及流动性，故可以进行挤压和铸造。黄铜常被用于制造阀门、水管和散热器等。

　　青铜原指铜锡合金，后除黄铜、白铜以外的铜合金均称青铜，并常在青铜名字前冠以第一主要添加元素的名称。锡青铜的铸造性能、减摩性能和力学性能好，适于制造轴承、蜗轮、齿轮等。铅青铜是现代发动机和磨床广泛使用的轴承材料。铝青铜强度高，耐磨性和耐蚀性好，用于铸造高载荷的齿轮、轴套、船用螺旋桨等。

　　白铜以镍为主要添加元素，还可加入锰、铁、锌、铝等元素。工业用白铜分为结构白铜和电工白铜两大类。结构白铜的特点是力学性能和耐蚀性好，色泽美观，广泛用于制造精密机械、化工机械和船舶构件等。电工白铜一般具有良好的热电性能。

　　（2）非金属材料

　　① 橡胶　其富有弹性，能吸收较多的冲击能量，常用于制作联轴器或减振器的弹性元件、带传动（见图2-16）的传动带等。硬橡胶可用于制造水润滑的轴承衬。

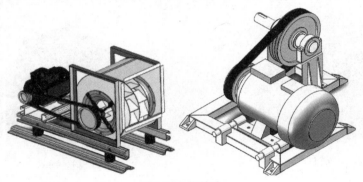

图 2-16　带传动

　　② 塑料　其密度小，易于制成形状复杂的零件，而且各种不同塑料具有不同的特点，如耐蚀性、绝缘性、减振性等，故近年来在机械制造中应用日益广泛。

　　以木屑、石棉纤维等作填充物，用热固性树脂压结而成的塑料可用来制作仪表支架、手柄（见图2-17）等受力不大的零件。

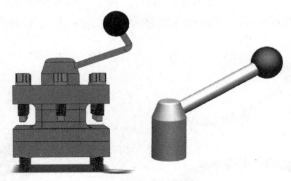

图 2-17　车床刀架手柄

　　以布、石棉、薄木板等片状填充物为基体，用热固性树脂压结而成的塑料可用来制作无声齿轮、轴承衬和摩擦片等。

2.3.3 毛坯制造

机械零件的材料一般采用金属材料，例如钢、铸铁等。机械零件毛坯类型有铸件、锻件、焊件等，相应毛坯的制造方法有铸造、锻造、焊接等。

① 铸造 是熔炼金属，并将熔融金属浇入铸型，凝固后获得一定形状、尺寸和性能的金属毛坯的加工方法（见图2-18）。

② 锻造 是在加压设备及工具、模具的作用下，使坯料、铸锭产生局部或全部的塑性变形，以获得一定几何形状、尺寸和性能的锻件的加工方法（见图2-19）。

③ 焊接 是通过加热或加压，或两者并用，用或不用填充材料，使工件达到结合的加工方法（见图2-20）。

图 2-18 铸造

图 2-19 锻造

图 2-20 焊接

2.3.4 机械加工

机械加工是利用机械力对各种工件进行加工的方法，包括切削加工、压力加工和特种加工。只有根据零件的材料、结构、形状、尺寸、使用性能等，选用适当的加工方法，才能保证产品的质量，生产出合格的零件。

（1）切削加工

切削加工是利用切削刀具从工件上切除多余材料的加工方法（见图2-21），如车削（见图2-22）、铣削（见图2-23）、刨削（见图2-24）、磨削（见图2-25）、镗削（见图2-26）、钻削（见图2-27）、扩孔（见图2-28）、铰孔（见图2-29）、拉削（见图2-30）、研磨、珩磨。

图 2-21 切削加工

（2）压力加工

压力加工是使坯料产生塑性变形或分离的无屑加工方法，如辊轧（见图2-31）、冲压（见图2-32）、挤压（见图2-33）、碾压（见图2-34）等。无屑加工方法直接将型材制成零件。

（3）特种加工

特种加工有电火花成形（见图2-35）、电火花线切割（见图2-36）、电解加工（见

图 2-37）、激光加工（见图 2-38 和图 2-39）、超声波加工（见图 2-40 和图 2-41）等。

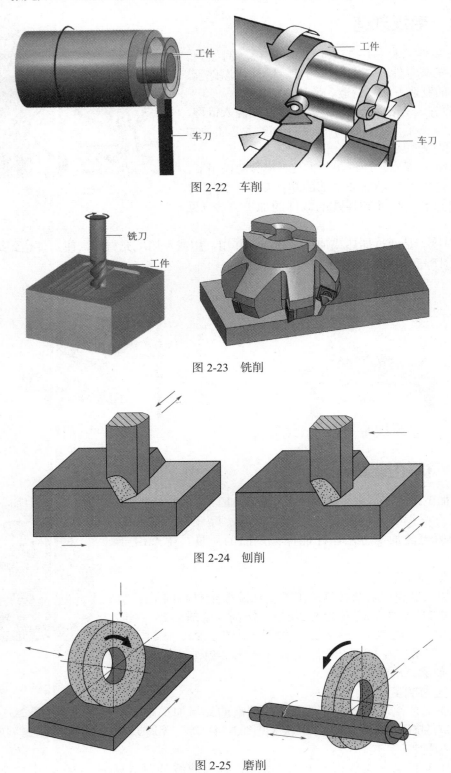

图 2-22 车削

图 2-23 铣削

图 2-24 刨削

图 2-25 磨削

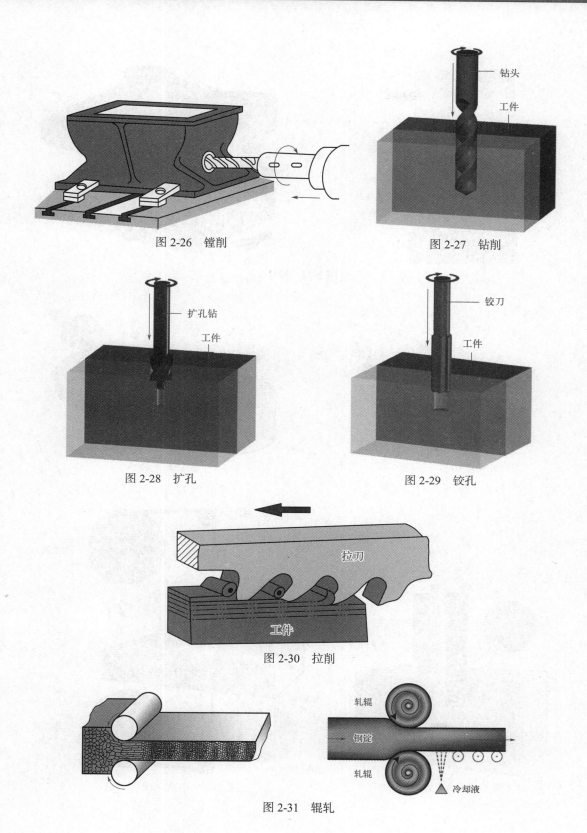

图 2-26　镗削

图 2-27　钻削

图 2-28　扩孔

图 2-29　铰孔

图 2-30　拉削

图 2-31　辊轧

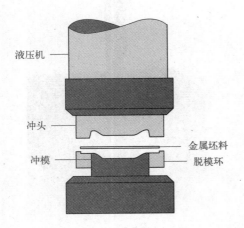

液压机

冲头

金属坯料

冲模
脱模环

图 2-32　冲压

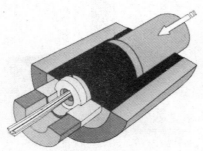

图 2-33　挤压

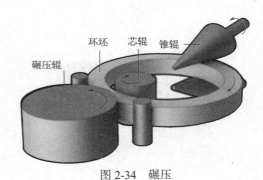

环坯　芯辊　锥辊

碾压辊

图 2-34　碾压

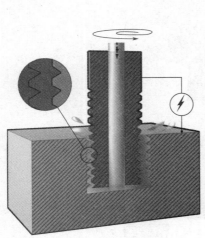

图 2-35　电火花成形

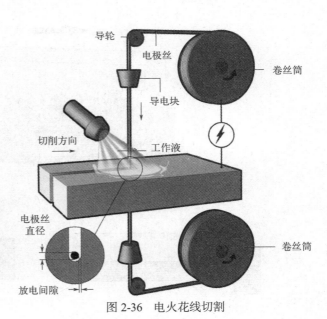

导轮

电极丝

卷丝筒

导电块

切削方向

工作液

电极丝
直径

放电间隙

卷丝筒

图 2-36　电火花线切割

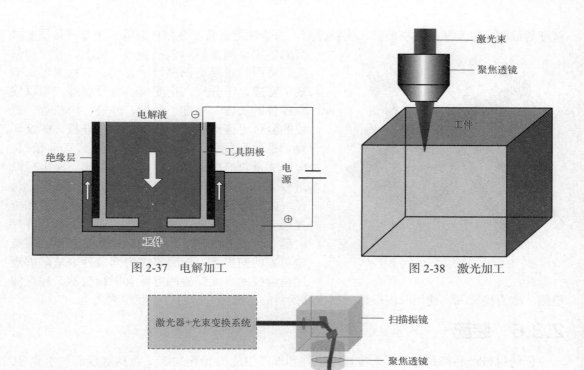

图 2-37 电解加工

图 2-38 激光加工

图 2-39 激光加工系统

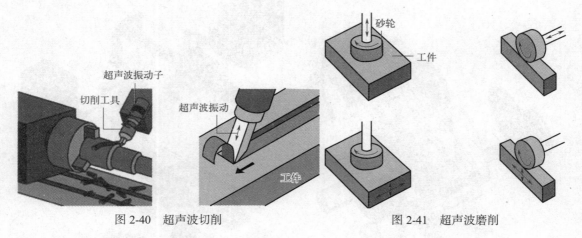

图 2-40 超声波切削

图 2-41 超声波磨削

（4）非金属材料模具成型

对塑料、陶瓷、橡胶等非金属材料，直接将原材料经模具成型加工成零件。

2.3.5 检验

检验是采用测量器具对原材料、毛坯、零件、成品等进行尺寸精度、形状精度、位置精度的检测，以及通过目视检验、无损检测、力学性能试验及金相检验等方法对产品质量进行的鉴定。测量器具包括量具（见图 2-42）和量仪。常用的量具有钢直尺、卷尺、游标卡尺、卡规、塞规、千分尺、角度尺、百分表等，用以检测零件的长度、厚度、角度、外径、内径等。螺纹的测量可使用螺纹千分尺、螺纹样板、螺纹环规、螺纹塞规等。常用量仪有浮标式气动量仪、电子式量仪、电动式量仪、光学量仪、三坐标测量仪等，除可用以检测零件的长度、厚度、外径、内径等尺寸外，还可对零件的形状误差和位置误差等进行测量。特殊检验主要是指检测零件内部及外表的缺陷。其中无损检测是在不损害被检对象的前提下，检测零件内部及外表缺陷的现代检验技术。无损检测方法有射线检测、超声波

图 2-42　量具

检测、磁力检测等，使用时应根据无损检测的目的，选择合适的方法和检测规范。

2.3.6　装配

任何机械产品都是由若干个零件、组件和部件组成的（图 2-43）。根据规定的技术要求，将零件、组件和部件进行必要的配合及连接，使之成为半成品或成品的工艺过程称为装配。将零件、组件装配成部件的过程称为部件装配；将零件、组件和部件装配成最终产品的过程称为总装配。常见的装配工作内容包括清洗、连接、校正、配作、平衡、验收、试验。图 2-44 所示为工厂自动化装配流水线。

图 2-43　减速器

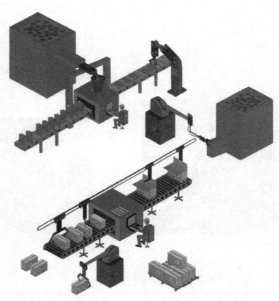

图 2-44　工厂自动化装配流水线

2.3.7 入库

为防止遗失或损坏，将半成品、成品放入仓库进行保管，称为入库（图2-45）。经质检合格的半成品、成品一般需包装（图2-46）入库，有的还需进行喷漆（图2-47）。入库时应进行入库检验，并填好检验记录；对量具、仪器及各种工具做好保养；对有关技术标准、图纸、档案等资料要妥善保管；保持工作地点整洁，注意防火防潮，做好安全工作。

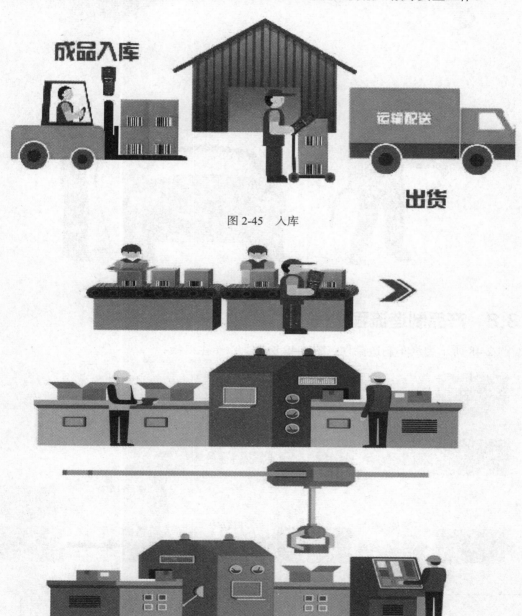

图 2-45　入库

图 2-46

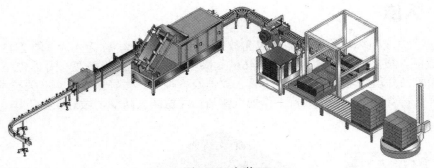

图 2-46　包装

图 2-47　喷漆

2.3.8　产品制造流程实例

图 2-48 所示为汽车制造流程，图 2-49 所示为汽车生产线。

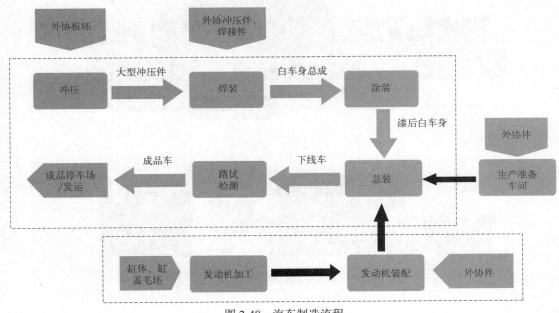

图 2-48　汽车制造流程

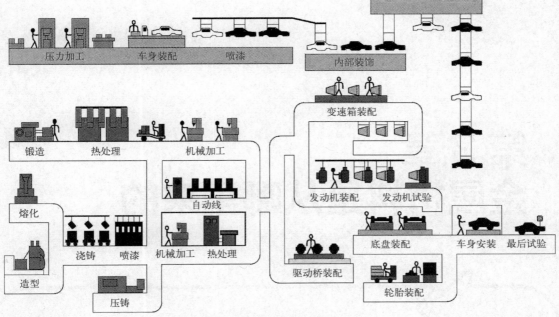

图 2-49　汽车生产线

第3章
金属材料是从哪里来的

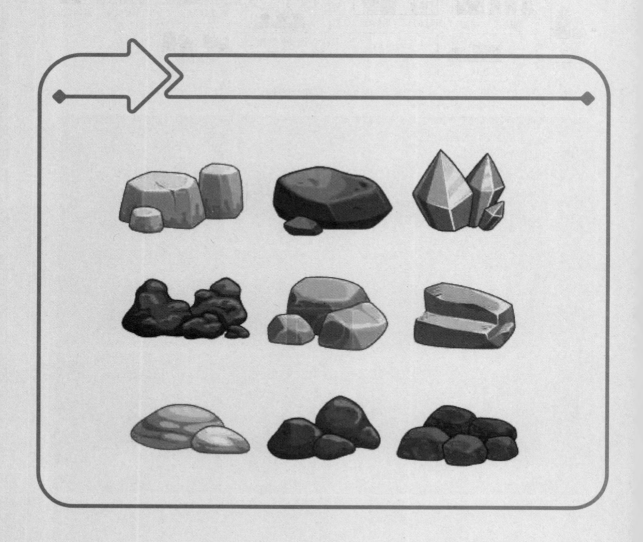

3.1 　金属矿产是如何形成的

　　地壳的主要成分是氧、硅、铝。在原始炽热的地球发展演化过程中，地球物质从混沌状态逐步发展成有序的层圈结构，即地核、地幔和地壳。以铁、镍为主的金属集中在内部，构成地核，以硅、铝为主的物质则形成地壳，地幔则是由铁、镁的硅酸盐等组成的。三者之间通过岩浆作用和板块运动进行物质交换。同时，在地球的表面进行着水流搬运、生物改造、风力分选以及空气氧化等自然过程。具体地说，金属矿床的成因可以概括为岩浆分异、接触变质、海底喷流、热液、沉积和风化六种作用。

　　① 岩浆分异　在岩浆上侵过程中，随着温度、压力的降低，岩浆内部发生分异，使岩浆中含量并不高的甚至非常稀少的有用金属高度富集，形成可供开采的矿产资源。主要矿种有铬、镍、铂、铜、铁、钒、钛等。

　　② 接触变质　岩浆侵入围岩后，在其热量和岩浆流体的作用下使围岩发生变质，形成一种特殊的变质岩——夕卡岩（由钙、铁、镁、铝、硅酸盐、碳酸盐等矿物组成的一种变质岩石），同时还会出现矿化现象。形成的矿种包括铁、铜、钨、锡、钼等。

　　③ 海底喷流　在大洋中脊或热点地区，海水可以向下渗透，与上升的岩浆相遇成为热水，因密度差异形成对流。当含金属的热水上升与海水混合时，物理化学环境发生明显变化，从而使铜、锌、铅和银等金属的硫化物沉淀成矿。

　　④ 热液　地质流体在岩石地层内的运移过程中，溶解并携带了有用金属元素，当流体的物理化学条件即温度、压力、氧化还原电位等发生改变或与不同流体混合时，有用的金属化合物便会沉淀而形成矿石。

　　⑤ 沉积　暴露于地表的矿体或岩石经种种地质作用如机械的、化学的、生物的或生物化学的破碎、侵蚀、搬运和分异，在河流、沼泽、湖盆、海盆以及大洋盆地中沉积而形成矿产资源。金、铂、锡、锰、铁、铜、钒等矿种均可由沉积作用形成，其中最为引人注目的是砂金。

　　⑥ 风化　暴露于地表的岩石或矿体经过漫长的风化作用后会使有用物质富集形成矿床。风化作用包括机械风化和化学风化两种，主要是通过重力、热作用、化学溶解沉淀等机制使原有岩石或矿体物质发生再次分异。形成的主要矿种有铝、铁、锰、镍、钴、稀土、金等。

3.2 　古老的炼铁方法

钢铁的发现与应用不仅开辟了人类文明发展进程中的一个新时代——铁器时代，而且也成为了现代文明社会的支柱之一。高耸入云的电视塔，曲折蜿蜒、横贯大地的轨道以及跨越大江、使天堑变通途的桥梁，都是因为有了"钢筋铁骨"才成为现实。至于高层建筑、船舶和机床、刀具等与钢铁材料的关系，更是不言而喻了。

西方早期使用的炼铁方法是在 1200℃ 左右（这可能是当时能够达到的最高工艺温度了）用木炭（这是当时能够获得的纯度较高的炭了）把铁矿石还原成固态铁，其中夹杂着没有烧完的木炭和炼铁时产生的熔渣而呈团块状，然后趁热锻打，挤出其中的夹杂物，并利用铁的延展性和锻打时局部产生的热将小块的铁锻成一体，变成可以进一步制作铁器的铁材。

我国早期的炼铁方法，是在 1100 ～ 1200℃ 炉温下，把铁矿石熔化，铁液流出后冷凝成为生铁块，然后把生铁块加热到接近熔化状态，反复锻打，除去过多的碳和硫、磷等杂质，如果时间足够长，会得到钢，再反复锻打，会得到低碳钢，这种含杂质很少的钢，古人称之为百炼钢，算是铁中的极品，如果再锻打，就会得到熟铁，古人称之为柔铁。有趣的是，从书中的记载看，当时炼铁炉的出铁口是用泥封的，而现代炼铁用的高炉出铁口仍然是用耐火泥封塞的。

3.3 我国的金属矿产资源

矿产资源是指在地质作用过程中形成并存于地壳内（地表或地下）的有用的矿物或有用元素集合体，其质和量适合于工业要求，并在现有的社会经济和技术条件下能够被开采和利用的自然资源。金属矿产指含有金属元素的、可供工业提取金属有用成分或直接利用的矿物。目前根据工业利用的特点一般分为：黑色金属矿产，如铁、锰、铬等；有色金属矿产，

如铜、铝、铅、锌、锡、铋、锑、汞、镍、钴、钨、钼等；贵金属矿产，如金、银、铂等；放射性金属矿产，如铀、钍等；稀有及分散元素矿产，如锂、铍、铌、钽、锗、镓、铟、镉、稀土等。

根据金属的不同颜色，人们把金属分为黑色金属和有色金属两大类。铁、锰、铬和一切以铁为主的金属都称为黑色金属，黑色金属以外的其他所有金属都称为有色金属，如铜、铅、锌、铝、钨、锑等。有色金属矿物种类繁多，用途很广，是工业发展不可缺少的原料。

黑色金属铁是世界上发现较早、利用最广的金属，是钢铁工业的基本原料。有色金属铜具有良好的导电和导热性能，延展性好，耐腐蚀性强，并易于铸造，用于电气、建筑、运输、机械制造、军事等领域。稀土元素和稀有金属广泛用于冶金、石化、玻璃陶瓷、磁性材料、电子、核能、电光源、医药、轻纺、建材以及农业等领域，在超导技术方面的应用前景正日益扩大。黄金是人类最早发现和使用的贵金属，大量用于储备和装饰，在工业上也有广泛用途，近年来在尖端技术领域用量日渐增多。

我国金属矿产资源品种齐全，已探明储量的金属矿产有 50 多种，包括铁矿、锰矿、铬矿、钛矿、钒矿、铜矿、铅矿、锌矿、铝土矿、镁矿、镍矿、钴矿、钨矿、锡矿、铋矿、钼矿、汞矿、锑矿、铂族金属矿（铂矿、钯矿、铱矿、铑矿、锇矿、钌矿）、金矿、银矿、铌矿、钽矿、铍矿、锂矿、锆矿、锶矿、铷矿、铯矿、稀土矿（钪矿、钇矿、钆矿、铽矿、镝矿、铈矿、镧矿、镨矿、钕矿、钐矿、铕矿）、锗矿、镓矿、铟矿、铊矿、铪矿、铼矿、镉矿、硒矿、碲矿等。

3.4 钢铁是怎样制造出来的

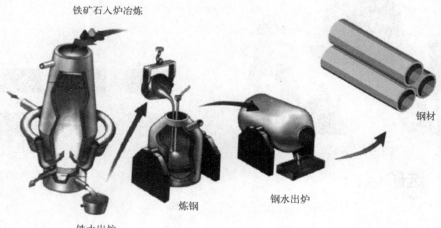

铁矿石入炉冶炼

铁水出炉

炼钢

钢水出炉

钢材

很多人都知道，所有的钢铁在最初都只是地下一堆或泛红或发黑的石头，也就是铁矿石。这些石头变成了生活中随处可见、工程中不可或缺的重要材料，这样的转变过程是神奇的。那么钢铁究竟是怎么炼成的呢？

3.4.1 采矿

钢铁炼制用的原料是废铁或铁矿石，废铁是回收得到的，而铁矿石来自大自然，不同原料炼制方法也不一样，但大体需要经过的历程基本相似。

采矿就是将矿产资源（如煤、金属矿石）从地下开采出来的过程（见图3-1）。如今，大部分采矿作业都利用钻机和其他大型机械从地表或者较深的地下进行开采。露天采矿工艺流程如图3-2所示。

图 3-1　采矿

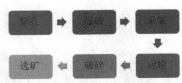

图 3-2　露天采矿工艺流程

3.4.2 选矿

当矿石从地下被挖出后首先要经过筛选，也就是选矿。选矿是根据矿石中不同矿物的物理、化学性质，把矿石破碎磨细后，采用重选法、浮选法、磁选法、电选法等方法，将有用矿物与脉石矿物分开，并使各种共生（伴生）的有用矿物尽可能相互分离，除去或降低有害杂质，以获得冶炼或其他工业所需原料的过程。选矿能够使矿物中的有用组分富集，降低冶炼或其他加工过程中燃料、运输方面的消耗，使低品位矿石得到经济利用。

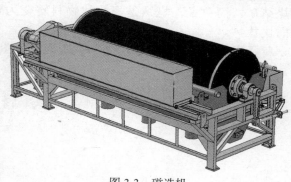

图 3-3　磁选机

如图 3-3 所示为磁选机，其工作原理如图 3-4 所示。矿浆经给矿箱流入槽体后，在给矿喷水管的水流作用下，矿粒呈松散状态进入槽体的给矿区。在磁场的作用下，磁性矿粒发生磁聚而形成磁团或磁链，磁团或磁链在矿浆中受磁力作用，向磁极运动而被吸附在圆筒上，脉石等非磁性矿物在翻动中脱落下来，最终被吸在圆筒表面的磁团或磁链即是精矿。精矿随圆筒转到磁系边缘磁力最弱处，在卸矿喷水管喷出的冲洗水流作用下被卸到精矿槽中，如果是全磁磁辊，卸矿是用刷辊进行的。非磁性或弱磁性矿物被留在矿浆中随矿浆排出槽外，即是尾矿。磁选大致工艺流程如图 3-5 所示。

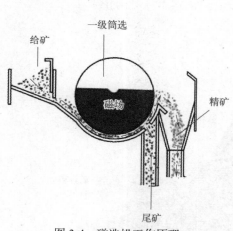

图 3-4　磁选机工作原理

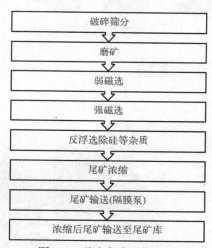

| 破碎筛分 |
| 磨矿 |
| 弱磁选 |
| 强磁选 |
| 反浮选除硅等杂质 |
| 尾矿浓缩 |
| 尾矿输送(隔膜泵) |
| 浓缩后尾矿输送至尾矿库 |

图 3-5　磁选大致工艺流程

3.4.3　烧结

　　能直接进炉的块形铁矿石并不多。将选矿后的精铁矿、富铁矿经破碎、筛分得到的粉矿和生产中回收的含铁粉料、熔剂以及燃料等，按要求比例配合，加水制成颗粒状的混合料，平铺在烧结机上，经点火抽风烧结成块。现在普遍使用带式烧结机生产烧结矿。简单说，烧结是把粉状物料转变为致密体的过程，将高炉原料制成含铁量高的块状物。

　　烧结工艺流程如图3-6所示，烧结过程如图3-7所示。

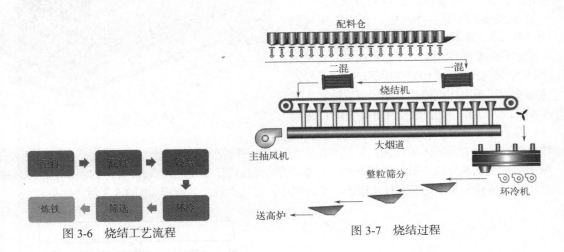

图 3-6　烧结工艺流程

图 3-7　烧结过程

3.4.4　炼铁

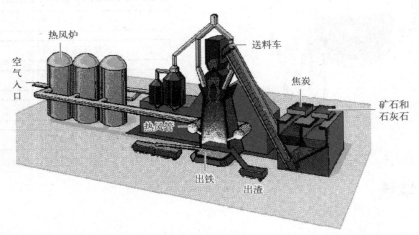

　　炼铁是把烧结矿和块矿中的铁还原出来的过程。将焦炭、烧结矿或块矿连同少量的石灰石一起送入高炉中冶炼成生铁，然后送往炼钢厂作为炼钢的原料。

　　炼铁过程中，硫的氧化物经过处理后排放，磷的氧化物还要加入石灰，转化为矿渣后排出。工艺流程如图3-8所示，炼铁过程如图3-9所示。

　　生铁锭如图3-10所示，其中一部分直接用于制作某些器具，例如铁锅（见图3-11），就是由生铁锭熔化后再送入特制的模子制成的，但由于杂质多，其质地非常脆，容易断裂和破碎。

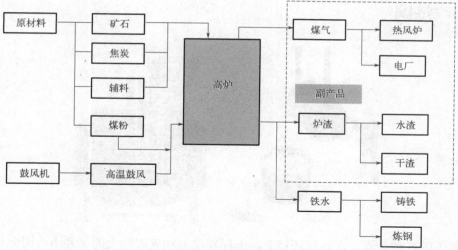

图 3-8　炼铁工艺流程

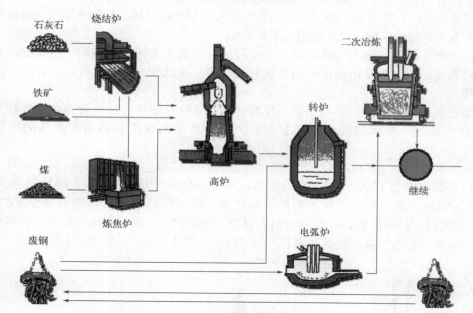

图 3-9　炼铁过程

图 3-10　生铁锭　　　　　　　　　　　　图 3-11　铁锅

3.4.5 炼钢

生铁中的各种杂质，在高温环境下，不同程度上和氧有较大的亲和力，因此可利用氧化的方法使它们成为液体、固体或气体氧化物，液体和固体氧化物在高温下和加入炉内的炼钢增碳剂进行反应，结合成炉渣，并在扒渣时被排出炉外，气体也在钢水沸腾时被排出。炼钢的基本方法有转炉炼钢、电炉炼钢、平炉炼钢。

生铁杂质非常多，没有韧性，是不能锻打的。想要成为钢或者熟铁，生铁锭需要再一次熔化成铁水，此时需要的温度要比炼铁时高得多。生铁变成钢的过程，是去除杂质、提纯的过程。

在生铁提纯的过程中，常会用到一个特殊的设备——转炉，这个设备可以旋转并带动里面的铁水翻滚，在此过程中氧气会被吹入，铁水中的杂质在高温和氧气的作用下被氧化。

如图 3-12 所示，氧气顶吹转炉炼钢可以分为三个阶段：图（a）为装料，清除上一炉的炉渣，先装温度为 1200 ～ 1300℃的铁水，再装一定量的废钢，并加入适量的造渣材料；图（b）为吹炼，装料后，把炉子转到吹炼位置，降下喷枪吹氧，直到符合要求时停止；图（c）为出钢，打开出钢口，把钢水倒入钢包。根据钢水含氧量和钢种要求，向钢包内加入锰铁、硅铁、铝锭等进行脱氧和调节，即进行炉外精炼（也可在精炼炉中完成）。

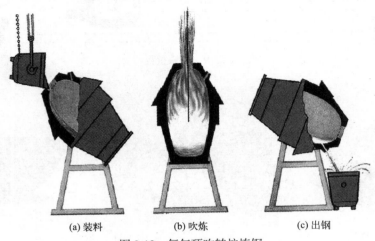

(a) 装料　　　　　(b) 吹炼　　　　　(c) 出钢

图 3-12　氧气顶吹转炉炼钢

经过炉外精炼后的铁水其实已经是钢水了，但里面仍然还有杂质和气体，这些杂质和气体都需要去除，以达到钢的纯度要求，这时需要使钢水表面形成真空，这一步称为抽气。气泡在钢水表面破裂，杂质一点点被除去。这时的钢水基本上是纯净的，纯净的钢水需要被搅拌，但搅拌的过程中，钢水会严重降温，需要再一次加热，并把不同配比的原料喷入钢水中，以得到要求的成分。将成分合格的钢水倒入模子中冷凝成钢锭。

炼钢工艺流程如图 3-13 所示，炼钢过程如 3-14 所示。

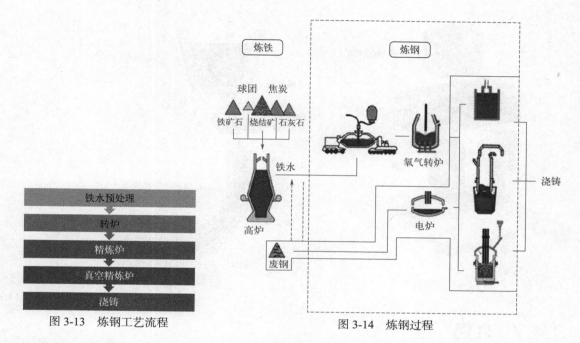

图 3-13 炼钢工艺流程

图 3-14 炼钢过程

3.4.6 浇铸

钢铁生产工艺除了炼铁和炼钢，还有浇铸、轧钢，如图 3-15 所示。

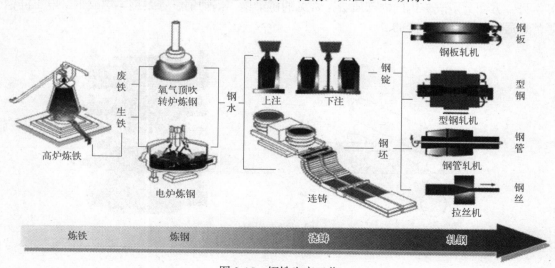

图 3-15 钢铁生产工艺

浇铸有两种方法——模铸法和连铸法。连铸作业是将钢水转变成钢坯的过程（见图 3-16 和图 3-17），上游处理完的钢水，用盛钢桶运送到转台，由分配器分成数股（中间包只是作为钢水的储存容器和分配器来使用），分别注入特定形状的铸模内，冷却凝固形成外为凝固壳、内为钢水的铸坯，接着铸坯被引拔到弧状铸道中，经二次冷却至完全凝固，经矫直后再依所需长度切割成块，方块形即为方坯，板状即为板坯。钢坯视需要经钢表面处理后，送轧钢厂轧延。

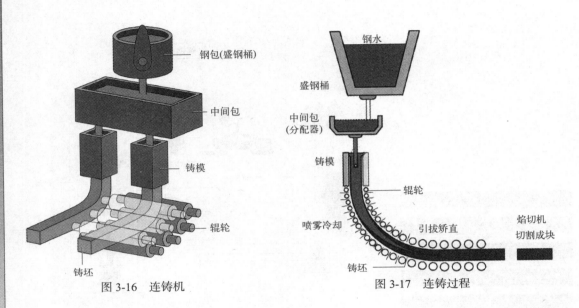

图 3-16　连铸机　　　　　　　　　　　　　图 3-17　连铸过程

3.4.7　轧钢

在旋转的轧辊间改变钢锭、钢坯形状的压力加工过程称为轧钢（见图 3-18）。轧钢的目的与其他压力加工一样：一方面为了得到需要的形状，例如钢板、钢带、线材以及各种型钢等；另一方面为了改善钢的内部质量，常见的桥梁钢、锅炉钢、管线钢、螺纹钢、电工硅钢等都是通过轧钢工艺得到的。

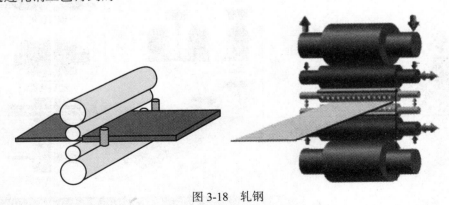

图 3-18　轧钢

热轧板材设备和方法如图 3-19 ～图 3-21 所示。

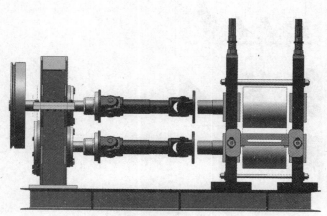

图 3-19　热轧钢机

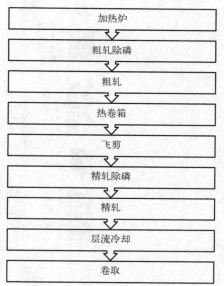

图 3-20　热轧板卷工艺流程

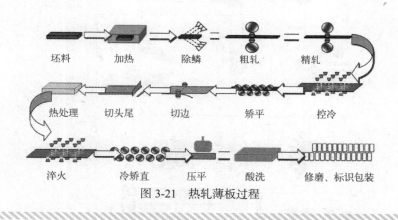

图 3-21　热轧薄板过程

　　从矿石到铁有四步，分别是粉碎、烧结、投炉炼制、出铁；生铁到钢有这么几步，分别是预处理、转炉炼钢、炉外精炼、抽气、搅拌、加热、出钢。

　　前面我们知道了铁矿石经过两次冶炼后得到钢水。钢水可以先被浇入一个模子（铸模）中，让它凝固成钢锭，以后根据需要再把钢锭加热进行各种轧制；也可以使钢水流入一个装置中，边冷却边轧制，这样的轧制是连续的，一头是流动的钢水，一头就是轧出的产品。钢水也可以直接浇铸成多种产品，这需要先做出一个和产品完全对应的模型，然后将钢水浇进去，待钢水凝固后打碎模型即可取出产品。

　　冶金工艺流程如图 3-22 所示。

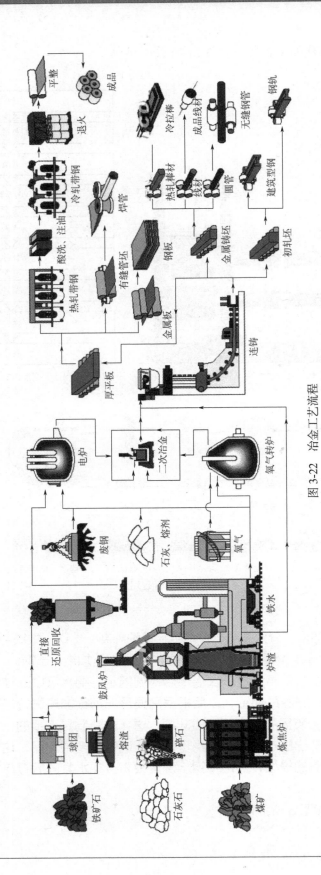

图 3-22　冶金工艺流程

3.5　生活中常见的金属材料有哪些？

　　金属制品在生活中随处可见，常见的金属材料有不锈钢、铁、铝、金、银、铜、锌、铅等。

3.5.1　不锈钢

　　不锈钢是以超过 60% 的铁为基体，加入铬、镍、钼等合金元素的高合金钢。在日常生活中，不锈钢是制作各种家用电器的主流材料。其中与食品材料直接接触的部位，例如油壶、不锈钢保温杯、豆浆机内壁等，如果使用金属制作，则需要严格地使用食品级不锈钢材料。食品级不锈钢主要有 304 不锈钢和 316 不锈钢，只有食品级不锈钢用于食品才更安全。

　　不锈钢的其他生活应用：不锈钢水管、不锈钢水槽（图 3-23）、不锈钢橱柜、不锈钢护栏、不锈钢门窗等。

图 3-23　不锈钢水槽

3.5.2　铁

　　铁在生活中的用途广泛，中国人很早就开始使用铁锅烹饪了（见图 3-24）。家用铁锅的主要成分是铁，还含有少量的硫、磷、锰、硅、碳等。铁锅有生铁锅和熟铁锅之分。

　　金属铁的其他生活应用：铁饭盒、铁勺子、铁罐子、铁盘、铁桶。

3.5.3　铝

　　铝有较好的延展性，制成的铝箔可广泛用于包装等，还可制成铝丝、铝条，并能轧制出多种铝制品。铝元素摄入过多会对人体造成损害，所以要避免使用铝制炊具。

　　金属铝的其他生活应用：反光镜、天花板、门窗边框等。

　　图 3-35 所示的铝制饮料罐是用铝制造的。

图 3-24　大铁锅

3.5.4　金

　　黄金的用途之一是制作首饰，金项链（见图 3-26）、金耳环、金戒指等一直受到青睐，黄金在表带、表壳、皮带扣、眼镜架、小摆件等装饰品上也应用颇多。此外由于黄金价值的稳定性，作为实物资产即成为货币资产的理想替代品，发挥保值的功能，很多人购买金砖、金条、金币等（见图 3-27），以实现财产保值。

图 3-25　易拉罐　　　　　　　　　　　　图 3-26　金项链

图 3-27　金砖、金条、金币

3.5.5　银

　　银也是金属中的贵族，广为人知的就是制作各种各样精美的银首饰。

　　银的其他生活应用：装饰品、银币（见图 3-28）、奖章、筷子等。

3.5.6　铜

　　铜普遍用于制造电线，这是因为其导电性和导热性仅次于银，但却比银便宜得多。铜很容易加工，通过熔解、铸造、压延等工序改变形状，便可制成汽车零件以及电子零件。铜还可用于制造多种合金，黄铜可以制作精密仪器、水龙头、锣钹（见图 3-29）等，白铜常用于制造硬币、电器、仪表和装饰品。如图 3-30 所示，萨克斯、长号由黄铜制造。

图 3-28　银币

图 3-29　锣钹

图 3-30　萨克斯和长号

3.5.7　锌

　　金属锌具有良好的压延性、耐磨性、耐蚀性、铸造性，常温下有很好的力学性能，能与多种金属制成性能优良的合金。主要以镀锌、锌基合金、氧化锌的形式广泛应用于汽车、建筑、家用电器、船舶、轻工、机械、电池等行业。锌可以用来制作锌锰电池（见图 3-31），锌白、锌钡白、锌铬黄可作颜料，氧化锌还可用于医药、橡胶、油漆等工业。

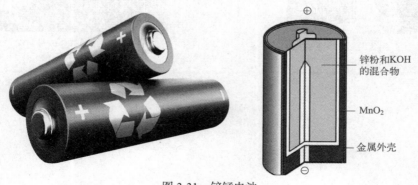

⊕

锌粉和KOH
的混合物

MnO₂

金属外壳

⊖

图 3-31　锌锰电池

3.5.8 铅

金属铅是一种耐蚀的重有色金属材料，具有熔点低、耐蚀性高、X 射线和 γ 射线等不易穿透、塑性好等优点，常被加工成板材和管材，广泛用于化工、电缆、蓄电池和放射性防护等行业。

金属铅的重要用途之一是制造蓄电池（见图 3-32）。在蓄电池里，一块块灰黑色的负极都是用金属铅制作的。正极上红棕色的粉末，也是铅的化合物——氧化铅。飞机、汽车、拖拉机等都用蓄电池作为照明电源。工厂、码头、车站所用的电瓶车，其电瓶便是蓄电池。

图 3-32　蓄电池

金属铅能很好地阻挡放射线。在医院里，进行 X 光检查时，常用铅板防护。铅具有较好的导电性，被制成粗大的电缆，输送强大的电流。铅字是人们熟知的，以前书便是用铅字排版印成的，铅字并不完全是铅做的，是使用活字合金浇铸而成的。活字合金一般含有 5% ～ 30% 的锡和 10% ～ 20% 的锑，其余则是铅，锡可降低熔点，便于浇铸，锑可使铅字坚硬耐磨。熔丝（见图 3-33）也是用铅合金做的，焊锡（见图 3-34）中也含有铅。

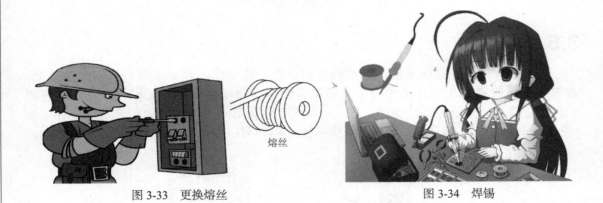

熔丝

图 3-33　更换熔丝　　　　　　　　　图 3-34　焊锡

第 4 章
毛坯的制造方法

　　毛坯是还未加工的原料，也可指成品未完成前的那一部分。零件毛坯可以是铸件、锻件、焊件、型材、冲压件，或是用锯割、气割等方法下的料。

4.1 铸造

铸造是人类最古老的一种金属加工工艺（见图 4-1），古代生产的很多青铜器（见图 4-2）和生活用品，都采用了铸造工艺。如今这种工艺仍然在广泛使用。铸造是将液态金属材料，注入专门设计的模具型腔中，待其硬化成型后从模具中取出。铸造出的毛坯还要进行各种精加工处理，才能得到最终产品。

图 4-1　铸造　　　　　　　　　　　　　图 4-2　古代的青铜礼器

铸造产品的应用范围很广，如汽车部件、航空航天部件以及一些机械设备部件等。

利用铸造工艺可以生产形状复杂，特别是内腔形状复杂的产品，同时不受材料和部件大小的限制。至今，铸造工艺发展出很多种铸造方法，各有其独特的优势。通用的铸造技术有 10 种（见图 4-3）。

图 4-3　通用的铸造技术

4.1.1 砂型铸造

砂型铸造是将熔融的金属注入砂型中，使其凝固后获得一定形状和性能的金属成型方法。在铸造生产的各种方法中，最基本的就是砂型铸造。

（1）砂型铸造的操作方法

砂型铸造在两个固定的模框内完成，首先将产品模样放入一个模框内，用砂覆盖，然后将另一个模框与其叠放在一起，同样需要用砂覆盖，并且还要把砂压实。打开重叠的那个模框并取出模样，这样就会在型砂中形成型腔，再次将模框重叠在一起，通过浇注口把金属液注入型腔中，注意还要在型腔中开一个散热孔。待金属液在型腔中冷却后，就可以得到与模样相同的产品。砂型铸造的操作方法如图4-4所示。砂型铸造生产成本相对低廉，可以小批量生产大型部件，但其铸造精度较低。发动机缸体（见图4-5）、曲轴（见图4-6）、大型阀门等均可采用砂型铸造。

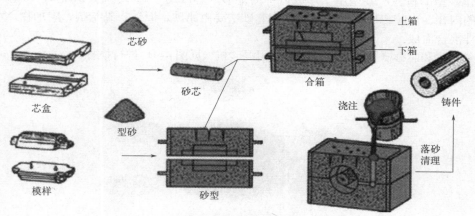

图 4-4　砂型铸造的操作方法

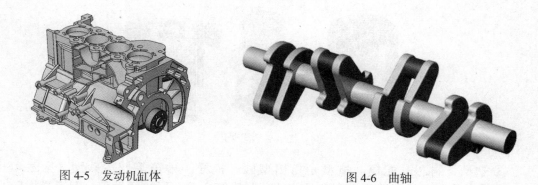

图 4-5　发动机缸体

图 4-6　曲轴

（2）砂型铸造的工艺过程
砂型铸造的工艺过程如图4-7所示。

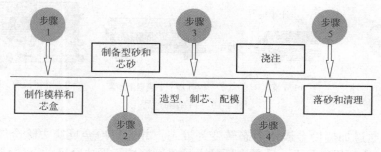

图 4-7　砂型铸造的工艺过程

① 制作模样和芯盒。模样是用来形成型腔的工艺装备。芯盒是制造砂芯或其他种类耐

火材料芯所用的装备。

根据零件图纸制作模样和芯盒。一般单件可以用木模，批量生产可制作塑料模或金属模（俗称铁模或钢模），大批量铸件可以制作型板。现在模样基本都是用雕刻机制作，所以制作周期大大缩短，制模一般需要 2～10 天。

② 制备型砂和芯砂。造型材料是指制作砂型用的材料，主要包括型砂和芯砂。型砂是用于制作砂型的材料，砂型用于形成铸件的外形。芯砂用于制作砂芯（型芯），砂芯用于形成铸件的内孔、内腔或局部外形。型砂和芯砂主要由原砂、旧砂、黏结剂、附加物、水按比例经搅拌混合而成。

制备型砂和芯砂（见图 4-8），一般使用混砂机（见图 4-9）进行搅拌。

图 4-8　制备型砂和芯砂

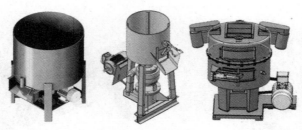

图 4-9　混砂机

③ 造型、制芯、配模。造型是指用型砂、模样、砂箱等制造砂型（见图 4-10）。造型有手工造型和机器造型。制芯是将芯砂制成符合芯盒形状的过程。配模是把砂芯放入型腔里面，把上、下砂箱合好。这是铸造中的关键环节。

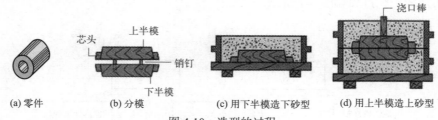

(a) 零件　　(b) 分模　　(c) 用下半模造下砂型　　(d) 用上半模造上砂型

图 4-10　造型的过程

④ 浇注。通过加热使金属由固态转变为液态，并通过冶金反应去除金属液中的杂质，使其温度和成分达到规定要求，选择合适的电炉进行熔炼，形成合格的金属液。将熔融金属从浇包（见图 4-11）中浇入型腔（见图 4-12）。操作时应控制温度和速度。

图 4-11　浇包

图 4-12　浇注

⑤ 落砂和清理。如图 4-13 所示，落砂是指用手工或机械方法使铸件与砂分离的操作，清理是对落砂后的铸件采用铁锤敲击、机械切割、气割等方法清除表面粘砂、多余金属等过程的总称，也可使用喷砂机进行喷砂，这样铸件表面会很干净。

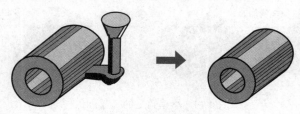

图 4-13　落砂和清理

对于有特别要求或砂型铸造无法达到要求的铸件，可能需要简单加工。一般使用砂轮或磨光机进行加工打磨，去掉毛刺。最后对铸件进行检验。

4.1.2　熔模铸造

熔模铸造又称失蜡铸造，它生产的精密复杂铸件接近于零件最终形状和尺寸，不加工或很少加工就可使用，是一种先进的零件制造方法。

熔模铸造是用易熔材料——蜡料制成零件的模样，在模样上涂以若干层耐火涂料制成型壳，然后加热型壳，使型壳内模样熔化、流出，并进一步焙烧成有一定强度的型壳，再从浇注口灌入金属熔液，冷却后去除型壳，所需的零件就制成了。

（1）熔模铸造的工艺过程

图 4-14 所示为熔模铸造的工艺过程，整个工艺过程可分为以下几个阶段（见图 4-15）。

① 蜡模制造　是熔模铸造的重要过程，它不仅直接影响铸件的精度，且因每生产一个铸件就要耗用一个蜡模，所以它在铸件的工时和成本上都占有较大的比例。蜡模制造需要经过以下几个步骤。

a. 制造压型。压型是制造蜡模的专用模具，其内腔形状与铸件相对应，型腔尺寸还必须包括蜡料和铸造合金的双重收缩量。压型的材料有非金属和金属两类。

b. 压制蜡模。蜡模由石蜡、松香、蜂蜡、硬质酸等配制而成，将熔融成糊状的蜡料挤入压型中，待凝固后取出，修去毛边，即获得带有内浇口的单个蜡模。

c. 蜡模组合。为方便后续工序及一次浇注多个铸件，常把若干个蜡模焊接到预先制成的蜡棒上，制成蜡模的组合体［见图 4-15（a）］。

② 铸型制造

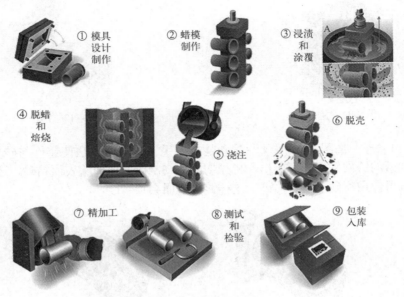

图 4-14　熔模铸造的工艺过程

a. 涂制型壳。在蜡模组上浸涂耐火材料层。先用细石英粉（耐火材料）和硅酸钠（黏结剂）配置成糊状涂料，将蜡模组在此涂料中浸挂后，再向其表面喷撒一层细石英粉（以后逐层加粗），干燥后将附着石英砂的蜡模组浸入硬化剂中硬化。如此过程重复进行多次，最后制成具有一定厚度的耐火硬壳［见图 4-15（b）］。

b. 脱蜡。将包有型壳的蜡模组浸泡于 85 ～ 95℃的热水中，蜡模熔化而浮出，从而得到了中空的型壳［见图 4-15（c）］。熔蜡经回收，可重复使用。

③ 焙烧与浇注

a. 焙烧。型壳在浇注前，必须放入 800 ～ 950℃的加热炉中进行焙烧，其目的是去除型壳中的残余蜡料和水分，并可提高型壳的热强度。

b. 浇注。将焙烧后的型壳趁热（600 ～ 700℃）浇注［见图 4-15（c）］，这样可以减缓金属液冷却速度，提高充型能力，并防止冷型壳因骤热而开裂。

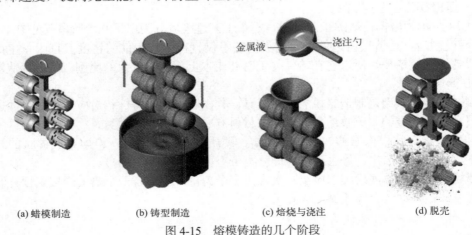

图 4-15　熔模铸造的几个阶段

④ 脱壳　浇注后去除型壳，并对铸件进行必要的清理［见图 4-15（d）］。

（2）熔模铸造的应用

熔模铸造适用于生产形状复杂、精度要求高或很难进行其他加工的小型零件，如涡轮发动机的叶片（见图 4-16）和阀体（见图 4-17）等。

图 4-16　涡轮发动机的叶片

图 4-17　阀体

4.1.3　压力铸造

压力铸造是利用高压将金属液高速压入一精密金属模具型腔内，金属液在压力作用下冷却凝固而形成铸件。

（1）压力铸造的工艺过程

压力铸造是在专用的压铸机上进行的。图 4-18 所示为在冷压室压铸机上进行压力铸造的工艺过程，冷压室压铸机是将压室与熔炉分开。合型（合模）后，用定量浇勺将金属液浇入压室［图 4-18（a）］，然后压射活塞快速向前推进，金属液经浇道被压入型腔［图 4-18（b）］，活塞保持其作用力直至铸件凝固。开型（开模）时，动模（左半型）移开，并由顶杆将铸件顶出［图 4-18（c）］。

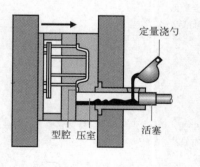

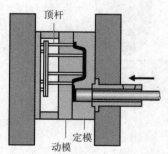

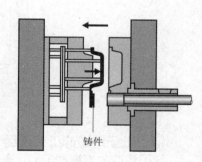

(a) 合型(合模)　　　　　　　　(b) 压铸　　　　　　　　(c) 开型(开模)

图 4-18　压力铸造的工艺过程

冷压室压铸机的压室与液态金属的接触时间短，适于铸造铜、铝、镁等有色金属合金及一些黑色金属合金的铸件。

（2）压力铸造的应用

压铸件最先应用于汽车工业和仪表工业，后来逐步扩大到多个行业，如农机、机床、电子、国防、计算机、医疗器械、钟表、照相机和日用五金等。图 4-19、图 4-20 所示为不同的压铸件。

图 4-19　底盘座压铸件

图 4-20　阀体压铸件

4.1.4　低压铸造

　　低压铸造是指使液体金属在较低压力作用下充填铸型，并在一定压力下结晶以形成铸件的方法。如图 4-21 所示，在密封的装有金属液的坩埚中，通入干燥压缩空气于金属液面上，金属液自下而上通过升液管和浇道压入铸型型腔，保持一定的压力（或适当增压），直到铸件凝固为止，然后去除液面压力，升液管及浇道中的未凝固金属液又在重力作用下流回坩埚，打开铸型取出铸件。

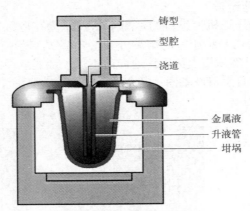

图 4-21　低压铸造原理

（1）低压铸造的工艺过程

低压铸造的流程和工艺过程分别如图 4-22 和图 4-23 所示。

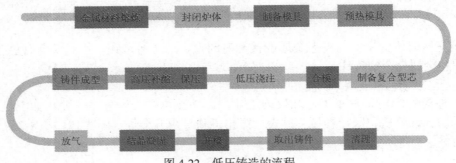

图 4-22　低压铸造的流程

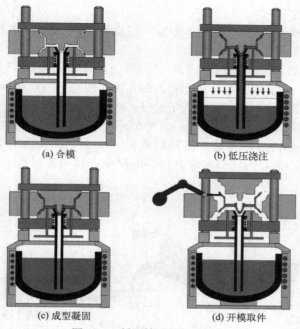

(a) 合模　　　　　　　　　　　　(b) 低压浇注

(c) 成型凝固　　　　　　　　　　(d) 开模取件

图 4-23　低压铸造的工艺过程

（2）低压铸造的应用

低压铸造主要用于生产铝合金、镁合金件，如汽车轮毂（见图 4-24）和内燃机气缸体、气缸盖、活塞以及叶轮、导风轮等形状复杂、质量要求高的铸件。当采用低压铸造生产铸钢件时，如铸钢车轮，升液管需采用特种耐火材料。低压铸造也可应用于小型铜合金铸件，如管道接头、旋塞龙头等。

图 4-24　汽车轮毂

4.1.5　离心铸造

将金属液浇入高速旋转的模具（铸型）内（见图 4-25），在离心力作用下，金属液会均匀地填充模具的内壁，待冷却后就会形成中空的圆柱形产品。这种铸造方法称为离心铸造。

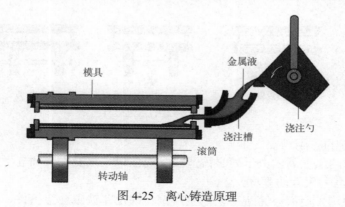

图 4-25　离心铸造原理

（1）离心铸造机的种类

模具（铸型）在离心铸造机上高速旋转，根据转轴的位置，离心铸造机有立式和卧式两种。

图 4-26 所示为立式离心铸造机，模具（铸型）置于离心机转台上，绕垂直轴转动，金属液在离心力作用下，沿圆周分布。由于重力的作用，使铸件的内表面呈抛物面，铸件壁上薄下厚，所以这种方法适于制造高度不大的铸件，如轴套、齿圈等。

图 4-27 所示为卧式离心铸造机，模具（铸型）绕水平轴转动。金属液通过浇注槽注入金属型。采用卧式离心铸造机铸造中空回转件时，无论是在长度方向还是圆周方向铸件均可获得均匀的壁厚，且对铸件长度没有特别的限制，常用来制造各种铸铁水管、发动机缸套等。

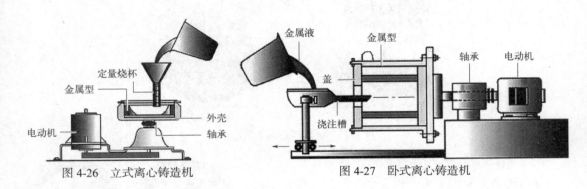

图 4-26 立式离心铸造机　　　　图 4-27 卧式离心铸造机

（2）离心铸造的工艺过程

离心铸造的工艺过程如图 4-28 所示。

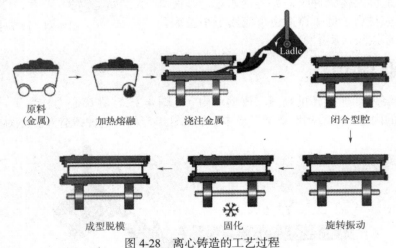

图 4-28 离心铸造的工艺过程

（3）离心铸造的应用

离心铸造产品的强度高，由于离心铸造没有浇注口，只能生产圆柱形产品，所以离心铸造主要用于生产各种尺寸的管材。

汽车等行业中均采用离心铸造工艺，生产钢、铁及非铁碳合金铸件，其中以离心铸造铁管、内燃机缸套（见图 4-29）和轴套等铸件的生产最为普遍。

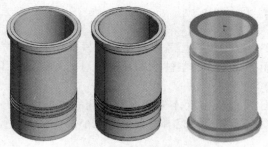

图 4-29　内燃机缸套

4.1.6　金属型铸造

金属型铸造又称硬模铸造或永久型铸造，是在重力下将金属液浇入用金属材料制造的铸型中获得铸件的工艺方法。

（1）金属型的构造

金属型常采用铸铁或铸钢制造，按分型面不同，金属型有整体式、垂直分型式、水平分型式等。图 4-30 所示为垂直分型式金属型的结构。其由底座、定型、动型等部分组成，浇注系统在垂直的分型面上，移动动型合上铸型后进行浇注，铸件凝固后移开动型取出铸件。

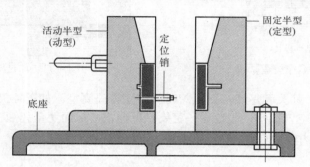

图 4-30　垂直分型式金属型的结构

（2）金属型铸造的应用

金属型铸造既适用于大批量生产形状复杂的铝合金、镁合金等非铁合金铸件，也适用于生产钢铁铸件、铸锭等。

金属型的成本高，制造周期长，铸造工艺规程要求严格，铸铁件还容易产生白口组织。因此，金属型铸造主要用于大批量生产形状简单的有色金属铸件，如铝制活塞（见图 4-31）、气缸、缸盖、油泵壳体（见图 4-32），以及铜合金轴瓦、轴套等。

图 4-31　铝制活塞

图 4-32　发动机油泵

4.1.7 真空铸造

真空铸造（见图4-33）是通过在压铸过程中抽除模具型腔内的气体而消除或显著减少铸件内的气孔和疏松，从而提高铸件力学性能和表面质量的先进压铸工艺。

（1）真空铸造的种类

为了减少或避免在压铸过程中气体被金属液高速卷入而使铸件产生气孔和疏松，压铸前对铸型进行抽真空。根据压室和型腔内的真空度大小，可将真空铸造分为普通真空压铸和高真空压铸。

① 普通真空压铸 如图4-34所示，真空系统在金属液压入型腔前将料筒与型腔中的气体抽出。

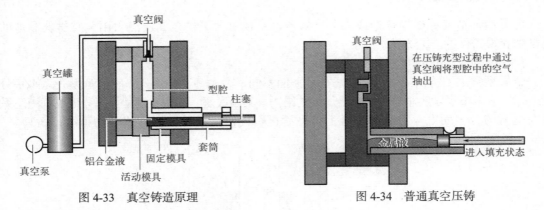

图4-33 真空铸造原理　　　　　　图4-34 普通真空压铸

② 高真空压铸 其关键是能在很短的时间内获得高真空。如图4-35所示，压铸前先将整个压室和型腔中的空气抽出，该过程一定要尽可能快，从而使金属液在高真空作用下进入压室，接着压射冲头开始进行压射。

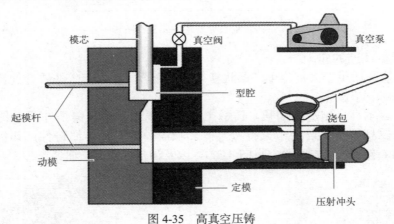

图4-35 高真空压铸

（2）真空铸造的工艺过程

真空铸造的工艺过程如图4-36所示。

（3）真空铸造的应用

真空铸造主要用于汽车防撞薄壁结构件。

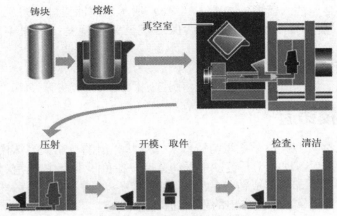

图 4-36　真空铸造的工艺过程

4.1.8　挤压铸造

图 4-37 所示为挤压铸造原理，是把液态金属直接浇入金属模内，然后在一定时间内以一定的压力作用于熔融或半熔融的金属，并使其在此压力下结晶和塑性流动，从而获得毛坯或零件的一种加工方法。

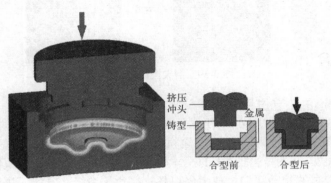

图 4-37　挤压铸造原理

（1）挤压铸造的工艺过程

如图 4-38（a）所示，铸型准备包括铸型、挤压冲头的清理和喷涂；如图 4-38（b）所示，

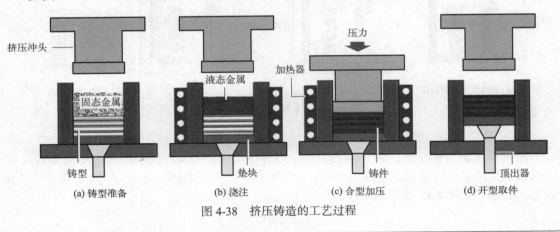

图 4-38　挤压铸造的工艺过程

将液态（半固态）金属注入铸型；如图4-38（c）所示，使冲头进入挤压位置，用挤压冲头将液态（半固态）金属推入型腔，并继续保压直至完全凝固；如图4-38（d）所示，顶出铸件。

（2）挤压铸造的应用

挤压铸造可用于生产铝合金、锌合金、铜合金以及球墨铸铁等铸件。

4.1.9　消失模铸造

消失模铸造又称实型铸造，是将与铸件尺寸形状相似的石蜡或泡沫模样组合成模样簇，刷涂耐火涂料并烘干后，埋在干石英砂中振动造型，在负压下浇注，使模样气化，液体金属占据模样位置，凝固冷却后形成铸件的新型铸造方法（见图4-39）。消失模铸造能够生产结构复杂的产品，并且能够减少生产出的零件的机械加工量。

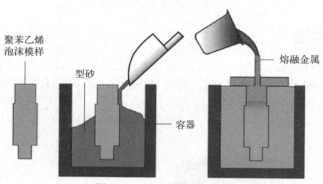

图4-39　消失模铸造原理

（1）消失模铸造的工艺过程

消失模铸造的工艺过程如图4-40所示。先手工或者机械制作泡沫塑料模样，组合后进行干燥处理，烘干模样，表面刷、喷耐火涂料后再次烘干；将特制砂箱置于三维振实台上，填入底砂（干砂）振实、刮平，把烘干的模样放在底砂上，按工艺要求填砂，自动振实一定时间后刮平，用塑料薄膜覆盖箱口，放上浇口杯；接负压系统，紧实后进行钢液浇注，模样气化消失，金属液取代其位置；铸件冷凝后释放真空并翻箱，取出铸件。

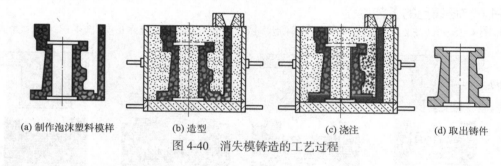

(a) 制作泡沫塑料模样　　(b) 造型　　(c) 浇注　　(d) 取出铸件

图4-40　消失模铸造的工艺过程

（2）消失模铸造的应用

消失模铸造适用于钢、铁、铜、铝等，适合于结构复杂（铸件的形状可相当复杂）、难以起模或活块和外芯较多的铸件，如模具、气缸头、管件、曲轴、叶轮、壳体、床身、机座及艺术品等（见图4-41和图4-42）。

图 4-41　结构复杂的铸件

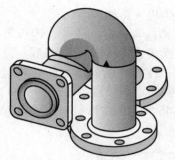

图 4-42　高锰钢弯管

4.1.10　连续铸造

如图 4-43 所示，连续铸造是一种先进的铸造方法，其原理是将熔融的金属不断浇入一种称为结晶器的特殊金属型中，凝固（结壳）了的铸件连续不断地从结晶器的另一端被拉出，它可获得任意长度或特定长度的铸件，可铸出正方形、长方形、圆形、环形或异形截面。

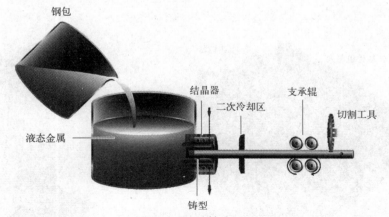

图 4-43　连续铸造原理

（1）连续铸造的工艺过程

连铸生产的工艺流程为：钢包→中间包→结晶器→二次冷却→拉坯矫直→切割→辊道

输送→推钢机→铸坯。

连续铸造可铸锭、铸管、铸板等。连续铸造有水平式、垂直式和圆弧式三种。图4-44所示为圆弧式连续铸造工艺，结晶器在钢包下部，钢水通过结晶器，表面凝固后，被连续地拉出成锭，锭材在结晶器下面受到喷射水的二次冷却而完全凝固，当铸锭被拉至一定长度时，由切割机切断成段，供进一步加工使用。

图4-45所示为方形材料连续铸造工艺。

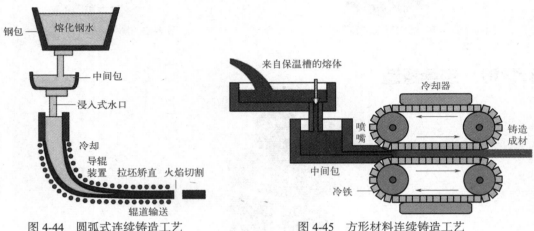

图4-44　圆弧式连续铸造工艺　　　　图4-45　方形材料连续铸造工艺

（2）连续铸造的应用

连续铸造可用于钢、铁、铜合金、铝合金、镁合金等断面形状不变的长铸件，如铸锭、板坯、棒坯、管材等。

浇注机器人

浇注机器人通过机械手将钢包中的钢水注入模具中，如图4-46和图4-47所示。

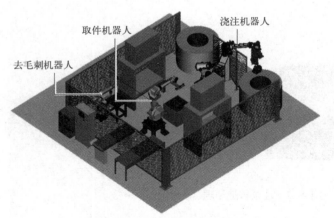

图4-46　工作中的浇注机器人

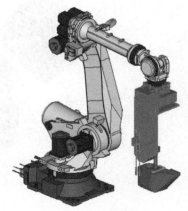

图4-47　浇注机器人

4.2　金属压力加工

利用金属在外力作用下所产生的塑性变形，来获得具有一定形状、尺寸和力学性能的原材料、毛坯或零件的生产方法，称为金属压力加工，又称金属塑性加工。金属压力加工的类型包括锻造、轧制、挤压、拉拔、冲压。这些加工方法的特点是，金属材料在外力的作用下按一定的形状和尺寸发生永久的塑性变形，在塑性变形的过程中，金属的组织和性能也发生了相应的变化，伴随塑性变形所产生的硬化过程使材料的强度有所提高（见图4-48）。

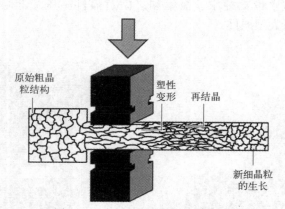

图4-48　金属的塑性变形与再结晶

4.2.1　锻造

锻造是在加压设备及工（模）具的作用下，使坯料或铸锭产生局部或全部的塑性变形（见图4-49），以获得一定几何尺寸、形状的零件（或毛坯）并改善其组织和性能的加工方法。根据锻件的尺寸和形状、采用的工（模）具结构以及锻造设备的不同，主要可分为自由锻造、模型锻造、碾环（压）、特殊锻造（例如使用锻压机器人）。

（1）自由锻造

如图4-50所示，自由锻造是使已加热的金属坯料在上、下砧之间承受冲击力（自由锻锤）或压力（压力机）而变形的过程，用于制造各种形状比较简单的零件（或毛坯）。自由锻造简称自由锻。

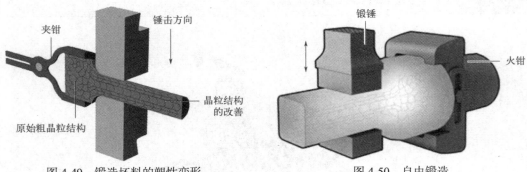

图 4-49　锻造坯料的塑性变形　　　　　图 4-50　自由锻造

① 自由锻造的设备　　自由锻造以生产批量不大的锻件为主，采用锻锤、压力机等锻造设备对坯料进行成形加工，获得合格锻件。

自由锻造分为手工锻造和机器锻造两种。前者手工锤击只能生产小型锻件，后者是自由锻造的主要形式。

常用的自由锻造设备有空气锤、蒸汽 - 空气锤和锻造机三种。图 4-51 所示为空气锤，利用压缩空气推动锻锤，锤击速度高，锻锤落下部分质量（表示锻造能力，俗称吨位）常为 65 ～ 750kg，用于锻造小型锻件。锻造机是指用锤击等方法，使在可塑状态下的金属材料成为具有一定形状和尺寸的工件，并改善其性能的机器。锻造液压机（见图 4-52）利用 15 ～ 40MPa 的高压水推动柱塞、横梁和上砧对锻件施压，常用锻造液压机的压力为 5 ～ 150MN，用于锻造大型锻件。

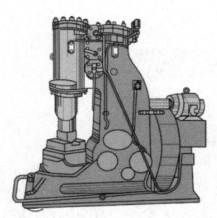

图 4-51　空气锤

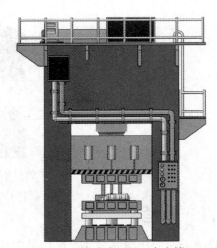

图 4-52　锻造液压机（自由锻）

自由锻造采用的都是热锻方式。

② 自由锻造的工序　　包括基本工序、辅助工序、精整工序。

a. 基本工序。包括镦粗、拔长、冲孔、弯曲、扭转、切割、错移及锻接等，实际生产中最常用的是镦粗、拔长、冲孔这三种工序。

ⅰ. 镦粗：使坯料高度减小、截面积增大的工序（见图 4-53）。

ⅱ . 拔长：使坯料截面积减小而长度增加的工序（见图 4-54）。

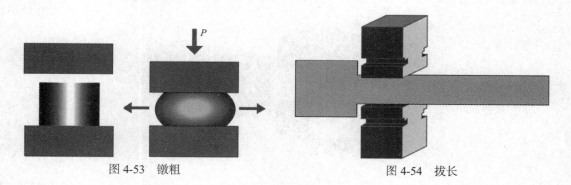

图 4-53　镦粗　　　　　　　　　　　　　　　图 4-54　拔长

ⅲ . 冲孔：用冲子将坯料冲出通孔或不通孔的工序（见图 4-55）。

ⅳ . 弯曲：将毛坯弯成所需形状的工序。在进行弯曲变形前，先要将毛坯锻成所需的大致形状。

ⅴ . 扭转：将毛坯一部分相对于另一部分绕其轴线旋转一定角度的工序。

ⅵ . 切割：将毛坯一部分或几部分切掉获得所需形状的锻件的工序。（见图 4-56）。

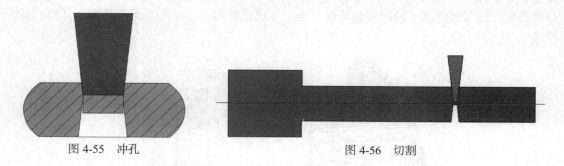

图 4-55　冲孔　　　　　　　　　　　　　　　图 4-56　切割

b. 辅助工序。预变形工序，如压钳口、压钢锭棱边、压肩等（见图 4-57）。

图 4-57　压肩

c. 精整工序。减少锻件表面缺陷的工序，如清除锻件表面凹凸不平及整形等。滚圆、摔圆、矫正都属于精整工序。

③ 自由锻造的应用　自由锻造适用于单件、小批生产形状简单的锻件以及大型锻件。对于大型锻件，自由锻造是唯一的锻造方法。所以自由锻造在重型机械制造业中占有重要的地位。

（2）模型锻造

如图 4-58 所示，模型锻造（简称模锻）是把加热后的金属坯料放入固定于模锻设备上的锻模模腔内，经过锻造迫使金属在模腔内塑性流动，直至充满模腔，得到所需锻件的加工方法，用于制造各种形状比较复杂的零件，广泛用于飞机、汽车等制造业中。

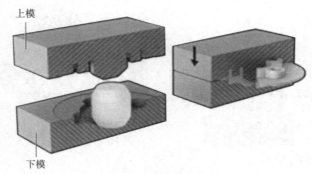

上模

下模

图 4-58　模型锻造

模锻按所用设备的不同，可以分为模锻锤上模锻、摩擦压力机上模锻、曲柄压力机上模锻等。模锻锤上模锻（简称锤上模锻），金属在模腔中逐步变形，特别适合于多模腔模锻。锤上模锻是目前使用最广泛的一种模锻方法。

① 模锻锤　图 4-59 所示为常用的蒸汽 - 空气模锻锤。模锻锤的机架直接用带弹簧的螺栓安装在砧座上，形成封闭结构，刚性较好。模锻锤的导轨很长，锤头与导轨间间隙很小，并可调整。这些都保证了模锻锤锤击时，上、下模能够对准，从而获得形状和尺寸精确的模锻件。

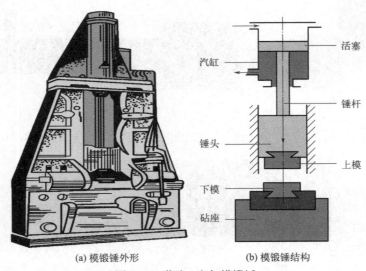

活塞

汽缸

锤杆

锤头

上模

下模

砧座

(a) 模锻锤外形　　　　(b) 模锻锤结构

图 4-59　蒸汽 - 空气模锻锤

模锻锤的吨位以锤杆落下部分的质量表示。常用模锻锤的吨位在 1 ～ 16t 之间，通常用于锻造质量为 0.5 ～ 150kg 的模锻件。

② 锻模　如图 4-60 所示，锻模是由带有燕尾的上模和下模组成的。下模固定在模座上，上模固定在锤头上，并与锤头一起作上下往复的锤击运动。

锻模工作示意图如图 4-61 所示。上、下模合在一起，其中部形成完整的模腔。根据功用模腔可分为制坯模腔和模锻模腔。

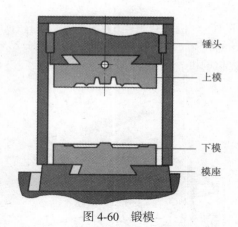

图 4-60 锻模

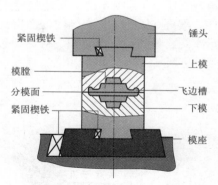

图 4-61 锻模工作示意图

a. 制坯模膛。其主要作用是按照锻件形状合理分配坯料，使坯料形状接近锻件形状。制坯模膛分为拔长模膛、滚挤模膛、弯曲模膛、切断模膛等。

拔长模膛用来减小坯料某部分的截面积，以增加该部分的长度。

滚挤模膛用来减小坯料某部分的截面积，以增大另一部分的截面积，使其按模锻件的形状来分布。

弯曲模膛的作用是弯曲杆类模锻件的坯料，坯料可以直接或先经其他制坯工序后放入弯曲模膛进行变形。

切断模膛是一对冲压切断模，主要用来切去飞边和冲孔连皮等。

b. 模锻模膛。可分为预锻模膛和终锻模膛两种。

预锻模膛的作用是使坯料变形到接近锻件的形状和尺寸，模膛内的斜度和圆角较大，金属容易充满模膛。经过预锻后再进行终锻，减少了终锻模膛的磨损，可以延长锻模的使用寿命。

终锻模膛的作用是使坯料最终变成锻件所要求的形状和尺寸。它的形状应和锻件的形状相同。为了使金属很好地充满模膛，坯料的体积应比模膛的容积略大，同时为了容纳多余的金属，保证锻件的形状和尺寸，终锻模膛的分模面设计一圈飞边槽。

预锻模膛和终锻模膛设在锻模中间（见图 4-62）。

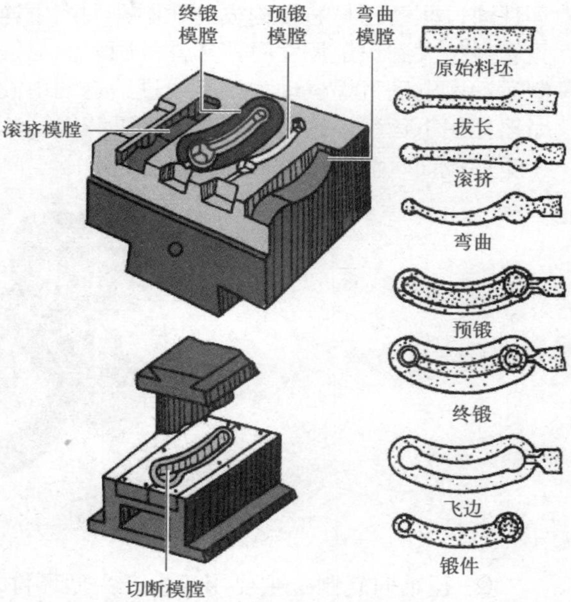

图 4-62 弯曲连杆的多模膛锻模及工艺过程

根据模锻复杂程度的不同，所需变形的模膛数量不等，可将锻模设计成单膛锻模或多膛锻模。单膛锻模是指在一副锻模上只有终锻模膛一个模膛。多膛锻模是指在一副锻模上具有两个及以上的模膛，最多不超过七个模膛。

（3）碾环（压）

碾环（压）（见图 4-63）指通过专用设备碾环（压）机（见图 4-64）生产不同直径的环形零件。碾环（压）工艺在国内外已得到相当广泛的应用。采用碾环（压）工艺的典型零件有轴承座圈、齿圈、火车轮箍、衬套、法兰、桥式起重机轮圈等。

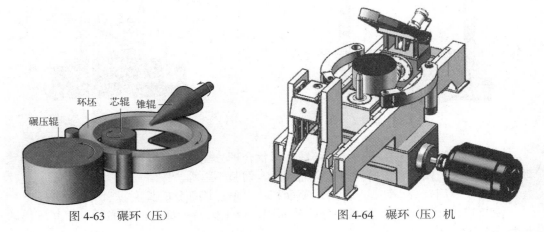

图 4-63　碾环（压）　　　　　　　　图 4-64　碾环（压）机

① 径向轧制　如图 4-65 所示，驱动辊为主动辊，同时作旋转轧制和直线进给运动；芯辊为从动辊，作从动旋转轧制运动；导向辊和信号辊都为自由转动的辊。在驱动辊作用下，环件通过驱动辊与芯辊构成的轧制孔型产生连续的局部塑性变形。当环件经过多转轧制变形且直径扩大到预定尺寸时，环件外圆表面与信号辊接触，环件轧制过程结束。驱动辊旋转轧制运动由电动机提供动力，直线进给运动由液压或气动装置提供动力，其他轧辊在与环件的摩擦作用下运动。这种碾环（压）机结构简单，价格低，工艺控制容易，使用广泛，一般用于矩形截面、沟槽形截面环件的生产。

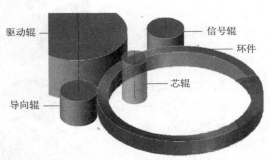

图 4-65　径向轧制

② 径轴向轧制　主要用于生产大型环件。如图 4-66 所示，在径向轧制设备上增加了一对轴向轧辊，对环件的径向和轴向同时进行轧制，从而使径向轧制产生的环件端面凹陷得以修复。径轴向轧制还可以获得截面复杂的环件。在径轴向轧制过程中，驱动辊作旋转轧制运动，芯辊作径向直线进给运动，轴向轧辊作旋转端面轧制运动和轴向进给运动。环件产生径向壁厚减少、轴向高度减小、内外直径扩大、截面轮廓成形的连续局部塑性变形，当环件经反复多转轧制使直径达到预定值时，芯辊的径向进给运动、轴向轧辊的轴向进给运动停止，环件径轴向轧制变形结束。

现在的锻造大多使用智能化的设备——锻压机器人，如图 4-67 所示。

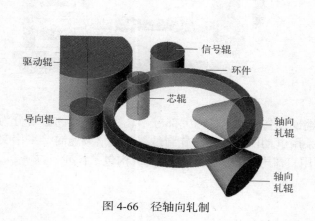

图 4-66　径轴向轧制

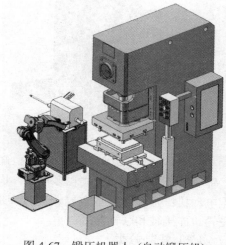

图 4-67　锻压机器人（自动锻压机）

4.2.2　轧制

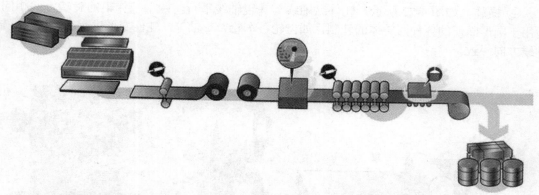

　　轧制（见图 4-68）是使金属坯料通过一对回转轧辊之间的空隙而受到压延的过程，包括冷轧（金属坯料不加热）和热轧（金属坯料加热），用于制造板材、棒材、型材、管材等。与锻造相比，当需要长而截面均匀的金属制品时，轧制是一种更经济的变形方法。

　　（1）轧制设备

　　轧钢机（简称轧机）由支承辊、工作辊、轧机机架、电动机、联轴器等组成。根据工艺辊子可以是开槽的或平的，金属的形状在与两个辊子接触的过程中逐渐改变。图 4-69 所示为冷轧机，图 4-70 所示为热轧机。

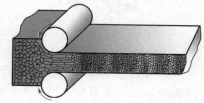

图 4-68　轧制

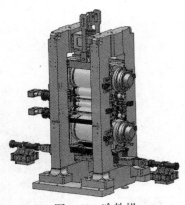

图 4-69 冷轧机

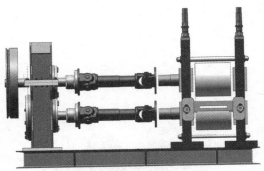

图 4-70 热轧机

轧机一般包括主要设备（主机）和辅助设备（辅机）两大部分。轧机按轧辊的数目分为二辊式、三辊式、四辊式和多辊式，均采用电动机拖动。当轧制过程不要求调速时，采用交流电动机；当轧制过程需要调速时，采用直流电动机。轧机的传动机构包括齿轮、减速机、飞轮、连接轴和联轴器等。

（2）轧制分类

按轧件运动分有纵轧、横轧、斜轧。

① 纵轧   如图 4-71 所示，金属在两个旋转方向相反的轧辊之间通过，并在其间产生塑性变形。轧件纵轴线与轧辊轴线垂直，两个工作辊的旋转方向相反。适用于型材、线材、板材、带材等的轧制。

② 横轧   如图 4-72 所示，轧件纵轴线与轧辊轴线平行，两个工作辊的旋转方向相同。适用于圆形断面的各种回转体的轧制，如齿轮、车轮、车轴等。轧件变形后运动方向与轧辊轴线方向一致。

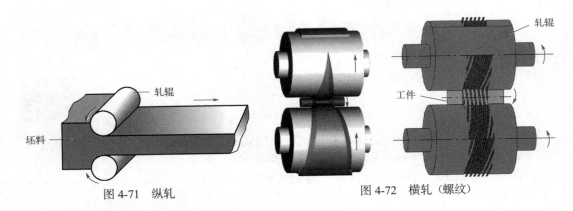

图 4-71 纵轧

图 4-72 横轧（螺纹）

③ 斜轧   如图 4-73 所示，轧件的纵轴线与轧辊轴线成一定的角度，两个轧辊的旋转方向相同。适用于管材、球体等的轧制，如无缝钢管的生产。

斜轧穿孔克服了压力冲孔、推轧穿孔两种方法穿孔变形量小、毛管短而厚的缺点，在热轧无缝钢管机组中增设了斜轧延伸机，用于减小穿孔后的毛管外径和壁厚，并使轧坯沿穿孔方向轴向伸长，是无缝钢管生产中应用最为广泛的穿孔工艺。常见的斜轧穿孔方式如

图 4-74 ～图 4-76 所示。

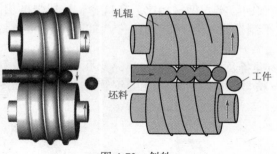

图 4-73 斜轧

图 4-74 锥形辊式斜轧穿孔

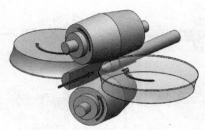

图 4-75 狄塞尔斜轧穿孔

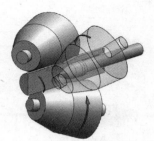

图 4-76 三辊式斜轧穿孔

（3）轧制工艺举例

① 轧制宽缘工字钢　图 4-77 所示为万能轧机轧制宽缘工字钢的过程。万能轧机由一对水平辊和一对立辊组成主机架，四个轧辊的轴线在一个平面内，水平辊为主动辊，立辊为从动辊（有的轧机立辊也可驱动），可对轧件进行四面加工，并由二辊水平轧机作辅助机架（轧边机）。

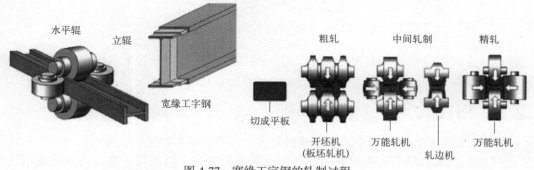

图 4-77 宽缘工字钢的轧制过程

钢锭，尤其是大型钢锭，通常不能直接轧成所需尺寸的钢材，需将其先轧成钢坯（开坯），再轧成成品。用来将钢锭加工成钢坯的重型轧机称开坯机（开坯机通常指初轧机和板坯轧机）。

② 轧制无缝钢管　无缝钢管是一种具有中空截面、周边没有接缝的圆形、方形、矩形钢材。无缝钢管用钢锭或实心管坯经穿孔制成毛管，然后经热轧、冷轧或冷拔完成加工。无缝钢管大量用作输送流体的管道。钢管与圆钢等实心钢材相比，在抗弯、抗扭强度相同时，重量较轻，是一种经济的钢材，广泛用于制造机械零件和结构件，如石油钻的钢制脚手架等。

热轧无缝钢管的主要生产工序：管坯准备及检查→管坯加热→穿孔→轧管→荒管再加热→定（减）径→热处理→成品管矫直→精整→检验。热轧无缝钢管的工艺过程如图 4-78 所示。

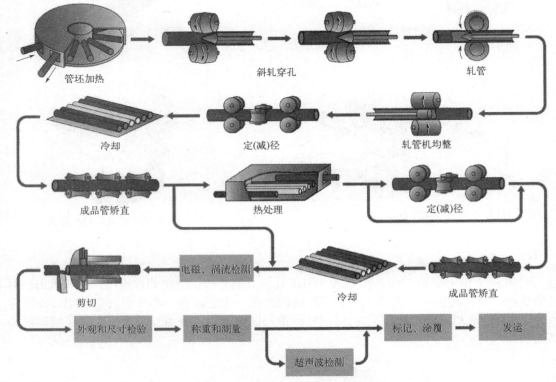

图 4-78　热轧无缝钢管的工艺过程

冷轧（拔）无缝钢管主要生产工序：坯料准备→酸洗润滑→冷轧（拔）→热处理→矫直→精整→检验。

4.2.3　挤压

挤压（见图 4-79）是有色金属、钢铁材料生产与零件成形加工的主要方法之一，也是各种复合材料、粉末材料等先进材料制备与加工的重要方法。从大尺寸金属铸锭的热挤压开坯、大型管棒型材的热挤压加工到小型精密零件的冷挤压成形，从粉末、颗粒料为原料的复合材料直接固化成型到金属间化合物、超导材料等难加工材料的加工，现代挤压技术得到了广泛应用。

（1）挤压原理

金属挤压如图 4-80 所示，是对盛在挤压筒内的金属锭坯施加外力，使之从特定的模孔中流出，从而获得所需截面形状和尺寸的挤压件。

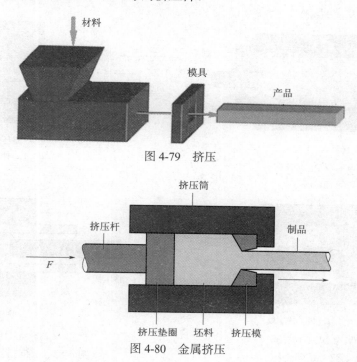

图 4-79 挤压

图 4-80 金属挤压

塑料挤压如图 4-81 所示，借助螺杆的挤压作用，使塑化均匀的塑料通过模口成为具有恒定截面的连续制品。

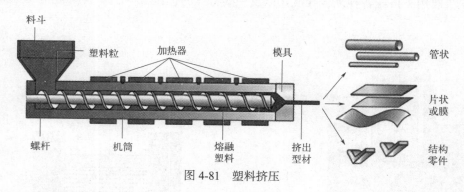

图 4-81 塑料挤压

（2）挤压方式

根据挤压方向不同，可分为正向挤压、反向挤压、正反联合挤压、侧向挤压等。

① 正向挤压 制品流出方向与挤压轴运转方向相同，如图 4-82 所示。正向挤压是最基本的挤压方法。

② 反向挤压 制品流出方向与挤压轴运转方向相反，如图 4-83 所示。反挤压主要用于铝合金管材与型材的热挤压，以及各种铝合金零件的冷挤压。

③ 正反联合挤压 挤压筒中的金属在挤压杆作用下沿挤压杆运动方向及其反方向被同时挤出，如图 4-84 所示。正反联合挤压适用于冷挤压薄壁和形状复杂的零件。

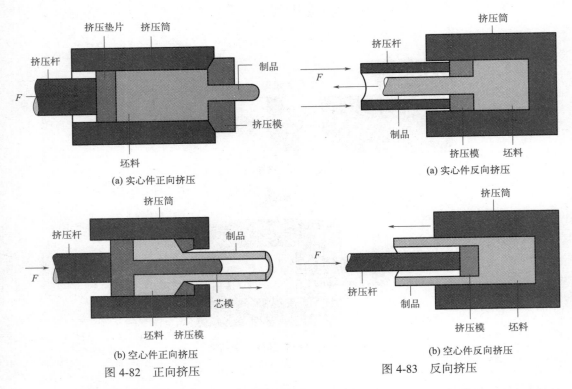

(a) 实心件正向挤压

图 4-82　正向挤压

(a) 实心件反向挤压

(b) 空心件正向挤压

(b) 空心件反向挤压

图 4-83　反向挤压

④ 侧向挤压　制品流出方向与挤压轴运转方向垂直，又称横向挤压，如图 4-85 所示。侧向挤压主要用于挤压各种复合导线，以及一些特殊的包覆材料。

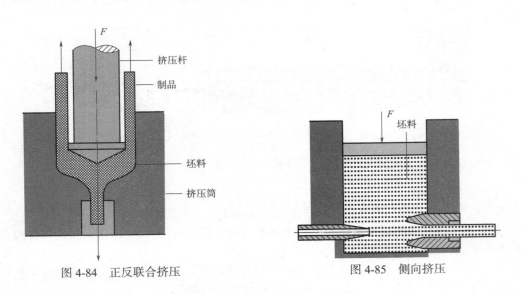

图 4-84　正反联合挤压

图 4-85　侧向挤压

（3）挤压设备

图 4-86 所示为连续挤压机，是实现金属挤压加工的主要设备。

利用挤压机生产铝型材时，把铝棒进行高温加热，然后通过挤压机进行挤压，再使用挤压辅助设备（长棒热剪炉、铝合金时效炉、牵引机、冷床等）进行调直、冷却、时效等，完成铝型材的生产。

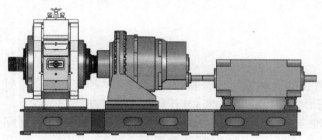

图 4-86　连续挤压机

4.2.4　拉拔

拉拔是指在外加拉力作用下，利用金属塑性，迫使坯料通过规定的模孔，以获得相应形状与尺寸的产品的加工方法。注意，挤压是将材料挤压通过模具；拉拔是将材料拉过模具。

拉拔是管材、棒材、型材以及线材的主要生产方法之一。拉拔生产的工具与设备简单，维护方便，在一台设备上可以生产多个品种与规格的制品，而且制品的尺寸精确，表面光洁。拉拔设备一般可分为管棒型材拉拔机和拉线机。

（1）拉拔方法

图 4-87（a）所示为棒材拉拔。通过模具直接拉出棒材。

图 4-87（b）所示为管材空拉，拉拔时管坯内部不放芯头，拉拔后壁厚略有变化，主要目的是减径，故又称减径拉拔。

图 4-87（c）所示为固定芯头拉拔，拉拔时管坯内部放芯头，并用芯杆固定，拉拔后管坯可实现减径和减薄，是实际中应用最广泛的方法。

图 4-87（d）所示为长芯杆拉拔，管坯套在表面抛光的芯杆上，拉拔时芯杆与管坯一起通过模孔。

图 4-87（e）所示为游动芯头拉拔，拉拔时管坯内部放芯头，但芯头不固定，依靠自身形状稳定在变形区中。此法使盘管拉拔得以实现。

图 4-87（f）所示为扩径拉拔，是用小直径管坯生产大直径制品的一种方法，有压入扩径和拉拔扩径两种方法。

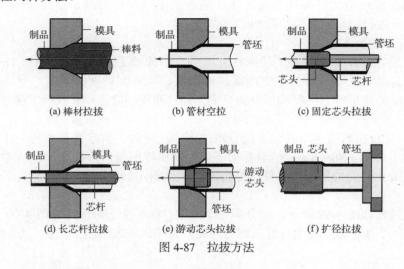

图 4-87　拉拔方法

（2）拉拔的应用

拉拔生产的产品有电缆、电线；围栏、衣架、购物车等用线材；钉子、螺钉、铆钉、弹簧等用棒料。

4.2.5 冲压

冲压是靠压力机和模具对板材、带材、管材和型材等施加外力，使之产生塑性变形或分离，从而获得所需形状和尺寸的工件（冲压件）的加工方法。

图 4-88 所示为冲压过程：图（a）表示将金属板材固定在模具台面上；图（b）表示使上方冲头垂直下落，使金属板材在模具内部受力成形；图（c）表示使冲头上升，零件被取出。

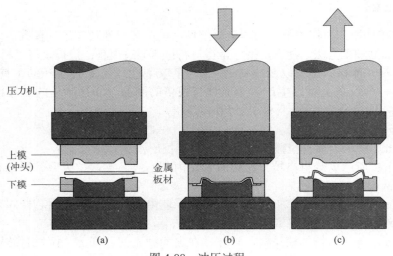

图 4-88　冲压过程

冲压的坯料主要是热轧或冷轧的钢板和钢带。汽车的车身、底盘、油箱、散热器片，锅炉的汽包，容器的壳体，电机的铁芯（硅钢片）等都是冲压加工的。仪器仪表、家用电器、自行车、办公设备、生活器皿等产品中，也有大量冲压件。

按冲压加工温度分为热冲压和冷冲压。前者适于变形抗力高、塑性较差的板料加工；后者则在室温下进行，是薄板常用的加工方法。

（1）板料冲压基本工序

板料冲压是在冲床上利用冲模使板料分离或变形的加工方法。一个冲压件往往需要经过多道冲压工序才能完成。冲压加工因零件的形状、尺寸和精度的不同，所采用的工序也不同。根据材料的变形特点可将冲压分为分离工序（冲裁、剪切）和成形工序（弯曲、拉深等）两大类。

① 冲裁　是将板料按封闭的轮廓线分离的工序。冲裁包括落料和冲孔：冲下部分为工件的称为落料 [见图 4-89（a）]，落料是为了得到冲压件的外形，冲剩的条料为废料；冲下部分为废料，带孔的周边部分为工件的称为冲孔 [见图 4-89（b）]，冲孔是为了得到冲压件上的孔。

冲裁变形过程如图 4-90 所示，可分为三个阶段：弹性变形阶段 [见图 4-90（a）]，凸模开始接触板料并下压，板料发生弹性压缩与弯曲，并略微挤入凹模型孔里，此时材料内的应力没有超过屈服点，若凸模卸除压力，材料可恢复原状；塑性变形阶段［见图4-90（b）］，凸模继续加压时，部分材料被挤入凹模型孔内，使材料产生塑性变形，随着凸模挤入板料深度的增大，塑性变形程度增大，直至刃口附近产生裂纹为止，塑性变形阶段结束；断裂分离阶段［见图4-90（c）～（e）］，凸模继续下行，凸、凹模刃口部分材料的细微裂纹不断向材料内部扩展，当凸模与凹模之间间隙合理时，上下裂纹能相互重合，从而使零件与板料分离，完成冲裁过程。

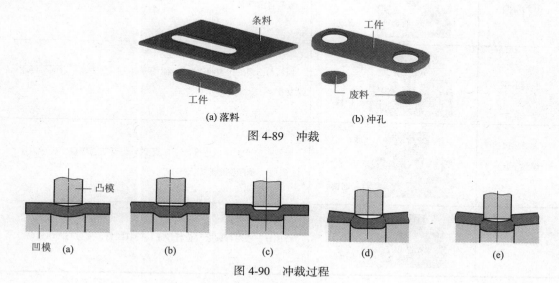

图 4-89 冲裁

图 4-90 冲裁过程

② 弯曲　是使板料、棒料、管材或型材等发生塑性变形，弯成一定形状、角度或曲率的工序。生产中弯曲件的形状很多，如V形件、U形件、帽形件、圆弧件等（见图4-91）。这些零件可以在压力机上用模具弯曲，也可以用专用弯曲机进行折弯、拉弯或滚弯等（见图4-92）。

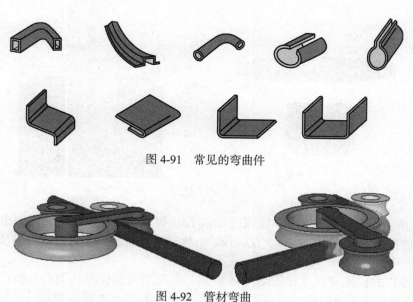

图 4-91 常见的弯曲件

图 4-92 管材弯曲

板料弯曲变形过程见表 4-1。

表 4-1　板料弯曲变形过程

弯曲阶段	图例	变形过程说明
开始弯曲	凸模　凹模	板料自由弯曲
凸模下压	凸模　凹模	板料与凸模工作表面逐渐靠紧，板料内层（上表面）弯曲半径逐渐变小
继续下压	凸模　凹模	板料弯曲变形区域逐渐减小，直到与凸模三点接触，板料内层（上表面）弯曲半径继续变小
行程终了	凸模　凹模	凸模、凹模对弯曲板料进行校正，使其圆角、直边与凹模紧贴

③ 拉深　如图 4-93 所示，将剪裁或冲裁成一定形状的平板毛坯，通过拉深模制成各种形状的开口空心零件的工序称为拉深，拉深工艺是常用的塑性加工工艺之一。

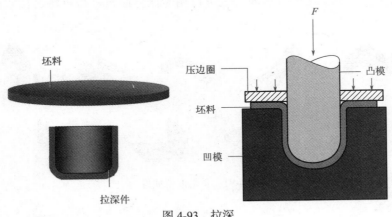

图 4-93　拉深

图 4-94 所示为部分薄壁零件（拉深件）。拉深还可以与其他工序配合，制出形状极为复杂的零件。拉深工艺广泛用于汽车、仪器仪表、电子、航空航天等工业部门以及民用日常生活用品的生产中。

圆筒形零件的拉深变形过程如图 4-95 所示。拉深所用的模具一般由凸模、凹模和压边圈（有时可不用）三部分组成。拉深模凸、凹模的结构和形状不同于冲裁模，它们没有锋利的刃口，而是制成圆角，凸、凹模之间的间隙稍大于板料的厚度。在拉深时，平板毛坯同时受到凸模和压边圈的作用，凸模的压力大于压边圈的压力，坯料在凸模的压力下，随凸模进入凹模，最后使坯料拉深成开口的圆筒形零件。

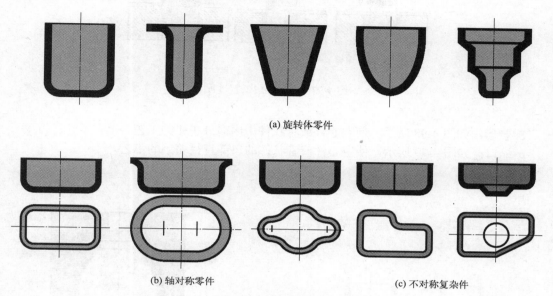

(a) 旋转体零件

(b) 轴对称零件　　　　　　　(c) 不对称复杂件

图 4-94　常见的拉深件

④ 其他　此外，还有翻边、胀形、缩口等工序。这些工序是通过局部变形来实现工件成形的。

a. 翻边：指的是将制件的内孔边缘或外缘翻转成竖立或一定角度的直边的工艺，如图 4-96 所示。

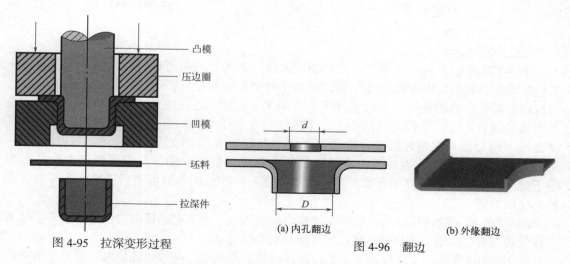

图 4-95　拉深变形过程

(a) 内孔翻边　　　　　(b) 外缘翻边

图 4-96　翻边

如图 4-97 所示，内孔翻边过程中，变形区在凸模的作用下内径不断增大，并向侧边转移，直到翻边结束时，变形区内径尺寸等于凸模的直径，最后使平面环形变成竖直的边缘。

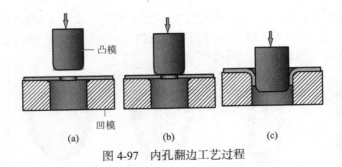

图 4-97　内孔翻边工艺过程

b. 胀形：如图 4-98 所示，使空心件或管状件由内向外扩张的工艺。

c. 缩口：如图 4-99 所示，使空心件或管状件的口部直径缩小的工艺。

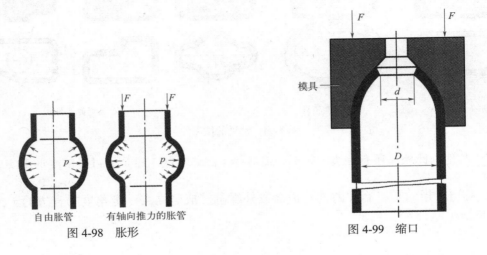

图 4-98　胀形

图 4-99　缩口

（2）冲压设备

图 4-100 所示为双柱可倾斜开式曲柄压力机，这种压力机可以后倾，使冲裁件掉入压力机后面的料箱中。电动机通过 V 带轮驱动中间轴上的齿轮，带动空套在曲轴上的大齿轮，通过离合器带动曲轴旋转，再经连杆带动滑块上下运动。连杆的长度可以调节，借以调整压力机的闭合高度。上模装在滑块上，下模固定在工作台上。当踩下脚踏板时，通过杠杆使曲轴上离合器与大齿轮接合，滑块向下运动进行冲压。当松开脚踏板时，离合器脱开，制动器使滑块停在上止点位置。由于曲轴的曲拐半径是固定的，所以曲柄压力机的行程是不能调节的。双柱可倾斜开式曲柄压力机工作时，冲压的条料可前后送料，也可左右送料，使用方便。

图 4-101 所示的液压冲床，将转动转换为直线运动，由主电动机出力，带动飞轮，经离合器带动齿轮、曲轴、连杆等运转，实现滑块的直线运动。

如图 4-102 所示，齿轮传动 5 轴数控冲床的特点是高速、高效、吨位大，并且是多级齿轮传动的机械冲床。其传动特点非常好，台面板还能 360° 回转。

如图 4-103 所示，原材料经过弯管成型机后形成 U 形工件，U 形工件翻转后经过感应线圈自动加热，机器人把加热后的工件拿到冲床上进行两道工序的冲压，然后自动卸料。

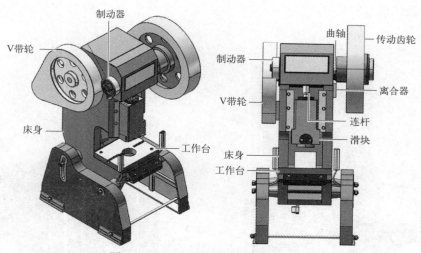

图 4-100 双柱可倾斜开式曲柄压力机

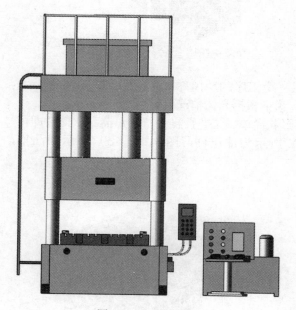

图 4-101 液压冲床

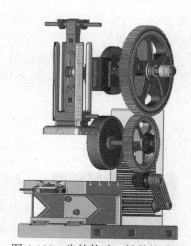

图 4-102 齿轮传动 5 轴数控冲床

图 4-104 所示的三合一冲床钢带送料机是一台冲压式压力机，主要是针对板材生产的。通过模具，能进行落料、冲孔、拉深、修整、精冲、铆接及挤压等操作，广泛应用于各个领域。

日常使用的开关插座、杯子、碗柜、电脑机箱等都可以用冲床通过模具生产出来。

（3）冲模

冲压使用的模具称为冲压模具，简称冲模。冲模是将材料（金属或非金属）批量加工成所需冲压件的专用工具。冲模在冲压中至关重要，没有符合要求的冲模，批量冲压生产就难以进行；没有先进的冲模，先进的冲压工艺就无法实现。冲压工艺与模具、冲压设备和冲压材料构成冲压加工的三要素，只有它们相互配合，才能得到符合要求的冲压件。冲模可以分为简单模、连续模和复合模。

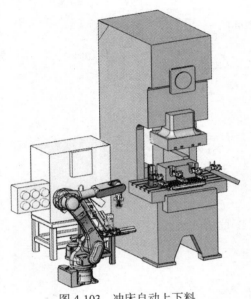

图 4-103　冲床自动上下料

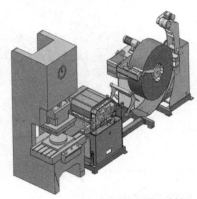

图 4-104　三合一冲床钢带送料机

① 简单模　在冲床的一次行程中只完成一个工序的冲模称为简单模。图 4-105 所示为简单落料模，只有冲孔和模具打开两个动作。模柄根据具体情况可有可无。

图 4-106 所示的 E 形垫片冲压模具，零件形状简单、工艺性良好，又只需一次落料即可，故选择简单落料模进行加工。图 4-107（a）所示为冲压件，图 4-107（b）所示为凸模，图 4-107（c）所示为凹模。

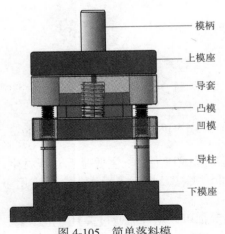

模柄
上模座
导套
凸模
凹模
导柱
下模座

图 4-105　简单落料模

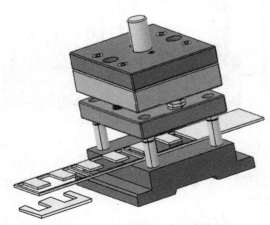

图 4-106　E 形垫片冲压模具

② 连续模　在冲床的一次行程中，在模具的不同位置上能同时完成几个工序的冲模称为连续模。连续模为连续动作的模具，其成本较高（见图 4-108 ～图 4-110）。

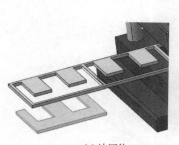
(a) 冲压件

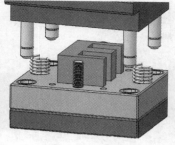
(b) 冲压凸模

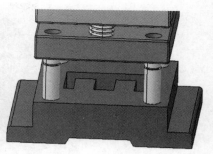
(c) 冲压凹模

图 4-107　E 形垫片冲压模具冲压件及凸模和凹模

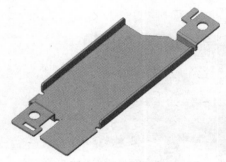

图 4-108　冲压件

图 4-109　料带

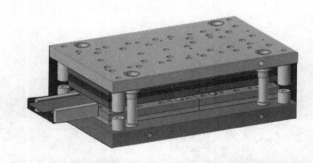

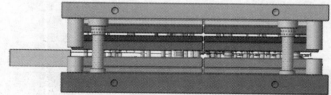

图 4-110　五金冲压件连续模

如图 4-111 所示，冲压件为三孔垫片，加工时先冲三个孔，再落料，采用连续模加工。

③ 复合模　在冲床的一次行程中，在一个位置上能完成多个冲压工序的冲模称为复合模。如图 4-112 所示，冲孔落料复合模可以完成冲孔和落料两个工序。

复合模适合冲裁平板类零件，不能含有折弯的工序。汽车轮辐落料拉深模如图 4-113 所示。

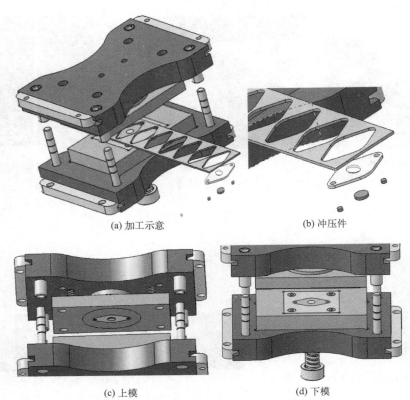

(a) 加工示意   (b) 冲压件

(c) 上模   (d) 下模

图 4-111   冲孔落料连续模

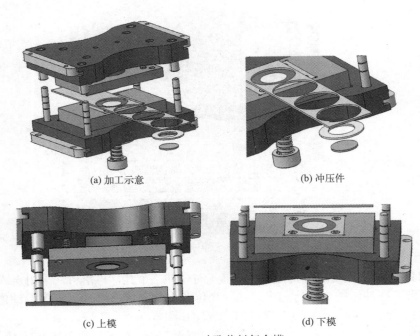

(a) 加工示意   (b) 冲压件

(c) 上模   (d) 下模

图 4-112   冲孔落料复合模

(a) 加工示意

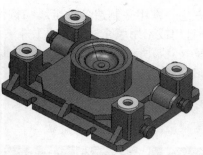
(b) 上模

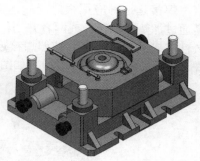
(c) 下模

图 4-113　汽车轮辐落料拉深模

现在冲压设备多采用冲压机器人，如图 4-114 所示。

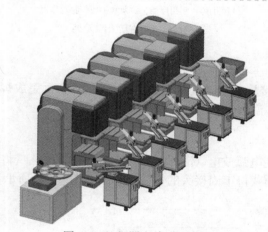

图 4-114　机器人冲压生产线

4.3　焊接与切割

焊接是一种应用很广泛的连接方法，常用来制造各种金属结构件和机械零部件。焊接是通过加热或加压，或两者并用，并且用或不用填充材料，使工件达到原子间结合的一种永久性连接的加工方法。按照焊接过程中金属所处的状态不同，可以把焊接方法分为熔（化）焊、压（力）焊和钎焊三类，如图4-115所示。

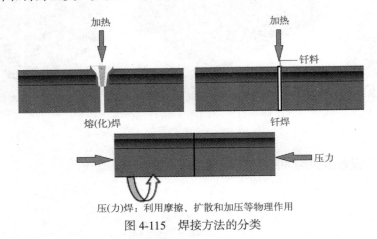

图4-115   焊接方法的分类

4.3.1   熔焊

焊接过程中，将焊接接头加热至熔化状态，不施加压力完成焊接的方法，称为熔焊。熔焊应有一个热量集中、温度足够高的热源。

4.3.1.1   电弧焊

电弧焊的原理是利用电弧放电（俗称电弧燃烧）所产生的热量将焊条与工件互相熔化并在冷凝后形成焊缝，从而获得牢固接头的焊接过程，如图4-116所示。

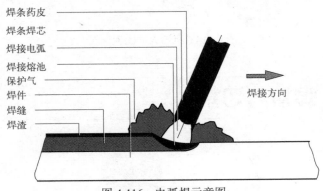

图4-116   电弧焊示意图

电弧焊可分为手工电弧焊、埋弧焊、气体保护焊。

（1）手工电弧焊

手工电弧焊简称手弧焊，是以焊条和焊件作为两个电极，利用焊条与焊件之间的电弧热量熔化金属进行焊接的方法。焊接电源分为两种，即直流电源和交流电源。焊条分为两大类，即酸性焊条和碱性焊条。酸性焊条用直流和交流电源均可。碱性焊条必须使用直流电源，其接法有两种，即直流正接和直流反接，焊接过程中产生偏磁吹，调换接法会有明显好转。交流电源一般情况下不会产生偏磁吹。

图 4-117 所示为手工电弧焊，以弧焊电源为起点，通过焊接电缆、焊钳、焊条、焊件、接地电缆形成回路。焊条和焊件既作为焊接材料，也作为导体。焊接开始后，电弧的高热瞬间熔化了焊条端部和电弧下面的焊件表面，使之形成熔池，焊条端部的熔化金属以细小的熔滴状过渡到熔池中去，与焊件熔化金属混合，凝固后成为焊缝。

图 4-117 手工电弧焊

如图 4-118 所示，焊接时，在电弧高热的作用下，被焊金属局部熔化，形成熔池。焊接时焊条倾斜，在电弧吹力的作用下，熔池金属被排向熔池后方，这样电弧就能不断地使被焊金属熔化，达到一定的熔深。焊条药皮熔化过程中会产生某种气体和液态熔渣。产生的气体充满在电弧和熔池的周围，起到隔绝空气的作用。液态熔渣浮在液态金属表面，起到保护液态金属的作用。此外，熔化的焊条金属向熔池过渡，不断填充焊缝。在焊接过程中，电弧随焊条移动，熔池后方的液态金属逐渐冷却结晶后便形成焊缝，两焊件被焊接在一起。

手工电弧焊一般应用于野外焊接施工作业，长输管道、管线安装施工，强度要求比较高的部件焊接。手工电弧焊适用于汽车制造业、管道工程施工（图 4-119）、桥梁工程施工、船舶制造业以及各类五金制造行业，应用非常广泛。

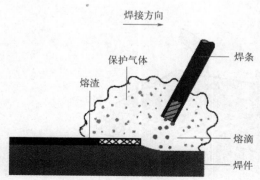

图 4-118 焊缝的形成过程

图 4-119 手工电弧焊焊接管道

（2）埋弧焊

埋弧焊是利用在焊剂层下燃烧的电弧进行焊接的方法。埋弧焊分为自动焊和半自动焊两种。

如图 4-120 所示，在焊剂层下，电弧在焊丝末端与焊件之间燃烧，使焊剂熔化、蒸发形成气体，在电弧周围形成一个封闭空间，电弧在其中稳定燃烧，焊丝不断送入，以熔滴状进入熔池，与熔化的焊件金属混合，并受到熔化焊剂的还原、净化及合金化作用。随着焊接过程的进行，电弧向前移动，后方熔池冷却凝固后形成焊缝。密度较小的熔渣浮在熔池的表面，有效地保护熔池金属，冷却后形成渣壳。

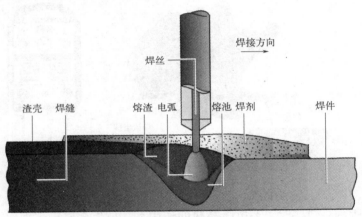

图 4-120　埋弧焊

如图 4-121 所示，焊剂由漏斗流出后，均匀地堆敷在装配好的工件上，焊丝由送丝机构经送丝滚轮和导电嘴送入焊接电弧区。焊接电源的两端分别接在导电嘴和焊件上。送丝机构、焊剂漏斗及控制盘通常都装在一台小车上，以实现焊接电弧的移动。

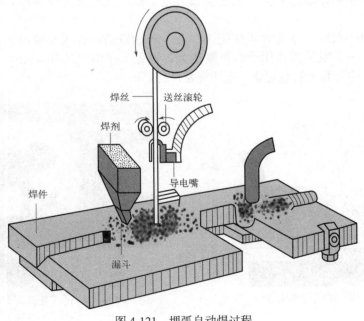

图 4-121　埋弧自动焊过程

如图 4-122 所示，焊丝送入颗粒状的焊剂下，与焊件之间产生电弧，焊丝与焊件熔化形成熔池，熔池金属结晶为焊缝；部分焊剂熔化形成熔渣，并在电弧区域形成一个封闭空间，液态熔渣凝固后成为渣壳，覆盖在焊缝金属上面。随着电弧沿着焊接方向移动，焊丝不断地送进并熔化，焊剂也不断地撒在电弧周围，使电弧埋在焊剂层下燃烧，由此实现自动的焊接过程。

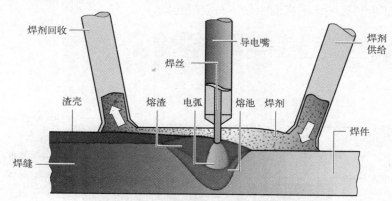

图 4-122　带焊剂回收装置的埋弧自动焊

埋弧焊广泛用于碳钢、低合金结构钢和不锈钢的焊接。由于熔渣可降低接头冷却速度，故某些高强度结构钢、高碳钢等也可采用埋弧焊进行焊接。

（3）气体保护焊

气体保护焊有 CO_2 气体保护焊和氩弧焊两种。它们能够有效地保护焊接接头，在生产中获得广泛应用。

① CO_2 气体保护焊　焊丝通过送丝轮送进，导电嘴导电，在焊件与焊丝之间产生电弧，使焊丝和焊件熔化，并用 CO_2 气体保护电弧和熔融金属来进行焊接（见图 4-123）。

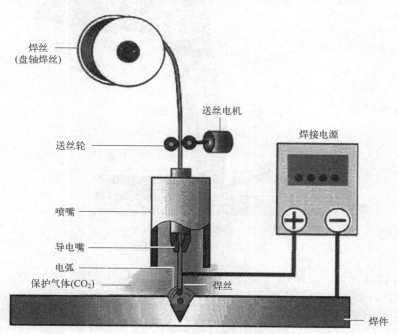

图 4-123　CO_2 气体保护焊

② 氩弧焊 是使用氩气作为保护气体的一种焊接技术，又称氩气保护焊，在电弧焊的周围通上氩气，将空气隔离在焊区之外，防止焊区的氧化。

a. 非熔化极氩弧焊。如图 4-124 所示，电弧在非熔化极（钨极）和焊件之间燃烧，在焊接电弧周围流过不和金属起化学反应的惰性气体（氩气），形成一个保护气罩，使钨极端部、电弧和熔池及邻近热影响区的高温金属不与空气接触。

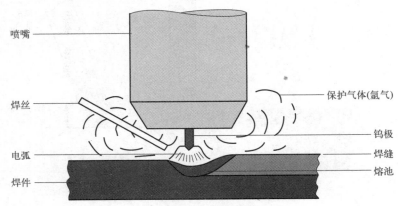

图 4-124　钨极氩弧焊

如图 4-125 所示，将钨电极装夹在焊枪内，焊接电流流过钨极，并在钨极与焊件之间产生电弧，使焊件和填充的焊丝熔化，保护气体从焊枪流出，使空气不能侵入，以保护电极及熔池。

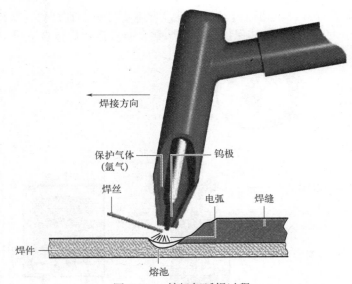

图 4-125　钨极氩弧焊过程

b. 熔化极氩弧焊。这是采用与焊件成分相似或相同的焊丝作电极，以氩气作保护介质的一种焊接方法，如图 4-126 所示。

氩弧焊主要用于焊接铝、镁、钛及其合金和不锈钢、耐热钢，以及锆、钽、钼等稀有金属。

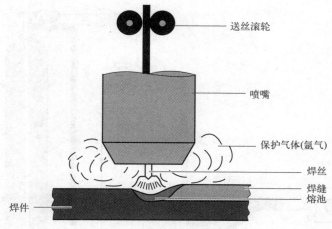

图 4-126　熔化极氩弧焊

4.3.1.2　气焊

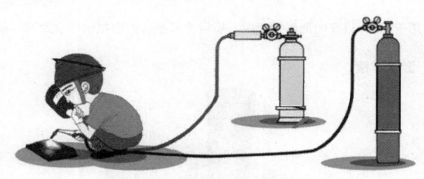

如图 4-127 所示，气焊是利用点燃乙炔和氧气的混合气产生高温，将焊条和母材金属熔化焊接在一起的方法。

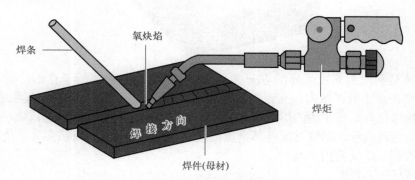

图 4-127　氧 - 乙炔气焊

气焊用的设备如图 4-128 所示，有焊炬、氧气瓶、乙炔瓶等。氧气瓶、乙炔瓶分别用于储存和运输氧气和乙炔。乙炔瓶内装有浸满丙酮的多孔性填料，利用乙炔能溶解于丙酮的特性，将乙炔储存在钢瓶中。气焊时焊炬用于控制氧气和乙炔气体混合比与流量。

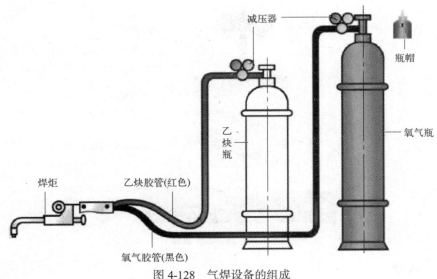

图 4-128 气焊设备的组成

气焊适用于 3mm 以下的低碳钢薄板、质量要求不高的铜和铝等合金的焊接以及铸铁焊补。

4.3.1.3 激光焊接

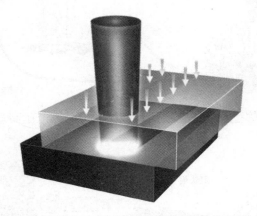

激光焊接是利用激光束优异的方向性和高功率密度等特性进行工作的，通过光学系统将激光束聚焦在很小的区域内，在极短的时间内使被焊处形成一个能量高度集中的热源区，从而使被焊物熔化并形成牢固的焊点和焊缝。激光焊接用于高端精密制造领域，尤其是新能源汽车及动力电池行业。尽管其配件昂贵、维修成本高，但因其具有诸多异于传统焊接工艺的优点，而得到了广泛应用。

（1）激光热传导焊

激光热传导焊的特点是激光的入射深度小，不超过 1mm，主要用于薄板和薄金属管件的焊接。如图 4-129 所示，在焊接过程中，激光沿着需要焊接的轨迹将板材熔化，使两块薄板连接处结合，冷却后形成焊缝。

焊接使用的激光束功率密度低，工件吸收激光后，温度只要达到表面熔点，然后依靠热传导向工件内部传递热量形成熔池，因此经济性好。另外焊缝平滑无气孔，可用于外观件的焊接加工。典型应用是不锈钢水槽、金属波纹管、金属管件焊接等。

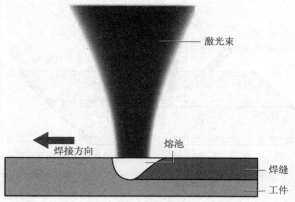

图 4-129 激光热传导焊

（2）激光深熔焊

对材料进行深熔焊加工时需要非常高的激光功率密度。不同于激光热传导焊，激光深熔焊不仅使金属熔化，且使金属汽化。如图 4-130 所示，熔化金属在金属蒸气压力作用下排出形成小孔。激光束继续照射孔底，使小孔不断延伸，直到小孔内的蒸气压力与液体金属的表面张力和重力平衡为止。深熔焊会形成一个狭窄而均匀的焊缝，其深度一般比焊缝宽度大。该工艺具有加工速度快、热影响区小的特点，因此材料变形小。

典型的应用是厚钢板（10 ～ 25mm）焊接以及动力电池铝壳焊接。

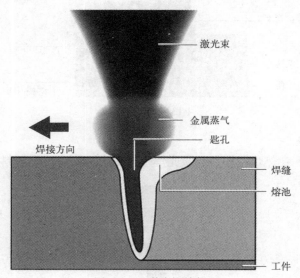

图 4-130 激光深熔焊

（3）激光填丝焊

激光填丝焊（见图 4-131）是指在焊缝中预先填入特定焊接材料后用激光照射熔化，或在激光照射的同时填入焊接材料以形成焊接接头的方法。激光填丝焊可实现较小功率焊较厚较大零件。

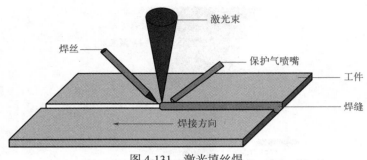

图 4-131　激光填丝焊

（4）激光复合焊

激光复合焊（见图 4-132）是为了满足材料的加工要求，将激光与电弧相结合，对材料进行加工的一种技术。

激光复合焊将激光热源和作为第二热源的电弧复合起来作用在同一熔池上，结合了激光和电弧的优势，使其既具备一般电弧焊的高适应性特点，又具备激光焊的大熔深、高速、低变形的特点。目前，激光复合焊常用于汽车顶盖、车门的焊接。

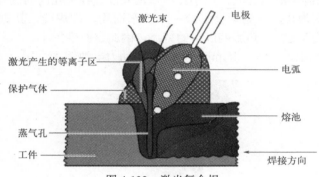

图 4-132　激光复合焊

（5）塑料激光焊

如图 4-133 所示，在热塑性塑料的激光焊接过程中，两个待焊塑料零件通过夹具夹在一

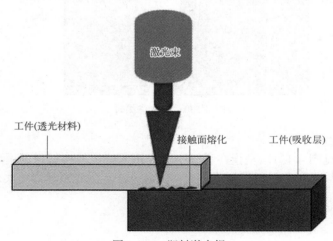

图 4-133　塑料激光焊

起，其中的一个塑料件能让激光穿透，而另一个塑料件能吸收激光的能量。激光束通过上层的透光材料到达焊接平面，然后被下层材料吸收，使下层材料温度升高，从而熔化上层和下层的塑料，最后凝固成牢固的焊缝。塑料激光焊的优点在于，它是一种非接触式的焊接方法。由于激光的能量只作用于非常小的焊接区域，因而极大地减小了工件的热应力。

塑料激光焊使用的激光束功率密度低，一般小于200W，尤其适用于汽车电子元件外壳焊接等。

4.3.2 压焊

压焊是指焊接时施加一定压力而完成焊接的方法。压焊包括电阻焊、摩擦焊、超声波焊等。

4.3.2.1 电阻焊

电阻焊（见图4-134）是把金属工件重叠，加上适当的压力并通过大电流，使焊接处发热，把金属工件焊接在一起的焊接方法。由于焊接时电压仅为几伏，焊接过程比较安全。此外，焊接时几乎不产生烟光，能保持作业环境的整洁。

电阻焊由于其焊接品质稳定，操作简便，投入产出的性价比高，在自动化生产系统中被广泛使用。

4.3.2.2 摩擦焊

摩擦焊是利用工件摩擦产生的热量作为热源，将两个工件通过压力结合在一起的焊接方法。

（1）搅拌摩擦焊的原理

如图4-135所示，高速旋转的焊具与工件摩擦产生的热量使被焊材料局部塑性化，当焊具沿着焊接界面向前移动时，被塑性化的材料在焊具的转动摩擦力作用下由焊具的前部流向后部，并在焊具的挤压下形成致密的固相焊缝。

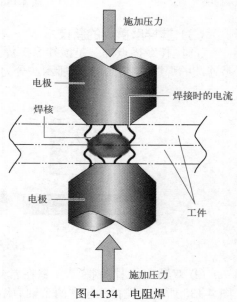

图 4-134　电阻焊

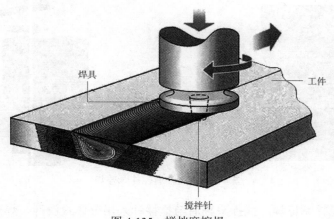

图 4-135　搅拌摩擦焊

（2）搅拌摩擦焊的焊接过程

搅拌摩擦焊的焊接过程如图4-136所示：旋转焊具，将其按到连接区域并插入该区域

[见图（a）]；摩擦热使材料软化，摩擦力搅拌材料 [见图（b）]；在搅拌的同时，沿着对接线移动焊具 [见图（c）]；取下焊具，焊接过程完成 [见图（d）]。

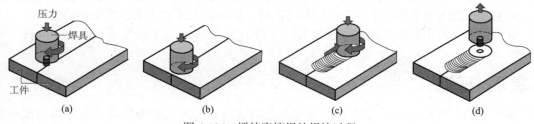

图 4-136　搅拌摩擦焊的焊接过程

（3）搅拌摩擦焊的新技术

① 搅拌摩擦点焊　是搅拌摩擦焊技术新的发展方向，采用一系列离散分布的焊点来代替连续的焊缝。如图 4-137 所示，分为插入过程、连接过程、回撤过程。

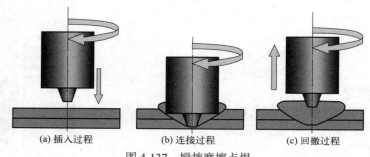

图 4-137　搅拌摩擦点焊

② 双轴肩搅拌摩擦焊　是在常规搅拌摩擦焊基础上发展起来的新型焊接技术。如图 4-138 所示，搅拌头包含两个轴肩结构，搅拌针穿过工件与轴肩相连，焊接时搅拌针从工件的边缘进入，两个轴肩紧贴工件两面共同摩擦生热，使工件材料塑化，从而实现焊接。

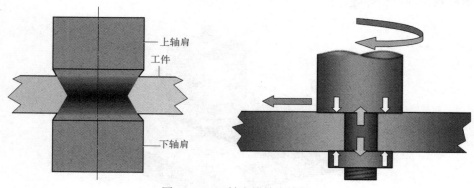

图 4-138　双轴肩搅拌摩擦焊

③ 静止轴肩搅拌摩擦焊　搅拌头轴肩与搅拌针采用分体式设计，焊接时搅拌针旋转而轴肩不旋转（只在工件表面滑动），焊接时所需的热输入全部由搅拌针与工件之间的摩擦产热提供，轴肩只起到锻压作用，其焊接过程如图 4-139 所示。

④ 角接结构搅拌摩擦焊　在静止轴肩搅拌摩擦焊的基础上，实现角接结构搅拌摩擦焊（见图 4-140），在大幅提高接头性能的同时，促进了结构减重、制造效率提升以及成本节约。角接结构搅拌摩擦焊技术的研究，为航空航天领域带筋壁板、T 形接头等结构提供了优化制造方案。

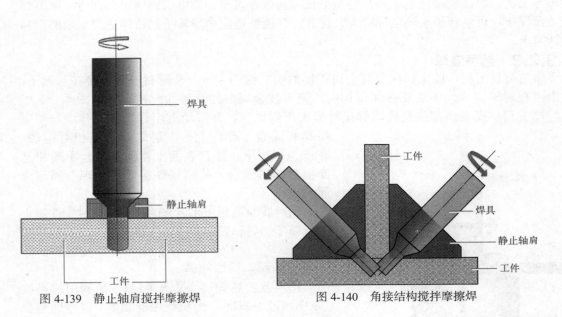

图 4-139　静止轴肩搅拌摩擦焊　　　　　图 4-140　角接结构搅拌摩擦焊

⑤ 激光辅助搅拌摩擦焊　这是一种新型的搅拌摩擦焊技术，如图 4-141 所示。原搅拌摩擦焊的焊接热量由工件和搅拌头之间的摩擦产生，该过程需要相对较大的动力，因此使用搅拌摩擦焊技术的设备都是体积庞大、价格昂贵的，而激光辅助搅拌摩擦焊在搅拌头搅拌时利用激光能量加热工件，且可加热无传导性的材料如塑料、陶瓷等。激光辅助搅拌摩擦焊可获得较低的搅拌头磨损、较高的焊接速度、较广的应用范围，采用激光辅助搅拌摩擦焊技术的设备体积小、价格低。

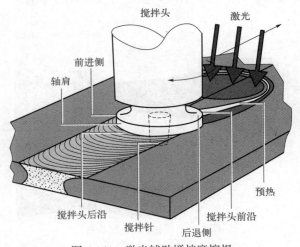

图 4-141　激光辅助搅拌摩擦焊

（4）搅拌摩擦焊的应用

摩擦焊以优质、高效、节能、无污染的技术特色，在航空航天、核能、汽车、机械制造等领域得到了越来越多的应用。汽车生产制造领域，摩擦焊被广泛用于圆形工件、盘状工件以及棒料、管子的对接，如进气阀、排气阀、拉杆、轮毂、转子等。对比目前的铸造、旋压等工艺，焊接轮毂成品率高，性能更强；新能源汽车中的电机铜转子，如使用摩擦焊全端面焊接，可使转子端环电导率大大提升，且能够适应中空转子制造等更为复杂的产品设计需求。

4.3.2.3　超声波焊

你知道利用超声波是如何实现金属焊接的吗？振动一下，金属材料就焊接在一起了，这个过程瞬间完成，不需要任何添加剂，超声波金属焊接竟是如此神奇！如图 4-142 所示，焊头和砧座表面都带花纹，焊接时焊头压到焊件，并带动上层材料横向移动，而下层材料固定不动，上、下层之间产生相对运动，在压力作用下，连接表面上粗糙的凸起不断相互摩擦和塑形变形，从而在焊接区域实现金属与金属的连接。

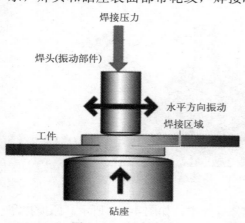

图 4-142　超声波焊

超声波焊是利用超声波的高频振荡对工件接头进行局部加热和表面清理，然后施加压力实现焊接的方法。

（1）超声波焊原理

超声波金属焊接（见图 4-143）是利用超声波（频率超过 16kHz）的机械振动能量，连接同种金属或异种金属的一种特殊方法。金属在进行超声波焊时，既不向工件输送电流，也不向工件施以高温，只是在静压力下，将振动能量转变为工件间的摩擦功、形变能及有限的温升，接头间的冶金结合是母材不发生熔化的情况下实现的一种固态焊接。因此，它有效地克服了电阻焊时所产生的飞溅和氧化等现象。超声波金属焊机能对铜、银、铝、镍等有色金属的细丝或薄片材料进行单点焊接、多点焊接和短条状焊接，可广泛应用于晶闸管引线、熔断器片、电器引线、锂电池极片等的焊接。

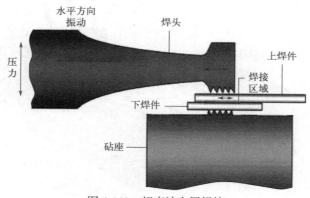

图 4-143　超声波金属焊接

超声波作用于热塑性的塑料接触面时，会产生每秒几万次的高频振动，这种达到一定振幅的高频振动，通过上焊件把能量传送到焊区。由于焊区即两个焊件的交界面处声阻大，因此会产生局部高温，又由于塑料导热性差，一时还不能及时散热，热量聚集在焊区，致使塑料接触面迅速熔化，加上一定压力后，使其融合成一体。当超声波停止作用后，让压力持续几秒，使其凝固成型，这样就形成一个坚固的分子链，达到焊接的目的，焊接强度能接近于原材料强度（见图4-144）。

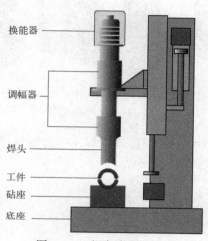

换能器

调幅器

焊头

工件

砧座

底座

图 4-144 超声波塑料焊接

（2）超声波焊工艺

① 超声波熔接 如图 4-145 所示，以超声波超高频振动的焊头在适度压力下，使两塑料件的接合面产生摩擦而瞬间熔融接合，焊接强度可与本体媲美，采用合适的工件和合理的接口设计，可达到水密及气密，并避免采用辅助品所带来的不便，实现高效清洁的熔接。

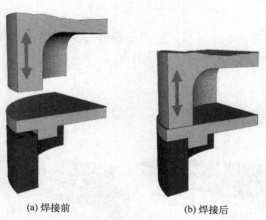

(a) 焊接前　　　　　　　　(b) 焊接后

图 4-145 超声波熔接

② 超声波埋植 如图 4-146 所示，借着焊头的适当压力，瞬间将金属零件（如螺母、螺杆等）挤入塑料零件预留的孔内，固定在一定深度，完成后无论拉力、扭力均可媲美传统模具内成型的强度，可避免射出模受损及射出缓慢。

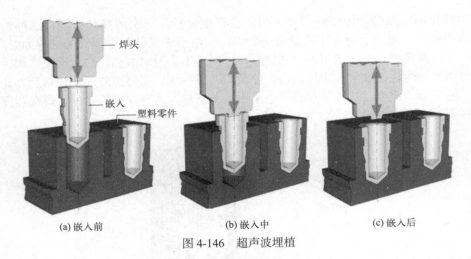

图 4-146　超声波埋植

③ 超声波铆焊　如图 4-147 所示，振动的焊头压着塑料件凸出部分，使其瞬间熔融形成铆钉形状，使不同材质之间实现机械铆合。

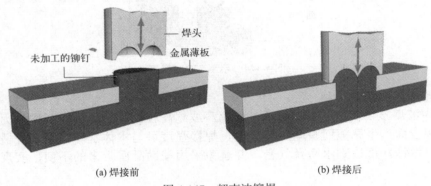

图 4-147　超声波铆焊

④ 超声波点焊　如图 4-148 所示，将两塑料件分点熔接，不必预先设计焊线。对较大的工件和不易设计焊线的工件，可同时点焊多点。

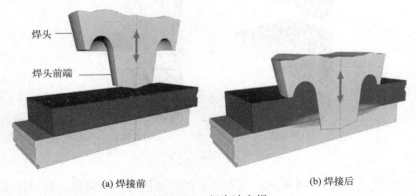

图 4-148　超声波点焊

⑤ 超声波成型　如图 4-149 所示，将凹形的焊头压着塑料件外圈，焊头超高频振动后

将塑料熔融并包覆金属件使其固定，其外表光滑美观。这种方法多用于电子类（如喇叭）及化妆用品类（如镜片）等的固定。

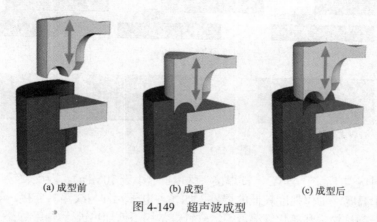

(a) 成型前　　　　　(b) 成型　　　　　(c) 成型后

图 4-149　超声波成型

4.3.3　钎焊

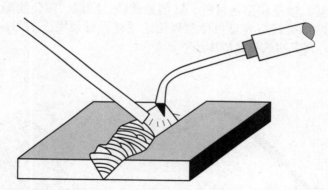

钎焊（见图 4-150）是指低于焊件熔点的钎料和焊件同时被加热到钎料熔化温度后，利用液态钎料填充固态工件的缝隙使金属连接的焊接方法。根据钎料熔点的不同，钎焊又分为硬钎焊和软钎焊。

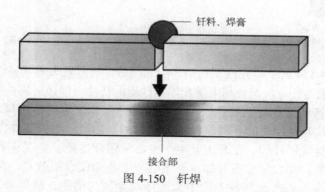

钎料、焊膏

接合部

图 4-150　钎焊

如图 4-151 所示，表面清洗好的工件搭接装配在一起，把钎料放在接头间隙附近或接头间隙之间。当工件与钎料被加热到稍高于钎料熔点后，钎料熔化（工件未熔化），并借助毛细管作用被吸入和充满固态工件间隙，液态钎料与工件金属相互扩散溶解，冷凝后即形成钎焊接头。

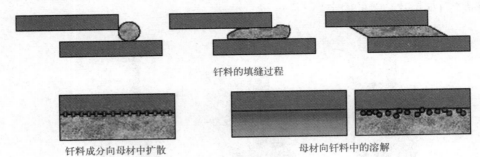

钎料的填缝过程

钎料成分向母材中扩散　　　　　　　　　母材向钎料中的溶解

图 4-151　钎焊过程示意

软钎焊钎料熔点不高于 450℃，钎焊接头强度低（小于 70MPa）。因此软钎焊主要用于接头受力不大和工作温度、工作强度较低的焊件，如各种电子元件与线路的连接。软钎焊常用锡基钎料（锡焊），钎剂是松香和氯化锌溶液等。软钎焊常用烙铁加热进行焊接（见图 4-152）。

硬钎焊钎料熔点高于 450℃，接头强度较高（大于 200MPa），适用于受力较大、工作温度较高的焊件，如硬质合金刀片与 45 钢刀杆以及自行车架、钻探钻头等的连接。硬钎焊用的钎料有铝基、铜基、银基和镍基材料，钎剂是硼砂、硼酸、氯化物等。钎剂的作用是去除接头处的氧化物，保护钎料和母材免遭氧化。硬钎焊可采用火焰加热（见图 4-153）、电阻加热、感应加热、真空加热和盐浴加热等。

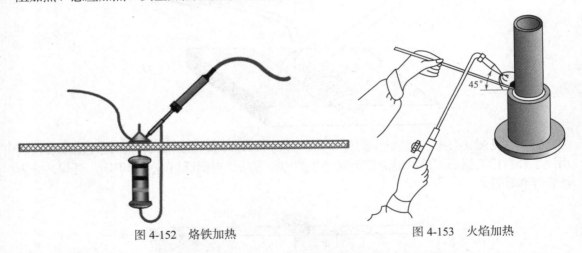

图 4-152　烙铁加热　　　　　　　　　　图 4-153　火焰加热

激光钎焊如图 4-154 所示，在汽车制造、船舶制造、航空航天等领域得到广泛的应用。汽车制造中大量采用激光钎焊，充分利用激光焊缝性能的特性，焊接后再冲压，不会开裂。

机械加工用的各种刀具特别是硬质合金刀具，钻探、采掘用的钻具，各种导管和容器，汽车拖拉机的水箱，各种用途的不同材料不同结构的换热器，电机部件以及汽轮机的叶片和拉筋等的制造中广泛采用钎焊。在轻工业生产中，从医疗器械、金属植入假体、乐器到家用电器、炊具、自行车，都大量采用钎焊。对于电子工业和仪表制造业，在很大范围内钎焊是唯一可行的连接方法，如在元器件生产中大量涉及金属与陶瓷、玻璃等非金属的连接问题，及在布线连接中必须防止加热对元器件的损害，这些都依赖于钎焊。在核电站和船舶核动力装置中，燃料元件定位架、换热器、中子探测器等重要部件也常采用钎焊。

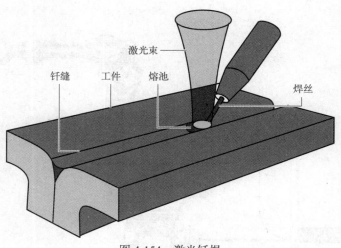

激光束

钎缝　工件　熔池

焊丝

图 4-154　激光钎焊

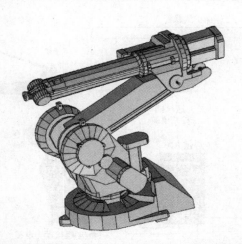

　　什么是焊接机器人？它是具有三个或三个以上可自由编程的轴，并能将焊接工具按要求送到预定空间位置，按要求轨迹及速度移动焊接工具的机器。包括弧焊机器人、点焊机器人、激光焊接机器人等。

　　焊接机器人（见图 4-155）可以在计算机的控制下实现连续轨迹控制和点位控制，也可以利用直线插补和圆弧插补功能焊接由直线及圆弧组成的空间焊缝。它能够完全代替人力，降低人们的劳动强度，提高生产率，是传统制造业转型升级的必要手段，下面一起来看看焊接机器人系统。

　　如图 4-156 所示，焊接机器人系统由机器人本体、控制柜、示教器、焊接电源、焊枪、夹具、安全防护设施等组成。

　　可根据焊接方法的不同以及具体待焊工件焊接工艺要求的不同等，选择性扩展以下装置：送丝机、清枪剪丝装置、冷却水箱、焊剂输送和回收装置、移动装置、焊接变位机、传感装置、除尘装置等。

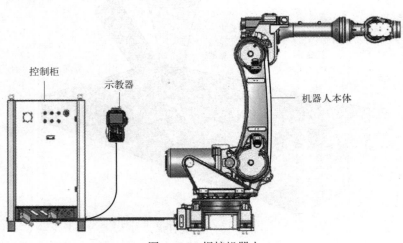

图 4-155　焊接机器人

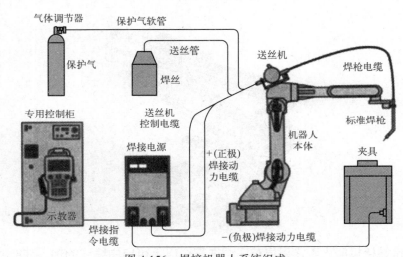

图 4-156　焊接机器人系统组成

　　弧焊机器人是指用于进行自动电弧焊的工业机器人。弧焊机器人主要用于各类汽车零部件的焊接生产。弧焊机器人主要有熔化极焊接作业和非熔化极焊接作业两种类型，具有可长期进行焊接作业以及保证焊接作业的高生产率、高质量和高稳定性等特点。随着技术的进步，弧焊机器人正向着智能化的方向发展。一套完整的弧焊机器人系统，应包括机器人机械手、控制系统、焊接装置、焊件夹持装置。夹持装置上有两组可以轮番进入机器人工作范围的旋转工作台。

　　点焊机器人由机器人本体、计算机控制系统、示教器和点焊焊接系统几部分组成。为了适应动作灵活的工作要求，通常点焊机器人选用关节式工业机器人的基本设计，一般具有六个自由度：腰转、大臂转、小臂转、腕转、腕摆及腕捻。其驱动方式有液压驱动和电气驱动两种。其中电气驱动具有保养维修简便、能耗低、速度高、精度高、安全性好等优点，因此应用较广。点焊机器人按照示教程序规定的动作、顺序和参数进行点焊作业，其过程是完全自动化的，并且具有与外部设备通信的接口，可以通过这一接口接受上一级主控与管理计算机的控制命令进行工作。

激光焊接机器人系统组成如图 4-157 所示。常用的激光加工头装于六自由度机器人本体手臂末端，其运动轨迹和激光加工参数由机器人数字控制系统提供指令。根据用途可分为激光切割、激光焊接、激光熔覆几种激光加工头。

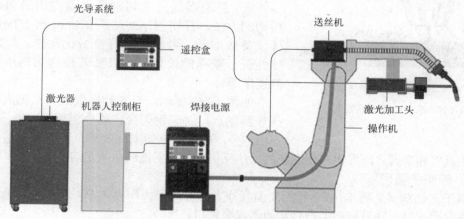

图 4-157　激光焊接机器人系统组成

焊接中由于重复装夹不准确会引起偏焊、熔深不足等缺陷。机器人加配焊缝跟踪系统，通过起始点寻位结合跟踪解决来料偏差引起的焊接质量问题，提高焊接合格率，保证焊接质量，实现智能化焊接。图 4-158 所示为激光焊缝跟踪机器人，跟踪系统引导焊接机器人精准寻找到焊接缝隙。

图 4-158　激光焊缝跟踪机器人

4.3.4　切割

（1）氧－乙炔火焰切割

利用氧炔焰将被切割金属预热到燃点，通过高压氧射流，使金属在高温纯氧中剧烈燃烧，并借助氧射流的压力将切割处的氧化物熔渣吹走，形成切口，如图4-159所示。

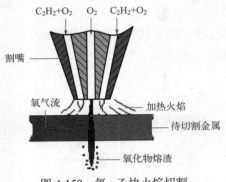

图4-159　氧-乙炔火焰切割

常用氧-乙炔火焰切割的金属材料有低碳钢、中碳钢、合金结构钢等，铸铁、不锈钢和铜、铝及其合金是不能用氧-乙炔火焰切割的。

（2）氧－新型燃气火焰切割

氧-新型燃气火焰切割是目前应用最为广泛的热切割方法，其切割厚度可从0.5mm到250mm，而且设备成本低，可手工也可机械化操作。针对燃气特性进行喷嘴的设计，可以显著提高切割质量和切割速度等。

如图4-160所示，氧气和燃气混合点燃后将金属预热到燃点，对于钢来说，这个温度是700～900℃（亮红色），远低于其熔点。随后，纯氧喷射进入预热区域，使氧气和金属之间发生剧烈燃烧的放热反应，氧气射流同时吹走熔渣。

（3）等离子弧切割

等离子弧切割（见图4-161）利用高温高冲力的等离子弧作为热源，将被切割金属局部熔化，并立即吹除，随着割炬向前移动而形成窄切口。

用等离子弧可切割不锈钢、高合金钢、铸铁以及铜、铝及其合金等。

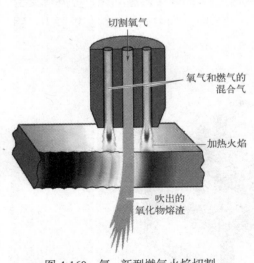

图4-160　氧-新型燃气火焰切割

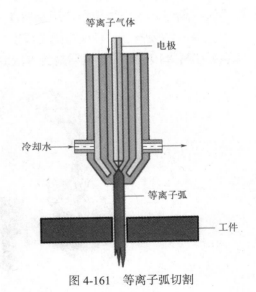

图4-161　等离子弧切割

（4）激光切割

将激光束的高能量迅速转变成热能，从而实现金属或非金属的切割，如图4-162所示。常用的激光切割方法有以下几种。

① 激光汽化（气化）切割　利用激光束使材料局部受热汽化（气化），汽化（气化）物被气体射流吹走，形成切口。此方法多用于非金属材料的切割（见图4-163）。

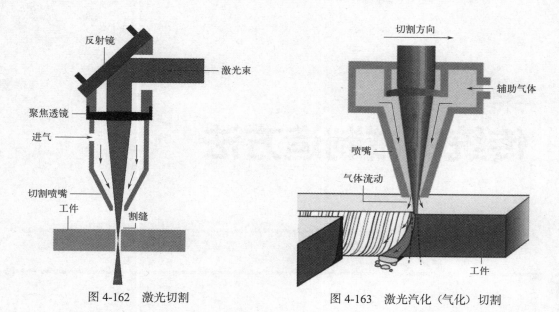

图 4-162　激光切割

图 4-163　激光汽化（气化）切割

② 激光熔化切割　利用激光束将材料局部熔化，熔化物被气体射流吹除，形成切口。此方法用于一些不易氧化的材料或活性金属的切割，如不锈钢以及钛、铝及其合金等。

③ 激光火焰切割　利用激光束将材料局部加热到燃点，再通过氧射流使其连续燃烧，氧化物被氧射流吹走，形成切口。此方法用于低碳钢、低合金结构钢的切割。

第5章
传统机械制造方法

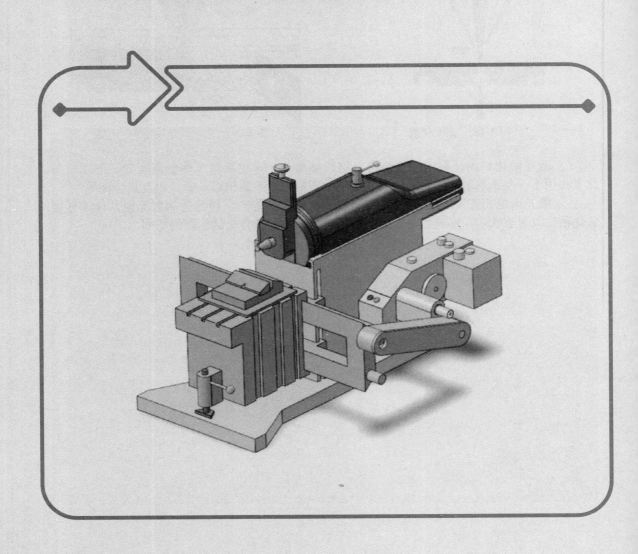

零件是指机械中不可拆分的单个制件，是机器的基本组成要素，也是机械制造过程中的基本单元。本章将介绍零件的传统机械加工方法。

5.1 金属切削原理与切削条件

金属切削是用切削刀具将坯料或工件上多余的金属切除，使工件获得要求的几何形状、尺寸精度和表面质量的加工方法。金属切削过程是刀具与工件之间相对运动、相互作用，使工件上多余的材料变为切屑，获得所要求工件表面的过程。

5.1.1 切削运动

车削外圆时，工件作旋转运动，刀具作纵向直线运动，形成了工件的外圆表面。在新表面的形成过程中，工件上有三个依次变化的表面，如图 5-1 所示：待加工表面，为即将被切去金属的表面；过渡表面（加工表面），为切削刃正在切削着的表面；已加工表面，为已经切去一部分金属形成的新表面。切削加工时，为了获得所需的零件形状，刀具与工件必须具有一定的相对运动，即切削运动，切削运动按其所起的作用可分为主运动和进给运动，如图 5-2 所示。

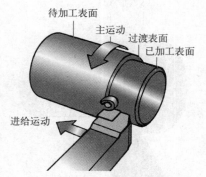

图 5-1　车削运动和工件表面

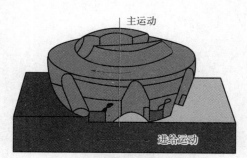

图 5-2　铣削主运动和进给运动

主运动是由机床或人力提供的运动，是切除工件上多余材料形成新表面的主要切削运动，它使刀具与工件之间产生主要的相对运动，切削速度用 v_c 表示。通常，主运动的速度较高，消耗的功率多。一种切削方法只有一个主运动，如车削的主运动是工件的旋转运动

（见图5-1），铣削的主运动是刀具的旋转运动（见图5-2），刨削的主运动是刀具的往复直线运动（见图5-3），磨削的主运动是砂轮的旋转运动。主运动可以由工件完成，也可以由刀具完成，运动形式可以是直线运动，也可以是旋转运动。

进给运动也是由机床或人力提供的运动，它使刀具与工件间产生附加的相对运动，使被切金属层不断地投入切削，形成所要求的几何表面，进给速度用 v_f 表示。进给运动速度较低，消耗功率较少。进给运动可以是连续的（如车削），也可以是间歇的（如刨削）；可以由刀具完成，也可以由工件完成。不同的切削方法，可以没有进给运动（如拉削，见图5-4），也可以只有一个进给运动（如钻削，见图5-5），还可以有两个或多个进给运动（如磨削，见图5-6）。

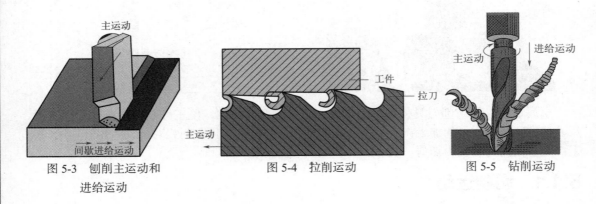

图5-3　刨削主运动和　　　　图5-4　拉削运动　　　　　图5-5　钻削运动
　　　　　进给运动

主运动和进给运动的合成如图5-7所示。主运动的方向是切削刃选定点相对于工件的瞬时主运动方向，切削刃选定点相对于工件的主运动的瞬时速度称为切削速度，用 v_c 表示。进给运动的方向是切削刃选定点相对于工件的瞬时进给运动方向，切削刃选定点相对于工件的进给运动的瞬时速度称为进给速度，用 v_f 表示。合成切削运动的方向是切削刃选定点

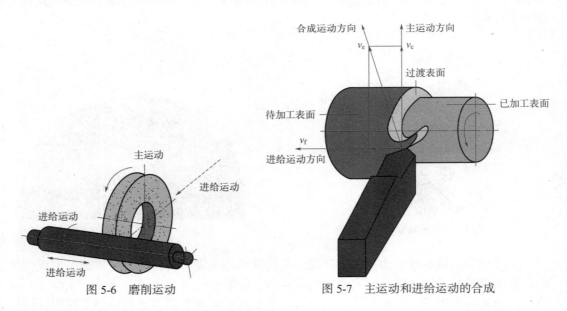

图5-6　磨削运动　　　　　　图5-7　主运动和进给运动的合成

相对于工件的瞬时合成切削运动的方向，切削刃选定点相对于工件的合成切削运动的瞬时速度称为合成切削速度，用 v_e 表示。

5.1.2　切削用量

切削用量用以表征主运动及进给运动，是切削速度、进给量（或进给速度）和背吃刀量三者的总称，它是调整机床，计算切削力、切削功率和工时定额的重要参数。

进给量是刀具在进给运动方向上相对于工件的位移量，可用刀具或工件每转或每行程的位移量来表示和度量。车削和钻削的进给量用 f 表示，单位为 mm/r。在铣刀、铰刀、齿轮滚刀等多刃切削工具进行切削时，应规定每一个刀齿的进给量，用 f_z 表示，单位为 mm/齿。

生产中也常用进给速度 v_f 作为进给运动的参数，如数控加工。进给速度表示了单位时间内刀具在进给运动方向上相对于工件的位移量，单位为 mm/min 或 mm/s。

背吃刀量也称切削深度，或称吃刀深度，一般指工件已加工表面和待加工表面间的垂直距离，用 a_p 表示，单位为 mm。

车削、铣削、刨削的切削运动和切削用量分别如图 5-8 ～图 5-10 所示。

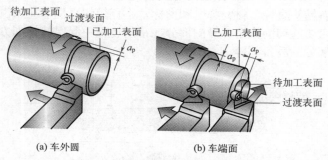

(a) 车外圆　　　　　　　(b) 车端面

图 5-8　车削的切削运动和切削用量

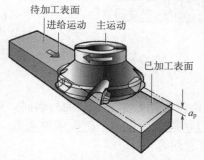

图 5-9　铣削的切削运动和切削用量

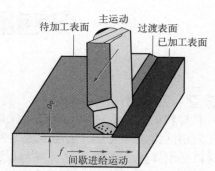

图 5-10　刨削的切削运动和切削用量

5.1.3　切削刀具

5.1.3.1　刀具的组成要素及其几何参数

金属切削刀具一般由切削部分和夹持部分组成。夹持部分称为刀柄或刀杆，是刀具在机床或机床辅具上的安装部分，其结构尺寸已标准化。

车刀切削部分的基本要素包括刀面、切削刃和刀尖，如图 5-11 所示。车刀切削部分的组成为三面二刃一刀尖，即前刀面、主后刀面、副后刀面、主切削刃、副切削刃和刀尖。

铣刀是多刃刀具，每个齿相当于一把简单的刀具，如图 5-12 所示。

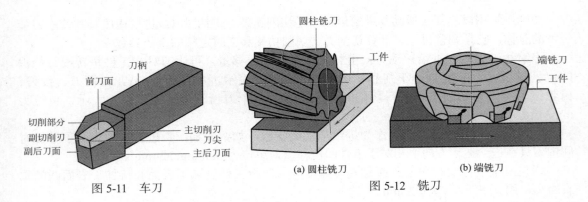

图 5-11　车刀　　　　　　　　　　(a) 圆柱铣刀　　　　　　(b) 端铣刀

图 5-12　铣刀

麻花钻如图 5-13 所示。柄部：钻削时起夹持定心和传递转矩的作用。颈部：直径较大的麻花钻在颈部标有钻头直径、材料牌号和商标，小直径的直柄麻花钻没有明显的颈部。工作部分：切削部分主要起切削作用，导向部分在钻削过程中起保持钻削方向、修光孔壁的作用，同时也是切削部分的后备部分。

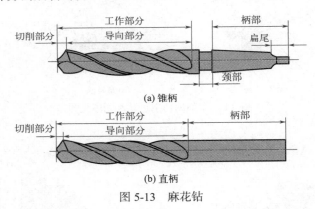

(a) 锥柄

(b) 直柄

图 5-13　麻花钻

5.1.3.2　刀具材料的切削性

刀具材料的性能应能满足切削加工的需要。刀具在切除工件上多余的材料时，切削部分将受到切削力、切削热、切削摩擦等共同作用，且切削负荷很重，工作条件恶劣。因此，刀具材料必须具有足够的强度、刚度以及高温下的耐磨性等。

（1）对刀具切削部分材料的要求

金属切削过程中，刀具切削部分受到高压、高温和剧烈的摩擦作用，当切削加工余量不均匀或断续表面时，刀具还会受到冲击。为使刀具胜任切削工作，刀具切削部分材料应满足以下要求。

① 较高的硬度和耐磨性。刀具材料的硬度必须比工件材料高，并具有良好的耐磨性，刀具材料的常温硬度要求在 60HRC 以上。

② 足够的强度和韧性。刀具材料要能够承受冲击和振动的作用，不产生崩刃和断裂。

③ 较高的耐热性。刀具材料在高温作用下应具有足够的硬度、耐磨性、强度和韧性。

④ 良好的导热性和耐热冲击性能。刀具材料的导热性要好，有利于散热；刀具材料的耐热冲击性能要好，材料内部不得因承受热冲击的作用而产生裂纹。

⑤ 良好的工艺性。刀具材料应具有良好的锻造性能、热处理性能、刃磨性能等，便于刀具制造。

（2）常用的刀具材料

常用的刀具材料有工具钢、高速钢、硬质合金、陶瓷材料和超硬材料五大类。高速钢因具有很高的抗弯强度和冲击韧性，以及良好的可加工性，仍是应用最广的刀具材料，其次是硬质合金。聚晶立方氮化硼适用于切削高硬度淬火钢和硬铸铁等，聚晶金刚石适用于切削不含铁的金属、合金、塑料和玻璃钢等，碳素工具钢和合金工具钢只用于锉刀、板牙和丝锥等工具。硬质合金可转位刀片已用化学气相沉积涂覆碳化钛、氮化钛、氧化铝硬层或复合硬层。正在发展的物理气相沉积法不仅可用于硬质合金刀具，也可用于高速钢刀具，如钻头、滚刀、丝锥和铣刀等。

① 工具钢　常用的有碳素工具钢与合金工具钢。碳素工具钢属于优质高碳钢，淬火后硬度高，但易产生变形和开裂，由于其红硬性温度仅为 200 ～ 300℃，所以常用于制造手工工具和切削速度较低的钳工刀具，如锉刀、手工锯条、刮刀等。

合金工具钢是在碳素工具钢中加入少量硅、锰、铬、钨等合金元素，使其硬度和耐磨性均有所提高，其红硬性温度可达 300 ～ 400℃，淬火变形较小，因此常用于制造形状复杂的刀具，如铰刀、丝锥、板牙等。

② 高速钢　普通高速钢指用来加工一般工程材料的高速钢。高速钢刀具有铣刀、滚刀和钻头等（见图 5-14 ～图 5-17）。

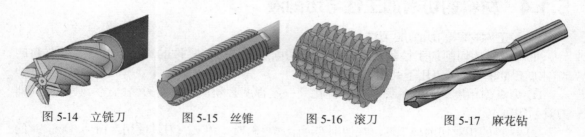

图 5-14　立铣刀　　　　图 5-15　丝锥　　　　图 5-16　滚刀　　　　图 5-17　麻花钻

高性能高速钢是在普通高速钢的基础上，用调整其基本化学成分和添加一些其他合金元素的方法，着重提高其耐热性和耐磨性而衍生出来的。用其制造的刀具主要用来加工不锈钢、高温合金和超高强度钢等难加工材料。

③ 硬质合金　用高硬度、高熔点的金属碳化物作硬质相，用钴、钼或镍等作黏结相，研成粉末，按一定比例混合，压制成型，在高温高压下烧结而成。硬质合金的常温硬度为 88 ～ 93HRA，耐热温度为 800 ～ 1000℃，比高速钢硬、耐磨、耐热得多。因此，硬质合金刀具允许的切削速度比高速钢高 4 ～ 7 倍，刀具寿命高 5 ～ 8 倍，是目前切削加工中用量仅次于高速钢的主要刀具材料。但它的抗弯强度和韧性均较低，性脆，怕冲击和振动，工艺性也不如高速钢。

由于硬质合金刀具可以大大提高生产率，所以不仅绝大多数车刀（见图 5-18）、刨刀、面铣刀（见图 5-19）等采用了硬质合金，而且相当数量的钻头、铰刀、其他铣刀也采用了硬质合金。现在，复杂的拉刀、螺纹刀具和齿轮刀具，也逐渐用硬质合金制造了。

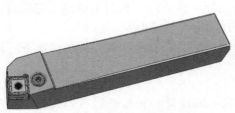

图 5-18　硬质合金机夹不重磨车刀

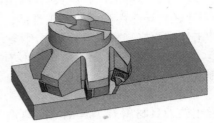

图 5-19　硬质合金面铣刀

④ 陶瓷　陶瓷刀具有很高的硬度和耐磨性，刀具耐用度高；有很好的高温性能，化学稳定性好。陶瓷刀具的最大缺点是脆性大，抗弯强度和冲击韧度低，承受冲击负荷的能力差。主要用于对钢料、铸铁、高硬度材料（如淬火钢等）连续切削的半精加工以及加切削液的粗加工。

⑤ 超硬材料

a. 人造金刚石。它是在高温高压和金属催化剂作用下，由石墨转化而成的。金刚石刀具的性能特点是，有极高的硬度和耐磨性，切削刃非常锋利，有很高的导热性，但耐热性较差，且强度很低。主要用于高速条件下精细车削及镗削有色金属及其合金和非金属材料。但由于金刚石中的碳原子与铁有很强的化学亲和力，故金刚石刀具不适合加工铸铁材料。

b. 立方氮化硼。它是以六方氮化硼为原料，利用超高温高压技术，继人造金刚石后人工合成的又一种新型无机超硬材料。其主要性能特点是，硬度高，耐磨性好，能在较高切削速度下保持加工精度，热稳定性好，化学稳定性好，且有较高的热导率和较小的摩擦因数，但其强度和韧性较差。主要用于对高温合金、淬火钢、冷硬铸铁等材料进行半精加工和精加工。

5.1.4　材料的切削加工性与切削液

（1）工件材料的切削加工性

工件材料的切削加工性是指工件材料被切削加工成合格零件的难易程度。工件材料的切削加工性好坏，可以用下列指标衡量。

① 刀具耐用度。刀具从锋利状态钝化到一定程度必须加以重新刃磨的连续使用时间即刀具耐用度。

② 材料的相对切削加工性。在切削普通金属材料时，用 v_{60}（刀具使用寿命为 60min 时的切削速度）的高低来评定材料切削加工性的好坏。在一定寿命的条件下，材料允许的切削速度越高，其切削加工性能越好。为便于比较不同材料的切削加工性，通常以切削正火状态 45 钢的 v_{60} 作为基准，把切削其他材料的 v_{60} 与基准相比，其比值称为该材料的相对切削加工性。

③ 已加工表面质量。表面质量好，切削加工性好；反之，切削加工性差。

④ 切屑控制难易程度。相同的切削条件下，越易断屑、得到的切屑形状越理想，也就是切屑越容易控制，切削加工性越好。

⑤ 切削温度、切削力和切削功率。根据切削加工时产生的切削温度的高低、切削力的大小和消耗功率的多少来判断材料的切削加工性。这些数值越大，说明材料的切削加工性越差。

影响材料切削加工性的主要因素包括材料的物理力学性能、化学成分、热处理等。

难加工材料主要有高强度钢、不锈钢、冷硬铸铁、钛合金等。

（2）切削液的合理选用

切削液包括水溶液、乳化液、切削油等，合理选择和使用切削液是提高金属切削加工性的有效途径之一。在切削过程中，切削液具有冷却、润滑、清洗和防锈等作用。可以根据加工性质、工件材料、刀具材料等选择切削液。硬质合金刀具一般不使用切削液,若用,需要连续供液,以免因骤冷骤热导致刀片产生裂纹。切削铸铁时一般不使用切削液。切削铜时一般不使用含硫的切削液,以免腐蚀工件表面。

常见的切削液使用方法有浇注法、高压法和喷雾法等。浇注法使用方便,应用广泛,但因流速慢、压力低,较难到达切削刃最高温度处,故效果较差。使用时应注意保证流量充足,浇注位置尽量接近切削区。当用不同刀具切削时,最好能根据刀具的形状和切削刃的数量,相应地改变浇注口的形式和数量,如图 5-20 ～图 5-24 所示。

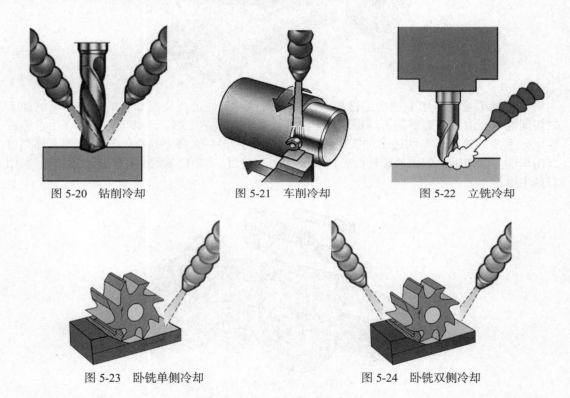

图 5-20　钻削冷却　　　　　　图 5-21　车削冷却　　　　　　图 5-22　立铣冷却

图 5-23　卧铣单侧冷却　　　　　　　　　图 5-24　卧铣双侧冷却

高压法常用于深孔加工,高压切削液可直接喷射到切削区,起到冷却润滑的作用,并使碎断的切屑随液流排出。

喷雾法如图 5-25 所示,主要用于难加工材料的切削和超高速切削,也可用于一般的切削加工,以提高刀具耐用度。

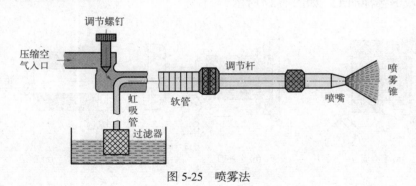

图 5-25　喷雾法

5.2　车削加工

　　车削加工是在车床上利用工件相对于刀具旋转对工件进行切削加工的方法。车削加工的切削能主要由工件而不是刀具提供。车削是最基本、最常见的切削加工方法，在生产中占有十分重要的地位。车削适于加工回转表面（见图5-26），大部分具有回转表面的工件都可以用车削方法加工，如内外圆柱面、内外圆锥面、端面、沟槽、螺纹和回转成形面等，所用刀具主要是车刀。

图 5-26　回转表面工件

5.2.1　车削加工范围

　　车削用于回转表面的加工。车削时工件回转是主运动，车刀的平移是进给运动。卧式车床上能完成的各种加工，如图5-27所示。

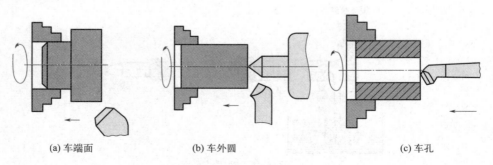

| (a) 车端面 | (b) 车外圆 | (c) 车孔 |

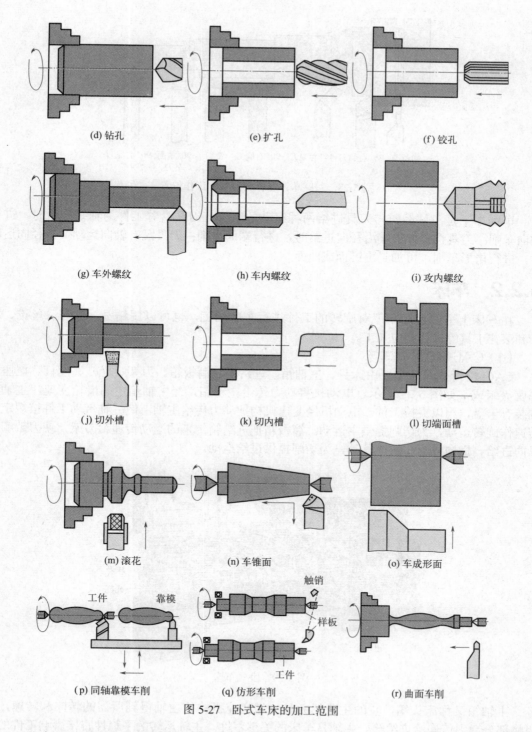

(d) 钻孔　　　　　　　　(e) 扩孔　　　　　　　　(f) 铰孔

(g) 车外螺纹　　　　　　(h) 车内螺纹　　　　　　(i) 攻内螺纹

(j) 切外槽　　　　　　　(k) 切内槽　　　　　　　(l) 切端面槽

(m) 滚花　　　　　　　　(n) 车锥面　　　　　　　(o) 车成形面

(p) 同轴靠模车削　　　　(q) 仿形车削　　　　　　(r) 曲面车削

图 5-27　卧式车床的加工范围

　　一些车刀的名称、形状和工作位置如图 5-28 所示。45°、75° 右偏刀（由床尾向床头方向进给）适于加工外圆；90° 右偏刀适于修正外圆和轴肩；宽刃光刀适于精加工外圆；90° 端面车刀适于加工端面；内孔车刀适于加工通孔；内孔端面车刀适于加工不通孔端面。

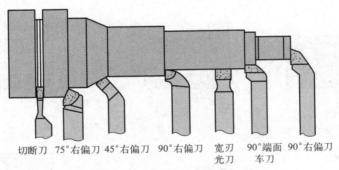

切断刀　75°右偏刀　45°右偏刀　90°右偏刀　宽刃　90°端面　90°右偏刀
光刀　车刀

图 5-28　一些车刀名称、形状和工作位置

车削加工是工件旋转与刀具进给两种运动的组合。刀具沿着工件的轴线进给时，进行轴向车削；刀具在工件末端沿径向进给时，进行端面车削；刀具既有轴向运动又有径向运动时，进行仿形车削，可加工出锥面或曲面。

5.2.2　车床

在车床上主要是用车刀对旋转的工件进行车削加工，也可以用钻头、铰刀、丝锥、板牙和滚花工具等进行相应加工。

（1）CA6140 卧式车床

CA6140 卧式车床主要由床身、主轴箱、进给箱、溜板箱、刀架、光杠、丝杠、尾座和底座等组成，如图 5-29 所示。电动机将动力传给主轴箱，经主轴箱中的齿轮变速，主轴前端装有卡盘，用以夹持工件。电动机经变速机构把动力传给主轴，使主轴带动工件按规定的转速作旋转运动，为切削提供主运动。溜板箱把进给箱传来的运动传递给刀架，使刀架实现纵向进给、横向进给、快速移动，为切削提供进给运动。

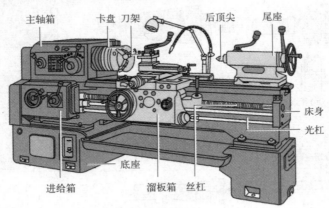

主轴箱　卡盘　刀架　后顶尖　尾座

床身
光杠

进给箱　底座　溜板箱　丝杠

图 5-29　卧式车床

主轴箱又称床头箱，它的主要任务是经过变速机构使主轴得到所需的转向和转速，同时将部分动力传递给进给箱。主轴是车床的关键零件。主轴运转的平稳性直接影响工件的加工质量，一旦主轴的旋转精度降低，则机床的使用价值就会降低。

进给箱又称走刀箱，进给箱中装有进给运动的变速机构，调整变速机构，可得到所需的进给量或螺距，通过光杠或丝杠将运动传至刀架以进行切削。

丝杠与光杠用以连接进给箱与溜板箱，并把进给箱的运动和动力传给溜板箱，使溜板箱获得纵向直线运动。丝杠是专门为车削各种螺纹而设置的，在进行工件的其他表面车削时，只用光杠，不用丝杠。

溜板箱是车床进给运动的操纵箱，内装将光杠和丝杠的旋转运动变成刀架直线运动的机构，通过光杠传动实现刀架的纵向进给运动、横向进给运动和快速移动，通过丝杠带动刀架作纵向直线运动，以便车削螺纹。

刀架由两层滑板（中、小滑板）、床鞍与刀架体共同组成，用于安装车刀并带动车刀作纵向、横向或斜向运动。

尾座安装在床身导轨上，并沿此导轨纵向移动，以调整其工作位置。尾座主要用来安装后顶尖，以支承较长工件，也可安装钻头、铰刀等进行孔加工。

床身是带有精度要求很高的导轨（山形导轨和平导轨）的一个大型基础部件，用于支承和连接车床的各个部件，并保证各部件在工作时有准确的相对位置。

冷却装置主要通过冷却泵将切削液加压后喷射到切削区域，降低切削温度，冲走切屑，润滑加工表面，以提高刀具使用寿命和工件的表面加工质量。

（2）马鞍车床

如图 5-30 所示，马鞍车床在主轴箱处的左端床身为下沉状，能够容纳直径大的零件。车床的外形为两头高，中间低，形似马鞍。马鞍车床适合加工径向尺寸大、轴向尺寸小的零件，适于车削工件外圆、内孔、端面以及公制、英制、模数、径节螺纹和切槽，还可进行钻孔、镗孔、铰孔等，特别适于单件、成批生产。机床导轨经淬硬并精磨，操作方便可靠。车床具有功率大、转速高、刚性强、精度高、噪声低等特点。

（3）转塔式六角车床

如图 5-31 所示，转塔式六角车床除了有前刀架 2 以外，还有一个转塔刀架 3。前刀架既可以在床身 4 的导轨上作纵向进给，切削大直径的外圆，也可作横向进给，加工端面和沟槽。转塔刀架只能作纵向进给，用于车削外圆和内孔的钻、扩、铰、镗加工。在转塔式六角车床上，一般采用丝锥或板牙加工螺纹。

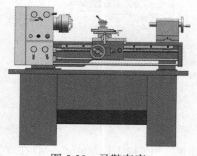

图 5-30　马鞍车床

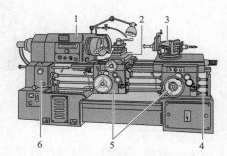

图 5-31　转塔式六角车床

1—主轴箱；2—前刀架；3—转塔刀架；4—床身；

5—溜板箱；6—进给箱

（4）回轮式六角车床

如图 5-32（a）所示，回轮式六角车床没有前刀架，只有一个回轮刀架 4。如图 5-32（b）所示，回轮刀架的轴心线与主轴中心线平行，在回轮刀架端面上有许多安装刀具的孔，通常为 12 个或 16 个。当刀具安装孔转到最上端时，与主轴中心线正好同轴。回轮刀架可沿着床身导轨作纵向进给运动。在成形车削、切槽和切断时，需作横向进给，横向进给由回轮刀架的缓慢转动来实现。回轮式六角车床主要用于加工直径较小的工件，毛坯多是棒料。

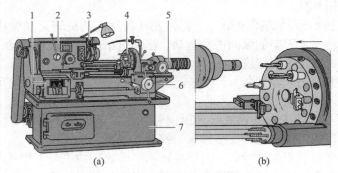

图 5-32　回轮式六角车床

1—进给箱；2—主轴箱；3—夹料夹头；4—回轮刀架；5—挡块轴；6—床身；7—底座

（5）落地车床

在加工直径大而短的工件时，采用大型卧式车床加工往往不经济，一般在落地车床上加工。如图 5-33 所示，落地车床无床身，主轴箱 1 和刀架滑座 8 直接安装在地基或落地平板上，花盘 2 用来夹持工件，刀架 3 和 6 可作纵向移动，刀架 5 和 7 可作横向移动，转盘 4 可调整至一定的角度用来车削锥面。刀架 3 和 7 可以单独由电动机驱动，进行连续进给运动，也可以通过棘轮棘爪机构作间歇的进给运动。加工特大零件的落地车床，花盘的下方有地坑，以便扩大加工直径。

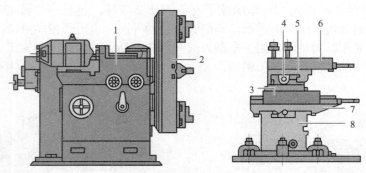

图 5-33　落地车床

1—主轴箱；2—花盘；3,5,6,7—刀架；4—转盘；8—刀架滑座

（6）立式车床

车削大而重的工件时，由于在卧式车床上装卸和加工工件很不方便，一般在立式车床上进行加工。如图 5-34 所示，立式车床的主轴垂直安装，与主轴相连的用于安装工件的圆形部件称为工作台，工作台面处于水平面内，使工件的装夹和找正比较方便，且工件和工作台的重量可均匀地作用在工作台导轨或推力轴承上。

立式车床分单柱式和双柱式两类。单柱式立式车床只用于加工直径不太大的工件。立式车床的工作台 2 装在底座 1 上，工件装夹在工作台上并由工作台带动作主运动。进给运动由垂直刀架 4 和侧刀架 7 实现。侧刀架 7 可在立柱 3 的导轨上移动作垂直进给，还可沿刀架滑座的导轨作横向进给。垂直刀架 4 可在横梁 5 的导轨上移动作横向进给，还可沿刀架滑座的导轨作垂直进给。中小型立式车床的一个垂直刀架上通常带有转塔刀架，在此转塔刀架上可以安装几组刀具，进行轮流切削。横梁 5 可根据工件的高度沿立柱导轨调整位置。

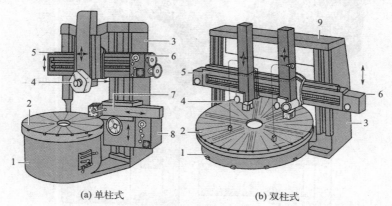

(a) 单柱式　　　　(b) 双柱式

图 5-34　立式车床

1—底座；2—工作台；3—立柱；4—垂直刀架；5—横梁；6—垂直刀架进给箱；7—侧刀架；

8—侧刀架进给箱；9—顶梁

（7）数控车床

数控车床（见图 5-35）一般用来加工各种形状不同的轴类或盘类回转体。它能自动完成内外圆柱面、圆锥面、回转成形面及螺纹等的切削加工，特别适合加工形状复杂的轴类零件。

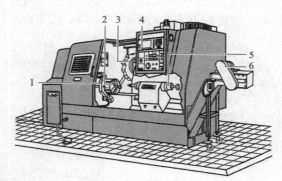

图 5-35　数控车床

1—主轴；2—卡盘；3—回转刀架；4—控制面板；5—尾座；6—排屑系统

5.2.3　车床附件

（1）三爪卡盘

三爪卡盘是车床的通用夹具，也是机床的随机附件之一。三爪卡盘的结构如图 5-36 所示，当用卡盘扳手转动小锥齿轮时，大锥齿轮也随之转动，在大锥齿轮背面平面螺纹的作用下，使三个卡爪同时向中心移动或退出，以夹紧或松开工件。其特点是对中性好，自动定心精度可达 0.005 ～ 0.15mm。可以装夹直径较小的工件［见图 5-37（a）］。当装夹直径较大的工件时可用三个反爪进行［见图 5-37（b）］。但三爪卡盘由于夹紧力不大，所以一般只适于装夹重量较轻的工件，当装夹较重的工件时，宜用四爪卡盘或其他专用夹具。

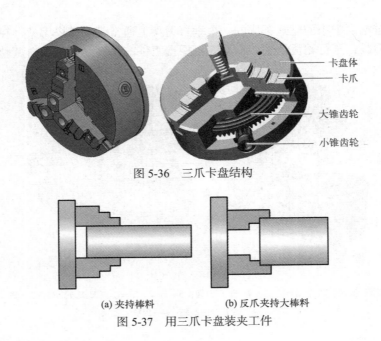

图 5-36　三爪卡盘结构

(a) 夹持棒料　　　　　　(b) 反爪夹持大棒料

图 5-37　用三爪卡盘装夹工件

（2）四爪卡盘

四爪卡盘（见图 5-38）也是车床的通用夹具和常用附件。四爪卡盘全称是机床用手动四爪单动卡盘，由盘体、丝杆、卡爪组成。工作时用四个丝杆分别带动四爪，因此四爪卡盘没有自动定心的作用。四爪卡盘用于夹持圆形或方形、矩形工件，进行切削加工。这种卡盘的四爪不能联动，需分别扳动，故还能用来夹持单边的、偏心的工件。

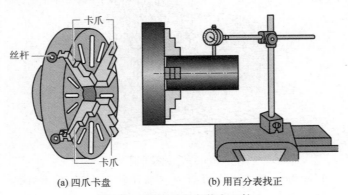

(a) 四爪卡盘　　　　　　(b) 用百分表找正

图 5-38　用四爪卡盘装夹工件

（3）花盘

花盘是安装在车床主轴上的一个大圆盘。不对称或具有复杂外形的工件，通常用花盘装夹加工。花盘的表面开有径向的通槽和 T 形槽，以便安装装夹工件用的螺栓。用花盘装夹不规则形状的工件时，常会产生重心偏移，所以需要利用平衡铁予以平衡（见图 5-39）。

（4）顶尖、拨盘和鸡心夹头

车床上使用的顶尖有前顶尖与后顶尖两种。顶尖头部一般制出 60° 锥度，与工件中心孔吻合，后端带有标准锥度，可插入主轴锥孔或尾座锥孔中（见图 5-40）。

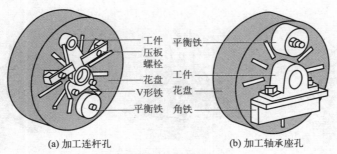

(a) 加工连杆孔　　　　　　(b) 加工轴承座孔

图 5-39　用花盘装夹工件

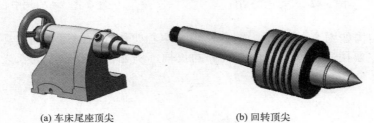

(a) 车床尾座顶尖　　　　　　(b) 回转顶尖

图 5-40　顶尖

　　顶尖常和拨盘、鸡心夹头组合在一起使用，用来安装轴类零件，进行精加工。图 5-41 所示为用顶尖、拨盘和鸡心夹头装夹工件。用鸡心夹头的螺钉夹紧工件，鸡心夹头的弯尾嵌入拨盘的缺口中，拨盘固定在主轴上并随主轴转动。工件用前、后顶尖顶紧，当拨盘转动时，就通过鸡心夹头带动工件旋转。采用两顶尖装夹工件，可以使各加工表面都处在同一轴线上，因而能保证在多次安装中各回转表面有较高的同轴度。

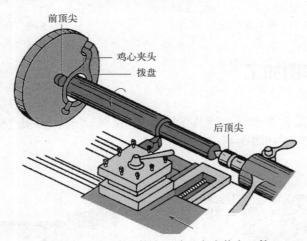

图 5-41　用顶尖、拨盘和鸡心夹头装夹工件

（5）中心架和跟刀架

　　车削细长轴时，为了防止切削时产生弯曲，需要使用中心架和跟刀架。中心架的结构如图 5-42 所示。它的架体通过压板和螺母紧固在车床导轨的一定位置上，上盖与架体用铰链进行活动连接，可以打开以便放入和取出工件，三个支承爪用来支承工件。支承爪可以自由调节，以适应不同直径。中心架用于车削细长轴、阶梯轴、长轴的外圆、端面及切断等。如图 5-43 所示为用中心架支承工件。

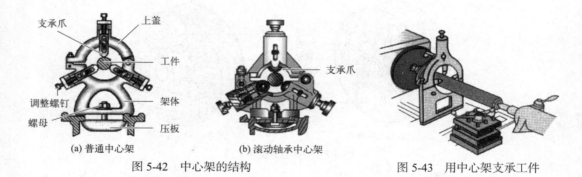

(a) 普通中心架　　　　　(b) 滚动轴承中心架

图 5-42　中心架的结构

图 5-43　用中心架支承工件

跟刀架的结构如图 5-44 所示，它的作用与中心架相同。跟刀架固定在床鞍上，与刀架一起移动，主要用来支承车削没有阶梯的长轴，例如精度要求高的长光轴、长丝杠等（见图 5-45）。

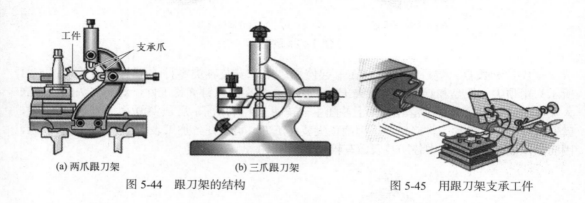

(a) 两爪跟刀架　　　　　(b) 三爪跟刀架

图 5-44　跟刀架的结构

图 5-45　用跟刀架支承工件

5.2.4　典型车削加工

（1）车外圆

车外圆是将工件装夹在卡盘上使其作旋转运动，车刀装在刀架上作纵向进给运动，加工圆柱体表面（见图 5-46 和图 5-47）。

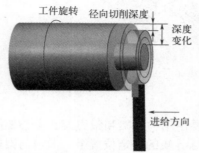

图 5-46　车外圆时刀具与工件的运动

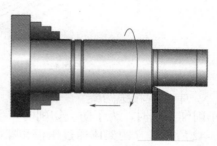

图 5-47　车外圆示意图

常用的车刀如尖头车刀（尖刀）主要用于车削没有阶梯的外圆柱面；45°弯头车刀（弯

刀）常用于车削有阶梯的外圆柱面，也可用于车削端面和倒角；90°偏刀常用于车削有阶梯的外圆柱面。

（2）车端面

车端面即对工件的端面进行车削加工（见图 5-48 和图 5-49）。端面是零件进行轴向定位和测量的基准，车削加工中一般先将其车出。常用偏刀和弯刀车端面。

图 5-48 车端面时刀具与工件的运动

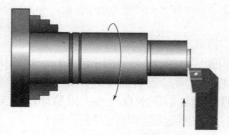

图 5-49 车端面示意图

（3）车内孔

车内孔时工件旋转、车刀移动（见图 5-50），孔径大小可由车刀的进给量和走刀次数予以控制，操作较方便。盘套类和小型支架类零件的孔多在车床上加工。

车通孔如图 5-51（a）所示。车不通孔如 5-51（b）所示，此时车刀可先作纵向进给运动，切至孔的末端时车刀改作横向进给运动，再加工内端面，这样可使内端面与孔壁良好衔接。

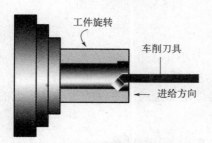

图 5-50 车内孔时刀具与工件的运动

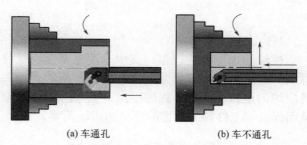

(a) 车通孔   (b) 车不通孔

图 5-51 车内孔示意图

（4）车锥面

圆锥面具有配合紧密、拆卸方便、对中性好的特点，广泛用于需要经常拆卸的配合件上。车锥面的方法主要有宽刀法和小刀架转位法等。

① 宽刀法 利用主切削刃横向运动直接车出圆锥面，如图 5-52 所示。该方法简便、迅速，可加工任意角度的圆锥面。在使用宽刀时，车床和工件必须有较好的刚度，否则易引起振动。宽刀法一般适用于批量加工端部圆锥面。

② 小刀架转位法 根据零件的锥角 α，松开小刀架的紧固螺母，使小刀架转动 $\alpha/2$ 后锁紧，摇动小刀架手柄进给，车刀即沿锥面的母线移动，加工出所需的锥面（见图 5-53）。

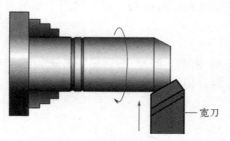

图 5-52　宽刀法车锥面

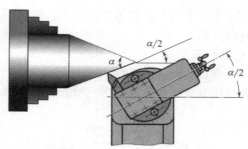

图 5-53　小刀架转位法车锥面

（5）切断

切断（见图 5-54）使用切断刀，其形状与切槽刀相似，但头部更窄更长，切断时切断刀伸进工件内部，散热条件差，排屑困难，易折断。如图 5-55 所示，工件切断一般用卡盘装夹，且切断处应距卡盘近些，以防切削时工件振动。用手动进给时用力一定要均匀，即将切断时，需放慢速度，以免刀头折断。

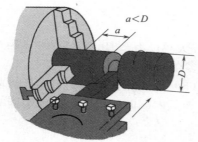

图 5-54　切断时刀具与工件的运动

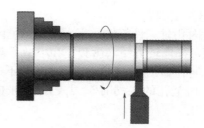

图 5-55　切断示意图

（6）车螺纹

螺纹的加工方法很多，其中车削是常用的螺纹加工方法（见图 5-56）。无论车削哪一种螺纹，车床主轴与刀具之间必须保持严格的运动关系：主轴每转一圈（即工件转一圈），刀具应均匀地移动一个导程的距离。工件的转动和车刀的移动都是通过主轴的带动来实现的，从而保证了工件和刀具之间严格的运动关系。

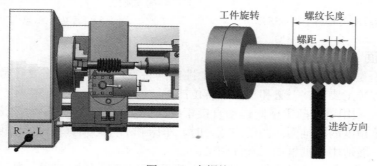

图 5-56　车螺纹

（7）其他

在车床上还可以进行钻孔（见图 5-57）、滚花（见图 5-58）、仿形车削等。

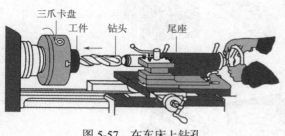

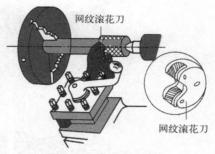

图 5-57　在车床上钻孔　　　　　　　　图 5-58　在车床上滚花

双手控制车成形面如图 5-59 所示，用左手控制中滑板手柄，右手控制小滑板手柄，使车刀纵、横向进给合成，进给轨迹与成形面相似，从而车出成形面。靠模法车成形面如图 5-60 和图 5-61 所示。

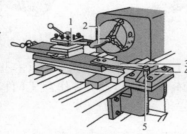

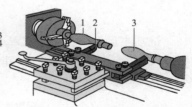

图 5-59　双手控制车成形面　　　图 5-60　靠板靠模法车成形面　　　图 5-61　尾座靠模法车成形面

1—车刀；2—工件；3—连接板；　　1—工件；2—车刀；3—靠模

4—靠模；5—滑块

5.3　铣削加工

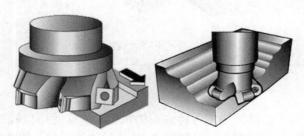

铣削是以铣刀的旋转运动为主运动，以工件或铣刀的移动为进给运动的一种切削加工方法。

5.3.1　铣削加工范围

铣削的加工范围非常广泛，适合加工许多零件，如图 5-62 所示。

图 5-62　铣削加工范围

铣削主运动为主轴（铣刀）的回转运动［见图 5-63（a）］。电动机的回转运动，经主轴变速机构传递给主轴，使主轴回转。进给运动为工作台（工件）的纵向、横向和垂直方向移动［见图 5-63（b）］。

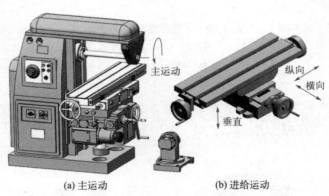

(a) 主运动　　　　　　　　(b) 进给运动

图 5-63　卧式升降台铣床的运动

5.3.2　铣床

铣床是主要用铣刀在工件上加工各种表面的机床。铣床除可以铣削平面、沟槽、轮齿、螺纹和花键轴外，还能加工比较复杂的成形面。铣床的种类很多，如卧式及立式升降台铣床、龙门铣床、工具铣床、数控铣床和加工中心等，其中应用最普遍的为卧式升降台铣床。

（1）卧式升降台铣床

图 5-64 所示为卧式升降台铣床，其主轴是水平布置的，习惯上称为"卧铣"。铣床由底座、床身、刀杆、横梁、吊架、升降台及工作台等主要部件组成。床身固定在底座上，用于安装和支承机床各个部件。床身内装有主轴部件、主传动装置和变速机构等。床身顶部的燕

尾形导轨上装有横梁，可以沿水平方向调整其位置。在横梁的下面装有吊架，用以支承刀杆的悬伸端，以提高刀杆的刚度。升降台安装在床身的导轨上，可作垂直方向运动。升降台内装有进给运动和快速移动装置及操纵机构等。升降台上面的水平导轨上装有横向工作台，可作横向移动。转台可将纵向工作台在水平面内扳转一定的角度，从而满足工件的加工需要。

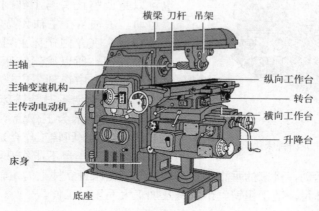

图 5-64　卧式升降台铣床

（2）立式升降台铣床

立式升降台铣床与卧式升降台铣床的最大区别为主轴是垂直布置的，如图 5-65 所示。立式升降台铣床的立铣头在垂直平面内可以向右或向左在 ±45° 范围内回转，从而扩大了加工范围。

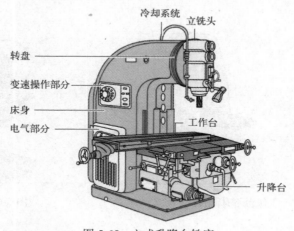

图 5-65　立式升降台铣床

（3）龙门铣床

龙门铣床是一种大型高效通用铣床，主要用于加工各类大型工件上的平面、沟槽等。龙门铣床有一个龙门式的框架，在它的横梁和立柱上安装着铣头。龙门铣床一般有 3 ～ 4 个铣头，每个铣头都是一个独立的主运动部件，内装主运动变速机构、主轴和操纵机构。法兰式电动机固定在铣头的端部，铣刀的旋转为主运动。加工时，工作台带动工件作纵向进给运

动，铣头可沿着各自的轴线作轴向移动。如图 5-66 所示，横梁上装有的两个立铣头，

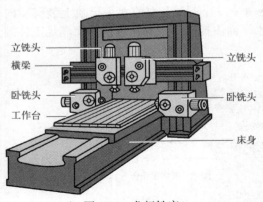

图 5-66 龙门铣床

横梁可以在立柱上升降以适应零件的高度。如两个立柱上分别装有两个卧铣头。工作台上安装工件，工作台可在床身上作水平纵向运动。立铣头可在横梁上作水平横向运动，卧铣头可在立柱上升降。这些运动都可以是进给运动，也可以是调整铣头与工件间相对位置的快速调位运动。主轴装在主轴套筒内，可以手摇伸缩，调整切深。在龙门铣床上可用多把铣刀同时加工几个表面，所以龙门铣床生产率很高，在成批和大量生产中得到了广泛应用。

（4）工作台不升降铣床

图 5-67 所示为工作台不升降铣床，工作台的形状有圆形（回转工作台）和矩形（移动工作台）两种。工作台不能作升降运动，只能作纵、横两个方向的进给运动，机床的垂直进给运动由安装在床身立柱上的主轴箱完成。这种铣床的承载能力大、刚性足，适于粗铣、半精铣及加工大而重的工件。

（5）工具铣床

如图 5-68 所示，工具铣床是一种用途广泛的机床，在铣床上可以加工平面（水平面、垂直面）、沟槽（键槽、T 形槽、燕尾槽等）、分齿零件（齿轮、花键轴、链轮）、螺旋形表面（螺纹、螺旋槽）及其他曲面。此外，还可用于加工回转体表面、内孔及进行切断等。工具铣床在工作时，工件装在工作台上或分度头等附件上，铣刀旋转为主运动，辅以工作台或铣头的进给运动，工件即可获得所需的加工表面。由于是多刃断续切削，因而工具铣床的生产率较高。

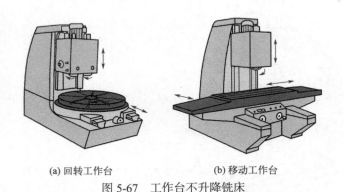

(a) 回转工作台　　(b) 移动工作台

图 5-67 工作台不升降铣床

图 5-68 工具铣床

（6）数控铣床与加工中心

图 5-69 所示为立式数控铣床。立铣头上铣刀的轴向运动，工作台上工件的纵向、横向运动，都由伺服机构驱动，能实现三轴联动。可以手动上下调节工作台的位置。这种铣床除了加工平面、台阶、沟槽外，还可加工复杂的立体成形面。图 5-70 所示为立式加工中心，其功能更加强大，加工范围更广泛，适合加工形状复杂、工序多、精度要求较高的工件。

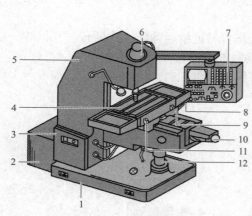

图 5-69 立式数控铣床

1—底座；2—变压器箱；3—强电柜；4—纵向工作台；
5—床身立柱；6—Z轴伺服电机；7—操作面板；8—纵向进
给伺服电机；9—横向滑板；10—横向进给伺服电机；
11—行程限位开关；12—工作台支承

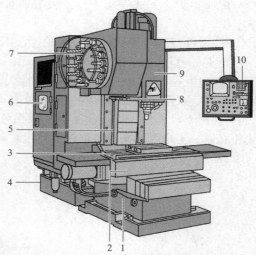

图 5-70 立式加工中心

1—床身；2—滑座；3—工作台；4—润滑油箱；
5—立柱；6—数控柜；7—刀库；8—机械手；
9—主轴箱；10—操作面板

5.3.3 铣床附件

（1）平口钳

平口钳（见图 5-71 和图 5-72）是铣床上用来装夹工件的常用附件，有回转式和非回转式两种。铣削长方体工件的平面、台阶、斜面和轴类工件上的键槽时，都可用平口钳装夹。

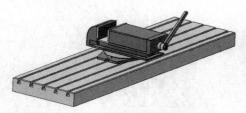

图 5-71 平口钳安装在铣床工作台上

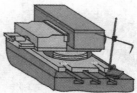

图 5-72 用平口钳装夹工件

（2）回转工作台

如图 5-73 所示，回转工作台又称圆转台，是铣床的主要附件。根据其回转轴线的方向分为卧轴式和立轴式两种（又可分为机动进给回转工作台和手动进给回转工作台）。其常用于中小型工件的圆周分度和作圆周进给铣削回转曲面。

（3）分度头

分度头如图 5-74 所示，是铣床的重要附件，用于多边形工件、花键轴、牙嵌式离合器、齿轮等圆周分度和螺旋槽加工。分度头安装在铣床工作台上，被加工工件支承在分度头主轴顶尖与尾座顶尖之间或安装于分度头主轴前端的卡盘上（见图 5-75）。利用分度头可以进行以下工作。

① 使工件绕自身轴线回转一定角度，以完成等分或不等分的圆周分度工作，如加工方头、六角头、齿轮以及刀具齿等。

② 通过配换齿轮，可使分度头主轴随纵向工作台的进给运动作连续旋转，并保持一定的运动关系，以铣削螺旋槽、螺旋齿轮及阿基米德螺旋线凸轮等。

③ 利用卡盘夹持工件，使工件轴线相对于铣床工作台倾斜一定的角度，以加工与工件轴线相交成一定角度的平面、沟槽及锥齿轮。

图 5-73　回转工作台

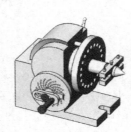
图 5-74　分度头

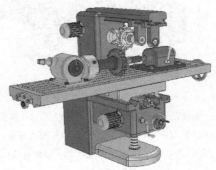
图 5-75　分度头装夹工件

（4）其他附件

在铣床上，工件必须用夹具装夹才能铣削。对于大中型工件，多用压板、螺栓、V 形铁、梯形铁等装夹工件（见图 5-76 ～图 5-79）。对于成批、大量生产的工件，为提高生产率和保证加工质量，应采用专用夹具来装夹。

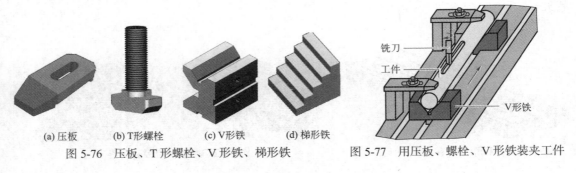

(a) 压板　　(b) T 形螺栓　　(c) V 形铁　　(d) 梯形铁
图 5-76　压板、T 形螺栓、V 形铁、梯形铁

图 5-77　用压板、螺栓、V 形铁装夹工件

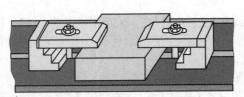
图 5-78　用压板、螺栓、梯形铁装夹工件

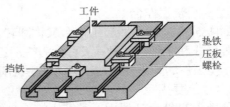
图 5-79　用压板、螺栓、垫铁装夹工件

5.3.4 铣刀

　　铣刀是多刃的旋转刀具，它有许多类型。常用的有圆柱铣刀、面铣刀、三面刃铣刀、立铣刀、锯片铣刀、键槽铣刀、指状铣刀、角度铣刀、成形铣刀等（见图 5-80）。

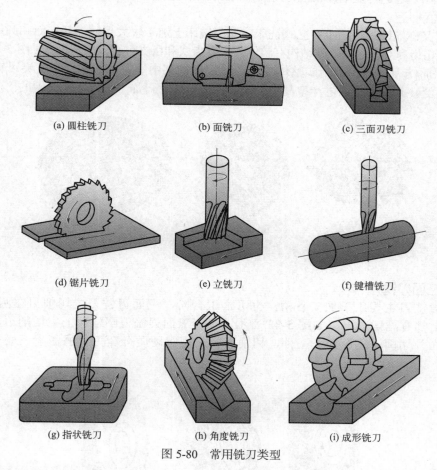

(a) 圆柱铣刀　　(b) 面铣刀　　(c) 三面刃铣刀

(d) 锯片铣刀　　(e) 立铣刀　　(f) 键槽铣刀

(g) 指状铣刀　　(h) 角度铣刀　　(i) 成形铣刀

图 5-80　常用铣刀类型

（1）圆柱铣刀

　　圆柱铣刀用于在卧式铣床上加工较窄的平面。刀齿分布在铣刀的圆周上（见图 5-81），有高速钢整体制造的，也有镶焊硬质合金的。

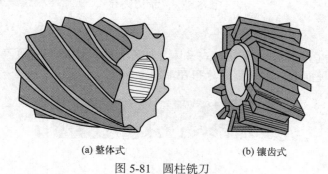

(a) 整体式　　(b) 镶齿式

图 5-81　圆柱铣刀

圆柱铣刀按齿形分为直齿、斜齿或螺旋齿三种。为提高铣削时的平稳性，以螺旋齿居多。按齿数分粗齿和细齿两种。粗齿铣刀齿数少，刀齿强度高，容屑空间大，重磨次数多，适于粗加工；细齿铣刀齿数多，刀齿强度低，容屑空间小，工作平稳，适于精加工。可以多把铣刀组合在一起进行宽平面铣削，组合时螺旋齿必须左右交错。

（2）面铣刀

面铣刀又称端铣刀，用于在立式铣床或龙门铣床上加工较大平面。其端面和圆周上均有刀齿，也有粗齿和细齿之分。其结构有整体式、镶齿式和机夹可转位式三种（见图5-82）。

小直径面铣刀用高速钢制成整体式，一般用于加工中等宽度的平面。机夹可转位式面铣刀使用广泛，其加工平面生产率高，加工表面质量好，可加工带硬皮或淬硬的工件。

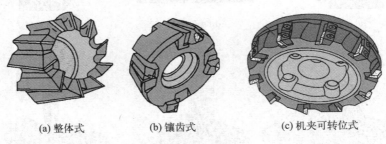

(a) 整体式   (b) 镶齿式   (c) 机夹可转位式

图 5-82　面铣刀

（3）三面刃铣刀

三面刃铣刀主要用于加工直槽，也可加工台阶，三面刃铣刀主切削刃在圆柱面上，两个侧面上都有副切削刃，如图5-83所示。错齿三面刃铣刀圆柱面上主切削刃呈左、右旋交叉分布，切削时逐渐切入工件，切削平稳。镶有硬质合金刀片的镶齿三面刃铣刀生产率高。

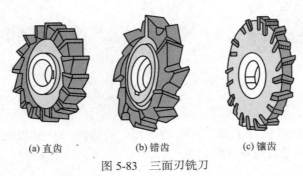

(a) 直齿   (b) 错齿   (c) 镶齿

图 5-83　三面刃铣刀

（4）立铣刀

图5-84所示为立铣刀，主要在立式铣床上加工台阶、沟槽、曲面等（见图5-85）。它的主切削刃分布在圆柱面上，副切削刃分布在端面上。

图 5-84　立铣刀

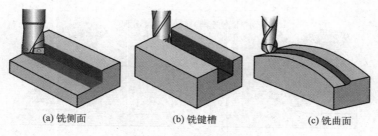

(a) 铣侧面　　　　(b) 铣键槽　　　　(c) 铣曲面

图 5-85　用立铣刀加工

（5）特种铣刀

角度铣刀如图 5-86（a）、（b）、（c）所示，用于铣削角度槽；成形铣刀如图 5-86（d）、（e）、（f）所示，用于铣削成形面；T 形槽铣刀如图 5-86（g）所示，用于铣削 T 形槽；燕尾槽铣刀如图 5-86（h）所示，用于铣削燕尾槽；指状铣刀如图 5-86（i）所示，用于铣削齿轮等。

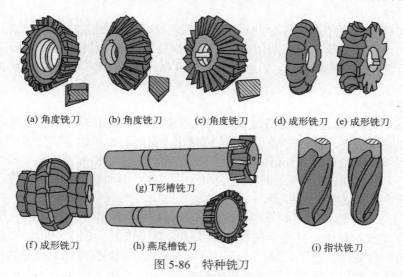

(a) 角度铣刀　　(b) 角度铣刀　　(c) 角度铣刀　　(d) 成形铣刀　(e) 成形铣刀

(f) 成形铣刀　　　　(g) T形槽铣刀　　　　　　(i) 指状铣刀

(h) 燕尾槽铣刀

图 5-86　特种铣刀

5.3.5　铣削方式

（1）圆周铣削

如图 5-87 所示，圆周铣削用铣刀圆周上的切削刃来铣削工件，铣刀的回转轴线与被加工表面平行，圆周铣削通常只在卧式铣床上进行，铣刀只有主切削刃参加切削，所以加工后的表面较粗糙。圆周铣削时主轴刚性差，生产率较低，适于在中小批量生产中铣削狭长的平面、键槽、某些成形表面和组合表面。

圆周铣削分为两种方式，即逆铣和顺铣。

图 5-88（a）所示为逆铣，铣刀刀齿在切入工件时的切削速度方向与工件进给速度方向相反。图 5-88（b）所示为顺铣，铣刀刀齿在切入工件时的切削速度方向与工件进给速度方向相同。

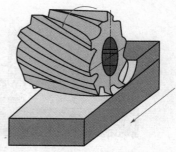

图 5-87　圆周铣削

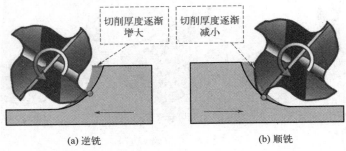

图 5-88　逆铣与顺铣

逆铣时，铣削力纵向分力的方向与进给力方向相反，使铣床工作台的丝杠与螺母能始终保持与螺纹的一个侧面接触，工作台不会发生窜动；顺铣时，铣削力纵向分力的方向与进给力方向相同，使铣床工作台的丝杠螺母传动副中存在背向间隙，当纵向铣削力大于工作台摩擦阻力时，会使工作台窜动。

在铣削工件时，当铣床工作台没有消除丝杠与螺母之间侧隙的装置，加工工件材料硬度较高时，可以选择逆铣；当切削用量较小（如精铣），工作表面质量要求较高，机床有消除丝杠与螺母之间侧隙的装置时，对不易夹牢、薄而长的工件和易产生加工硬化的工件，可以选择顺铣。

（2）端面铣削

如图 5-89 所示，端面铣削简称端铣，用铣刀端面上的切削刃来铣削工件，铣刀的回转轴线与被加工表面垂直。端面铣削一般在立式铣床上进行，也可以在其他铣床上进行。铣刀的主刃和副刃同时参加切削，且副刃有修光作用，所以加工后的表面粗糙度较小。端面铣削时主轴刚性好，并且面铣刀可采用硬质合金可转位刀片，因而切削用量大，生产率较高，适于在大批量生产中铣削宽大的平面。

根据铣刀与工件相对位置的不同，端铣可分为对称铣削和不对称铣削。铣削时铣刀轴线与工件铣削宽度对称中心线重合的铣削方式称为对称铣削（见图 5-90）。对称铣削能避免铣刀切入时对工件表面的挤压、滑行，铣刀使用寿命长。例如在精铣机床导轨面时，可保证刀齿在加工表面冷硬层下铣削，能获得较高的表面质量。

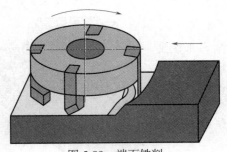

图 5-89　端面铣削

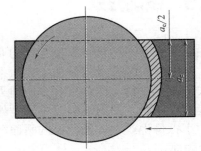

图 5-90　对称铣削

铣削时铣刀轴线与工件铣削宽度对称中心线不重合的铣削方式称为不对称铣削。根据铣刀偏移位置不同又可分为不对称逆铣和不对称顺铣。若切入时的切削厚度小于切出时的切削厚度，称为不对称逆铣（见图 5-91）。切入时切削厚度小，减小了冲击，切削平稳，刀具使用寿命和加工表面质量得到提高，适用于切削普通碳钢和高强度低碳钢。若切入时的切削厚度大于切出时的切削厚度，则称为不对称顺铣（见图5-92）。不对称顺铣时，刀齿切出工件的切削厚度较小，适用于切削强度低、塑性大的材料（如不锈钢、耐热钢等）。

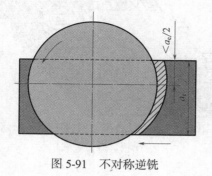

图 5-91　不对称逆铣

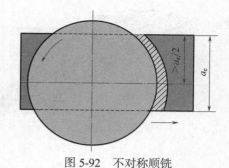

图 5-92　不对称顺铣

5.3.6　典型铣削加工

（1）铣垂直面和平行面

平面是组合机械零件几何形状的主要的表面之一，铣削中小型零件上的平面通常在铣床上加工。

如图5-93所示，在卧式铣床上用圆柱铣刀铣削垂直面，将工件用平口钳夹紧，固定钳口与主轴轴线垂直。如图5-94所示，将工件装夹在角铁上加工，用圆柱铣刀铣削垂直面。这种装夹方法适用于面积大而薄的工件，角铁相当于固定钳口，工件装夹在角铁上，通常用两个弓形夹代替活动钳口夹紧工件。

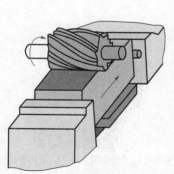

图 5-93　用圆柱铣刀铣削垂直面（平口钳装夹）

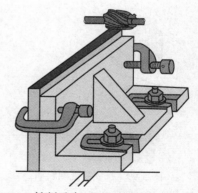

图 5-94　铣削垂直面用圆柱铣刀（角铁装夹）

如图5-95所示，在卧式铣床上用端铣刀铣平行面。如图5-96所示，在立式铣床上用压板、螺栓装夹工件，用端铣刀铣平行面。如图5-97所示，在立式铣床上用平口钳装夹工件，用端铣刀铣平行面。如图5-98所示，在卧式铣床上用端铣刀铣垂直面。

（2）铣削斜面

如图5-99所示，按图纸要求在工件上划出斜面轮廓线，工件用平口钳装夹，钳口最好与进给方向垂直，以利于承受铣削力，工件按划线校正后，即可铣削。

如图5-100所示，倾斜垫铁主要定位面与底面夹角等于斜面的倾斜角，将倾斜垫铁与平口钳组合使用，即用放置在平口钳导轨面上的倾斜垫铁定位工件。

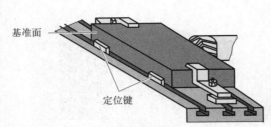

图 5-95　在卧式铣床上用端铣刀铣平行面

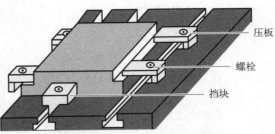

图 5-96　在立式铣床上用端铣刀铣平行面
（压板、螺栓装夹）

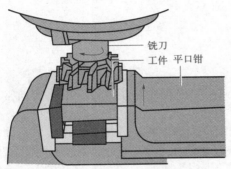

图 5-97　在立式铣床上用端铣刀铣平行面
（平口钳装夹）

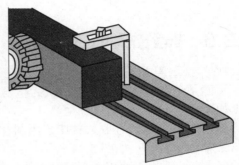

图 5-98　在卧式铣床上用端铣刀铣垂直面

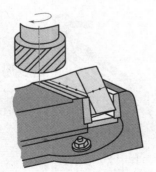

图 5-99　按划线铣削斜面

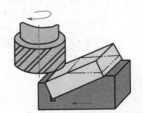

图 5-100　用倾斜垫铁定位工件铣削斜面

　　在立式铣床上，可以利用转动立铣头的方法改变铣刀的倾斜角度铣削斜面，如图 5-101、图 5-102 所示。立铣头的转动角度应根据工件被加工表面的倾斜角度确定。铣削时可按照装夹工件基准面与被加工表面相对位置直接换算，也可采用查表法。

　　较小的斜面可用角度铣刀直接铣出（见图 5-103），铣出斜面的倾斜角度由铣刀的角度保证，铣刀的角度应根据工件的倾斜角度选择。在成批生产中可将多把角度铣刀组合起来进行铣削，如采用两把规格相同、刃口相反的铣刀同时铣削工件上的两个斜面（见图 5-104）。

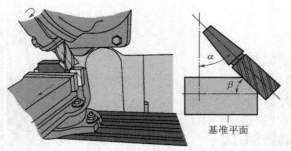

图 5-101　工件基准平面与工作台台面平行（$\alpha=90°-\beta$）

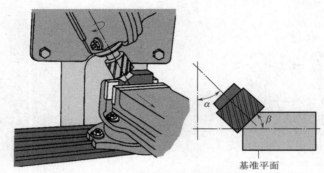

图 5-102　工件基准平面与工作台台面平行（$\alpha=\beta$）

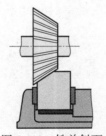

图 5-103　铣单斜面

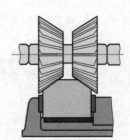

图 5-104　铣双斜面

（3）铣削台阶

机器零件上的台阶通常可在卧式铣床上用三面刃铣刀或在立式铣床上用立铣刀进行加工。

三面刃铣刀的圆柱面刀刃起主要切削作用，两侧面刀刃起修光作用。由于三面刃铣刀的直径较大，刀齿强度较高，便于排屑和冷却，能选择较大的切削用量，因此通常用三面刃铣刀铣削台阶。

如图 5-105 所示，用一把三面刃铣刀铣削台阶时，由于铣刀只有一个侧面的刀刃进行铣削，使铣刀两侧刀刃受到的切削力极不均匀，所以选择铣刀时，铣刀的宽度应大于铣削宽度。

成批或大量生产时，可采用组合铣刀铣削（见图 5-106）。采用组合铣刀铣削台阶时，应选择两把直径相同的三面刃铣刀，中间用刀轴垫圈把两把铣刀隔开，将铣刀内侧刀刃的距离调整到工件所需尺寸。

在加工较宽较长而深度较浅的台阶时，可在立式铣床上用端铣刀一次铣出台阶（见图 5-107），生产率和加工精度比采用三面刃铣刀加工时高。

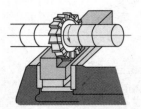
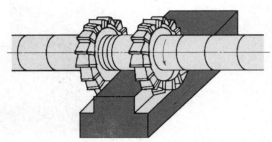

图 5-105　用一把三面刃铣刀铣削台阶　　　　图 5-106　用两把三面刃铣刀组合铣削台阶

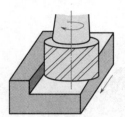
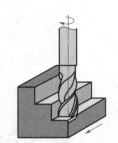

图 5-107　用端铣刀铣削台阶　　　　　图 5-108　用立铣刀铣削多级台阶

　　如图 5-108 所示，加工多级台阶时可在立式铣床上用立铣刀铣削。由于立铣刀的外径小于三面刃铣刀，主切削刃较长，所以强度较差，因此铣削用量不能过大。选用的立铣刀直径应大于台阶宽度，在加工时先铣够其宽度，然后分两次或多次铣至深度尺寸。

5.4　钻削和镗削加工

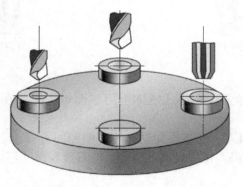

　　孔是各种机械零件上常见的几何表面之一。回转体工件中心的孔通常在车床上加工，非回转体工件上的孔，以及回转体工件上非中心位置的孔，通常在钻床和镗床上加工。

5.4.1　钻削加工

（1）钻削加工范围

　　钻削加工是利用旋转的钻头、铰刀、锪刀在工件上加工孔的方法。钻床基本的工作是用麻花钻在工件实体上钻孔，还可用于扩孔、铰孔、孔口加工和攻螺纹等（见图 5-109）。

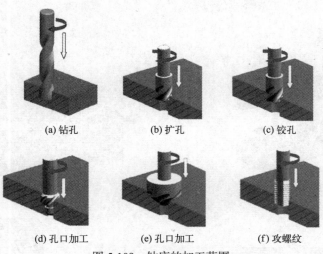

(a) 钻孔　　　　　　(b) 扩孔　　　　　　(c) 铰孔

(d) 孔口加工　　　　(e) 孔口加工　　　　(f) 攻螺纹

图 5-109　钻床的加工范围

（2）钻床

常用的钻床有台式钻床、立式钻床和摇臂钻床三种。它们的共同特点是，工件固定在工作台上不动，刀具安装在机床主轴上，主轴一方面旋转作主运动，一方面沿着轴线方向移动作进给运动。

如图 5-110 所示，台式钻床是小型钻床，可以放在台面上，主要用于单件、小批生产的工件。一般加工孔径为 1～13mm。

如图 5-111 所示，立式钻床是钻床中常见的一种，主要用于加工中小型工件。加工孔径小于 50mm。

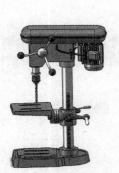

图 5-110　台式钻床

图 5-111　立式钻床

如图 5-112 所示，摇臂钻床是一种大型钻床，摇臂安装在立柱上，可以沿着立柱上下移动和转动，可以通过摇臂的移动和转动来找正工件上各孔的位置，适用于加工大型工件。一般加工孔径小于 80mm。

（3）工件安装

小型工件可以用平口钳装夹（见图 5-113）。中型工件采用压板、螺栓直接安装在工作台上，对于回转体零件可用 V 形铁进行定位，用压板、螺栓夹紧（见图 5-114 和图 5-115）。大型零件在摇臂钻床上加工，一般不需要装夹，零件本身的重量就可以承受钻孔时的力矩作用。

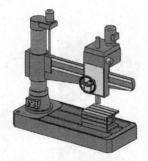

图 5-112　摇臂钻床

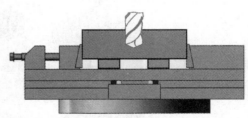

图 5-113　平口钳装夹工件

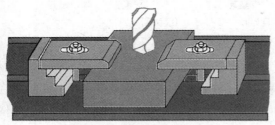

图 5-114　压板、螺栓装夹工件

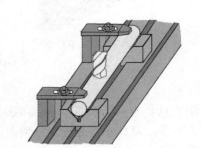

图 5-115　V 形铁、压板、螺栓装夹工件

（4）钻头

钻头类型很多，常用的是麻花钻。麻花钻由三部分组成，即工作部分、颈部和柄部。

柄部安装在主轴锥孔中传递力矩，颈部是为了磨削柄部留的越程槽，工作部分又分为切削部分和导向部分，导向部分由两条较深的螺旋槽和两条螺旋刃带组成，在加工时，切屑可以沿着螺旋槽排出，切削部分如图 5-116 所示。

（5）典型钻削加工

① 钻孔　麻花钻刚性差，钻孔时轴线容易歪斜，另外，由于存在横刃，不易对准所划的中心线。因此，钻孔前最好先打出样冲眼以便麻花钻定心，或采用钻模为钻头导向（见图 5-117 和图 5-118）。

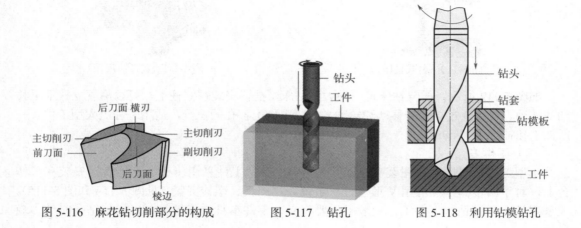

图 5-116　麻花钻切削部分的构成　　图 5-117　钻孔　　图 5-118　利用钻模钻孔

② 扩孔　当所需加工的孔径较大、孔的质量要求较高时，就需要扩孔。扩孔是对钻出、铸出或锻出孔的半精加工。在生产批量较大时，采用扩孔钻。扩孔钻无横刃，改善了切削条件。它一般有 3 ～ 4 个齿，工作时导向性好，可选择较大的切削用量（见图 5-119 和图 5-120）。

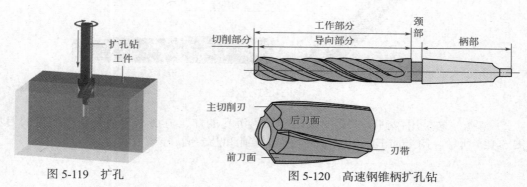

图 5-119　扩孔　　　　　　　　图 5-120　高速钢锥柄扩孔钻

③ 铰孔　在较低的切削速度、较大的进给量和很小的背吃刀量的条件下进行，这样不会产生积屑瘤，保证孔的质量较好（见图 5-121）。

铰刀是孔的精加工刀具。它是定尺寸刀具，即铰刀的尺寸决定了孔的尺寸。铰刀有手用和机用两类，常用铰刀如图 5-122 所示。

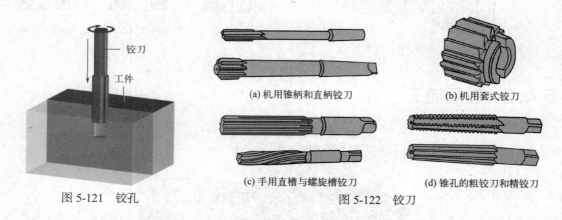

图 5-121　铰孔　　　　　　　图 5-122　铰刀

手用铰刀为直柄，工作部分较长。机用铰刀多为锥柄，可装在车床、钻床或镗床上铰孔。铰刀的工作部分由切削部分和修光部分组成。切削部分呈锥形，担负着切削工作；修光部分起着导向和修光作用。铰刀有 6 ～ 12 个切削刃，每个刀刃的切削负荷较轻。

④ 攻螺纹　丝锥（见图 5-123）是加工内螺纹的刀具。它由切削部分、校准部分和柄部组成。切削部分磨出锥角，以便将切削负荷分配到几个刀齿上。校准部分有完善的齿形，用于校准已切出的螺纹，并引导丝锥作螺旋运动。柄部有方头，以装入钻床的攻螺纹辅具或夹具中传递力矩。

攻螺纹是用丝锥在工件的孔内部切削出内螺纹。攻螺纹时丝锥主要是切削金属，但也有挤压金属的作用。加工塑性好的材料时，挤压作用尤其显著。在钻床上攻螺纹（见图 5-124）时，要用保险夹头夹持丝锥。

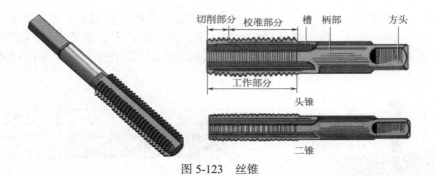

图 5-123　丝锥

⑤ 锪孔　这是用锪钻刮平孔的端面或切出沉孔的加工方法。锪钻是孔口加工的刀具，如图 5-125 所示，用于加工沉头螺钉的沉孔、锥孔和凸台面。

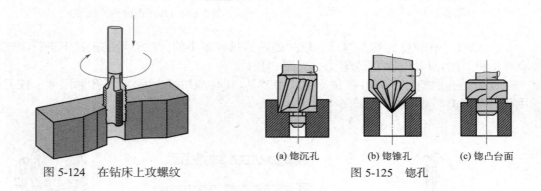

图 5-124　在钻床上攻螺纹　　(a) 锪沉孔　(b) 锪锥孔　(c) 锪凸台面
图 5-125　锪孔

5.4.2　镗削加工

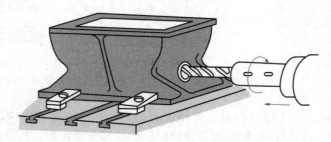

镗削加工是镗刀的旋转运动为主运动，与工件随工作台的移动（或镗刀的移动）为进给运动相配合，切去工件上的金属层的一种加工方法（见图 5-126）。这种方法对于直径较大的孔、内成形面、内环形槽是唯一合适的加工方法。

（1）镗床

镗床适合加工大型、复杂的箱体类零件上的孔。镗床主要类型有卧式镗床、落地镗床、坐标镗床等。

① 卧式镗床　如图 5-127 所示，由床身、主轴箱、前立柱、后立柱、上滑座、下滑座和工作台等部件组成。加工时，刀具装在镗杆或平旋盘上（见图 5-128），由主轴箱可以获得各种转速和进给量。主轴箱可沿前立柱的导轨上下移动。在工作台上安装工件，工件与工作

台一起随下滑座或上滑座作纵向或横向移动。工作台还可以绕上滑座的圆导轨在水平面内调整一定的角度，以便加工互成一定角度的孔。装在镗杆上的镗刀可随镗杆作轴向移动，实现轴向进给或调整刀具的轴向位置。当镗杆伸出较长时，用支承架来支承它的左端，以增加刚性。当刀具装在平旋盘的径向刀架上时，径向刀架可带着刀具作径向进给，实现端面加工。

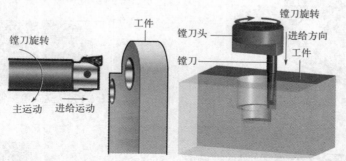

图 5-126　镗刀旋转作主运动、工件或镗刀移动作进给运动

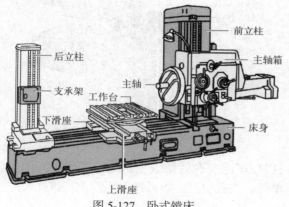

图 5-127　卧式镗床

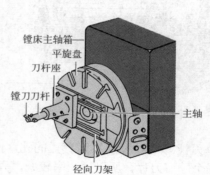

图 5-128　卧式镗床的平旋盘

② 落地镗床　对于大而重的工件，加工时工件运动困难，希望工件在加工过程中不动，运动由较轻的机床部件来实现，此时可以采用落地镗床（见图 5-129）。落地镗床没有工作台，工件直接装夹在地面的平台上。

③ 坐标镗床　是具有精密坐标定位装置，用于加工高精度孔或孔系的一种镗床。在坐标镗床上还可进行钻孔、扩孔、铰孔、铣削、精密刻线和精密划线等工作，也可进行孔距和轮廓尺寸的精密测量。坐标镗床适于在工具车间加工钻模、镗模和量具等，也用于生产车间加工精密工件，是一种用途较广的高精度机床。坐标镗床可分为立式单柱坐标镗床（见图 5-130）、立式双柱坐标镗床（见图 5-131）和卧式坐标镗床（见图 5-132）。

（2）镗刀

镗刀是镗削刀具的一种，按其切削刃数量可分为单刃镗刀、双刃镗刀和三刃镗刀；按其加工工艺可分为粗加工镗刀和精加工镗刀；按其加工的表面可分为通孔镗刀、盲孔镗刀、阶梯孔镗刀和端面镗刀；按其结构可分为整体式镗刀、装配式镗刀和可调式镗刀。

① 单刃镗刀　如图 5-133 所示，用螺钉将刀片装夹在镗杆上。单刃镗刀又分为盲孔镗刀和通孔镗刀。盲孔镗刀刀头倾斜安装，刀刃一定在最前面。通孔镗刀刀头垂直安装。

163

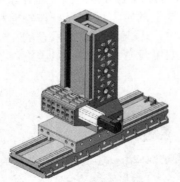

图 5-129　落地镗床

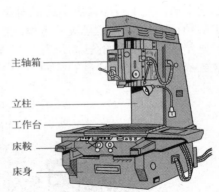

图 5-130　立式单柱坐标镗床

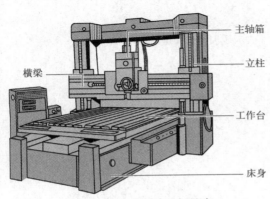

图 5-131　立式双柱坐标镗床

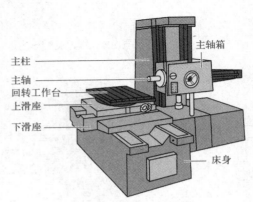

图 5-132　卧式坐标镗床

单刃镗刀可以镗削不同直径的孔，而且可以校正原有孔的轴线歪斜或位置偏差。由于只有一个镗刀刀片，所以生产率较低，只适于单件、小批生产。单刃镗刀刚性差，镗孔尺寸由操作者调整镗刀刀头保证。

② 双刃镗刀　镗削大直径的孔可选用双刃镗刀（见图 5-134）。双刃镗刀有两个对称的切削刃同时工作。其头部可以在较大范围内进行调整，且调整方便，最大镗孔直径可达1000mm。切削时两个对称切削刃同时参加切削，不仅可以消除切削力对镗杆的影响，而且切削效率高。双刃镗刀刚性好，容屑空间大，两径向力抵消，不易引起振动，加工精度高，可获得较好的表面质量，适用于大批量生产。

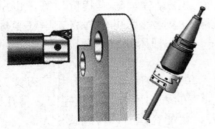

图 5-133　单刃镗刀

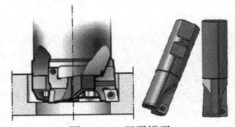

图 5-134　双刃镗刀

③ 模块式镗刀　为了适应各种孔径和孔深的需要并减少镗刀的品种规格，设计了模块式镗刀。模块式镗刀（见图 5-135）将镗刀分为基础柄、延长器、减径器、镗杆、镗头、刀片座、刀片等多个部分，然后根据具体的加工内容进行自由组合。这样不但大大减少了刀柄的数量，降低了成本，而且可以迅速应对各种加工要求，并延长刀具整体的寿命。模块式镗刀具有整体式镗刀无法比拟的优势。当然，这也需要模块式镗刀具有高的连接精度和高的连接刚性，以及高的重复精度。

④ 微调镗刀　图 5-136 所示为适用于自动线、坐标镗床和数控机床的微调镗刀，其具有结构简单、制造容易、调节方便和精度高等特点。由拉紧螺钉和垫圈将调整螺母和镗刀刀头压紧在镗杆上，稍微松开拉紧螺钉，转动带刻度的调整螺母，就能进行微调，调整好后旋紧拉紧螺钉即可。

图 5-135　模块式镗刀

图 5-136　微调镗刀

⑤ 浮动镗刀　如图 5-137 所示，将浮动镗刀装入镗杆的方孔中，其两侧切削刃受到的切削力能自动平衡，从而保证了切削位置稳定，不需夹紧，同时还能自动补偿由于镗刀安装误差、镗杆径向圆跳动或机床主轴偏差而造成的加工误差，能消除镗孔时径向力对镗杆的作用而产生的加工误差。

双刃浮动镗刀的两个切削刃之间的距离可以调整，刀片一般不固定在镗杆上，而是插在镗杆的槽中并能沿着径向自由滑动，依靠作用在两个切削刃的径向力自动平衡其位置，以提高加工质量，同时能简化操作，提高生产率。

⑥ 机夹镗刀　这类镗刀在结构上具有深孔刀具的共性，既有导向块，又有排屑孔或进切削液孔。图 5-138（a）所示为数控镗刀，采用微镗刀头加上配重，再设计特定的孔位刀板，刀板与刀柄通过定位槽和螺栓锁紧。可以对特定的孔进行精镗加工。图 5-138（b）所示为铣平面镗刀。

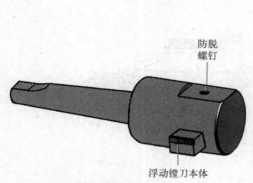

防脱螺钉

浮动镗刀本体

图 5-137　浮动镗刀

（a）数控镗刀

（b）铣平面镗刀

图 5-138　机夹镗刀

（3）镗削加工范围

镗床的加工范围很广（见图 5-139），因而得到普遍使用，尤其对于较大的、复杂的箱体类零件，能在一次安装中完成大量的加工工序，除镗孔外，还可以完成平面、外圆、螺纹及钻孔等加工。

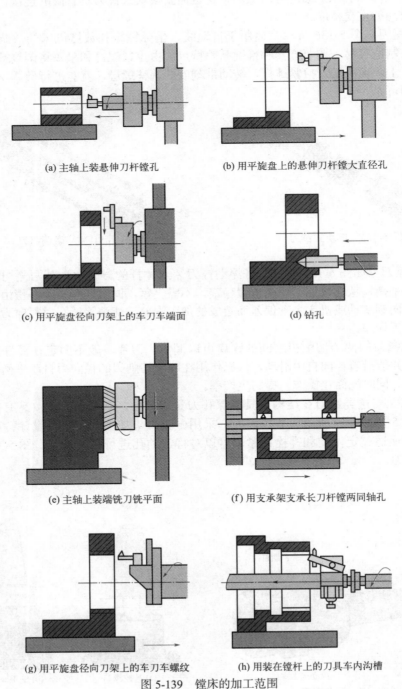

(a) 主轴上装悬伸刀杆镗孔　　　　　　　(b) 用平旋盘上的悬伸刀杆镗大直径孔

(c) 用平旋盘径向刀架上的车刀车端面　　　　　　　(d) 钻孔

(e) 主轴上装端铣刀铣平面　　　　　　　(f) 用支承架支承长刀杆镗两同轴孔

(g) 用平旋盘径向刀架上的车刀车螺纹　　　　　　　(h) 用装在镗杆上的刀具车内沟槽

图 5-139　镗床的加工范围

对于一些较大的箱体类零件，如机床主轴箱、变速箱等，需要加工数个尺寸不同的孔（见图 5-140 和图 5-141），孔体本身精度要求高，孔心线之间有同轴度、垂直度、平行度及间距的要求，在镗床上加工可以达到零件的位置精度要求。如图 5-142 所示，一个孔镗好后，主轴箱移动一个孔距，再镗另一个孔，保证了两孔平行度要求。如图 5-143 所示，镗完一个孔，工作台旋转 90°，再镗另外一个孔，保证两孔垂直度要求。如图 5-144 所示，将镗杆伸过两个孔，后立柱支承镗杆，镗杆转动，工作台移动，保证两孔同轴度的要求。

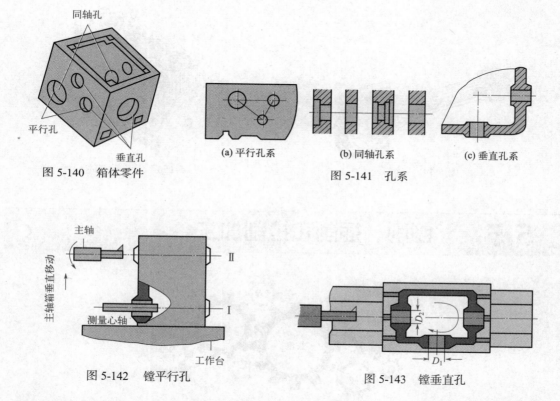

图 5-140　箱体零件

(a) 平行孔系　　(b) 同轴孔系　　(c) 垂直孔系

图 5-141　孔系

图 5-142　镗平行孔

图 5-143　镗垂直孔

镗床是加工机座、箱体、支架等大型零件及孔系零件的主要加工设备，容易保证孔间位置精度的要求。实例如图 5-145 ～图 5-150 所示。

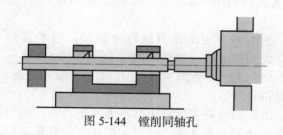

图 5-144　镗削同轴孔

图 5-145　电机机座

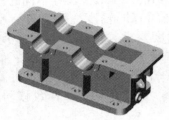

图 5-146　减速器箱体

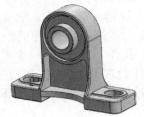

图 5-147　支架

图 5-148　孔系零件

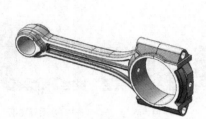

图 5-149　连杆

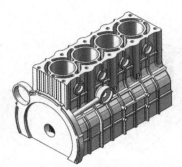

图 5-150　发动机缸体

5.5　刨削、插削和拉削加工

共同特点是主运动都为直线运动

5.5.1　刨削加工

刨削是刨刀相对于工件作水平方向直线往复运动的切削加工方法（见图 5-151）。

（1）刨削加工范围

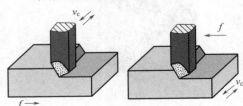

图 5-151　刨削

刨削的主运动是直线往复运动，进给运动是直线间歇运动。刨削的加工范围如图 5-152 ～图 5-157 所示。刨削主要用于加工平面、斜面、沟槽和曲面等。

由于刨削的主运动中存在返回空行程，而且往复运动不可能高速，所以刨削生产率较低。但由于刨床便于调节，刨刀结构简单，因此通常在单件、小批生产和修理工作中应用，特别是用来加工狭长的表面。

图 5-152　刨削水平面

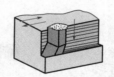

图 5-153　刨削垂直面

图 5-154　刨削斜面

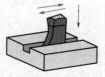

图 5-155　刨削直槽

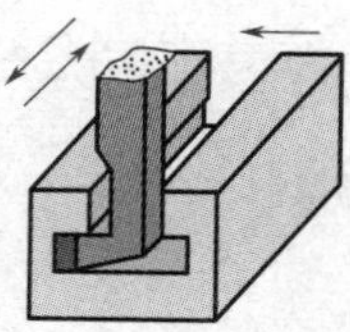

图 5-156　刨削 T 形槽

图 5-157　刨削曲面

（2）刨床

① 牛头刨床　如图 5-158 所示，它因滑枕 3 和刀架 1 形如牛头而得名。工件装夹在工作台 6 上的平口钳中，或直接用螺栓、压板安装工作台上。刀具装在滑枕 3 前端的刀架 1 上。滑枕带动刀具的直线往复运动为主运动。工作台 6 带动工件沿横梁 5 作间歇横向移动为进给运动。刀架 1 沿刀架座 2 的导轨上下运动为吃刀运动。刀架座可绕水平轴扳转角度，以便加工斜面或斜槽。横梁 5 能沿床身 4 前端垂直导轨上下移动，以适应不同高度工件的加工需要。

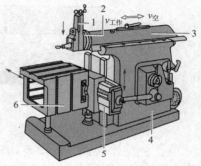

图 5-158　牛头刨床

1—刀架；2—刀架座；3—滑枕；

4—床身；5—横梁；6—工作台

② 龙门刨床　主要用来加工大平面，特别是长而窄的平面，也可用来加工沟槽或同时加工几个中小型零件的平面。应用龙门刨床进行精细刨削，可得到较高的精度和较小的表面粗糙度。

如图 5-159 所示，龙门刨床具有龙门架式双立柱和横梁。龙门刨床的主运动是工作台 9 沿床身 10 的水平导轨所作的直线往复运动。床身的左右两侧固定有左、右立柱 3 和 7，立柱顶部由顶梁连接，形成刚度较高的龙门框架，因此得名龙门刨床。两个垂直刀架 5 和 6 装在横梁 2 上，可作横向或垂直方向的进给运动以及快速移动。横梁可沿左右立柱的导轨作垂直升降，调整垂直刀架的位置，以适应不同高度工件的加工需要。

（3）刨刀

刨刀刀杆的结构形式常见的有两种，如图 5-160 所示。直头刨刀制造简单，但在切削力的作用下易产生"陷刀"，从而损坏工件表面。弯头刨刀在切削时，刀杆能产生弯曲变形，使刀尖向后上方运动，避免了上述缺点，故得到了广泛应用。刨刀也可按其他方法分类。

（4）工件的装夹

① 平口钳装夹　如图 5-161 所示，将工件装夹在平口钳上。

② 压板、螺栓装夹　如图 5-162 所示，直接将工件安装在机床工作台上。

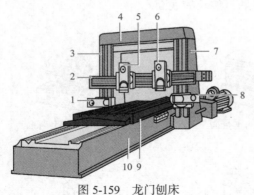

图 5-159　龙门刨床

1，8—侧刀架；2—横梁；3，7—立柱；4—顶梁；

5，6—垂直刀架；9—工作台；10—床身

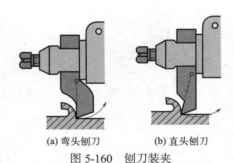

(a) 弯头刨刀　　　　(b) 直头刨刀

图 5-160　刨刀装夹

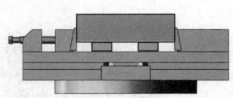

图 5-161　平口钳装夹

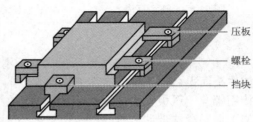

压板

螺栓

挡块

图 5-162　压板、螺栓装夹

（5）典型刨削加工

① 刨削水平面　如图 5-163 所示，刨削水平面时，直接将工件安装在刨床工作台上，然后调整牛头刨床工作台或者龙门刨床横梁的高低，使之处于适当的位置。然后调整刨床的行程长度及行程位置，移动刀架，把刨刀调整到选好的切削深度上进行试刀，如无问题即可开始刨削。加工完成后，先停车确认各部分尺寸及表面粗糙度和相对位置是否合格，合格后再取下工件。

② 刨削垂直面　如图 5-164 所示，刨削垂直面应选择偏刀，将刀架刻度盘刻度对准零线，刀架座偏转一定角度（10°～15°），以避免刨刀回程时划伤工件已加工表面，切削深度由工作台横向移动来调整，通过转动刀架座手柄或工作台垂直方向的移动实现进给运动。

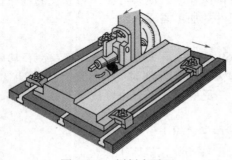

图 5-163　刨削水平面

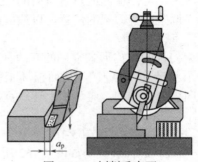

a_p

图 5-164　刨削垂直面

③ 刨削斜面　如图 5-165 所示，刨削斜面与刨削垂直面的操作基本相同，只是刀架刻度盘倾斜至加工要求的角度，使刨刀沿斜面进给。

④ 刨削沟槽　刨床还可以用于槽类加工，如 T 形槽、V 形槽和燕尾槽等。刨削沟槽时，一般先在工件端面划出加工线，然后找正装夹。为了保证工件加工精度，应在一次装夹中完成加工。以平面的加工方法为基础，从中选取两种或两种以上进行合理的组合，即可得到需要的零件表面。

a. 刨削直槽。如图 5-166 所示，刨削直槽时选用切槽刀，垂直进给即可。如果直槽较宽，可以先切至规定槽深，再横向进给切至规定槽宽。

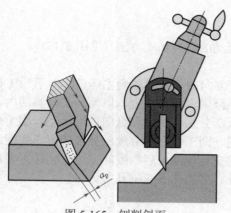

图 5-165　刨削斜面

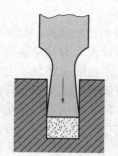

图 5-166　刨削直槽

b. 刨削 T 形槽。刨削 T 形槽前，应先划出 T 形槽加工线，用切槽刀刨出直槽后，再用左、右弯刀刨出凹槽，如图 5-167 所示。

c. 刨削 V 形槽。如图 5-168 所示，将刨削平面的方法综合，先用切槽刀切出 V 形槽的退刀槽，再用刨削斜面的方法刨出左、右斜面。

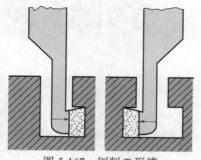

图 5-167　刨削 T 形槽

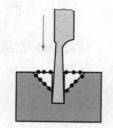

图 5-168　刨削 V 形槽

d. 刨削燕尾槽。如图 5-169 所示，应先刨出直槽，再以加工斜面的方法，用偏刀刨出两侧面。

⑤ 刨削曲面　如图 5-170 所示，用成形刨刀刨削曲面。将成形刨刀磨制成与要求得到的曲面相适应的形状，即可对工件进行加工。还可以按划线通过工作台横向进给和手动刀架垂直进给刨出曲面。

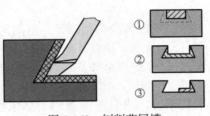

图 5-169　刨削燕尾槽

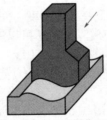

图 5-170　刨削曲面

5.5.2　插削加工

插削是插刀相对于工件作垂向方向直线往复运动的切削加工方法（见图 5-171）。

（1）插床

插床如图 5-172 所示。由滑枕 2 带动插刀垂直方向的往复运动为主运动。向下为工作行程，向上为空行程。滑枕导轨座 3 可绕销轴 4 在小范围内调整角度，以便加工倾斜的内、外表面。工件固定在圆工作台 1 上，随床鞍 6 和滑板 7 分别作横向和纵向进给运动。圆工作台可绕垂直轴线旋转，以实现工件的圆周进给或分度。圆工作台的分度由分度装置 5 实现。圆工作台的纵、横和圆周进给都是间歇运动，在滑枕空行程结束后的瞬间完成。插床主要用于单件、小批生产时加工内表面，如孔内键槽、方孔、多边孔和花键孔等。

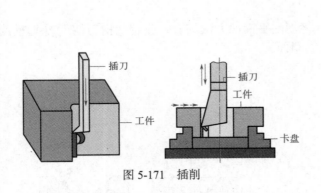

图 5-171　插削

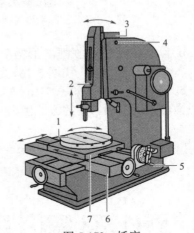

图 5-172　插床

1—圆工作台；2—滑枕；3—滑枕导轨座；
4—销轴；5—分度装置；6—床鞍；7—滑板

（2）插刀

如图 5-173 所示，尖刃插刀主要用于粗插或插削多边形孔，平刃插刀主要用于精插或插削直角沟槽和键槽。

（3）典型插削加工

插削在铅垂方向进行切削，以加工工件内表面上的平面、沟槽为主。图 5-174 所示为插削键槽，图 5-175 所示为插削方孔。

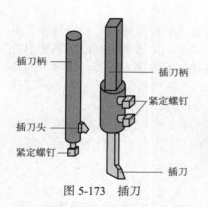

插刀柄

插刀柄

紧定螺钉

插刀头

紧定螺钉

插刀

图 5-173 插刀

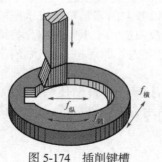

$f_横$

$f_纵$

$f_圆$

图 5-174 插削键槽

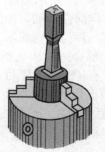

图 5-175 插削方孔

5.5.3 拉削加工

（1）拉削加工范围

拉削是用拉刀在拉床上切削各种内、外表面（见图 5-176 和图 5-177）的一种加工方法。拉削的主运动是直线往复运动。拉削的进给是由后一刀齿比前一刀齿高一个齿升量来实现的。拉床上只有一个主运动而无进给运动。图 5-178 所示为拉削加工范围。拉削加工范围广，不仅可以加工各种形状的通孔，还可以拉削平面及各种组合成形表面。

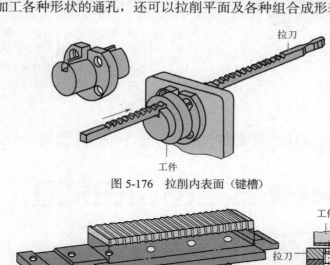

拉刀

工件

图 5-176 拉削内表面（键槽）

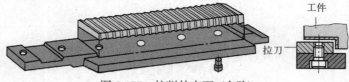

工件

拉刀

图 5-177 拉削外表面（台阶）

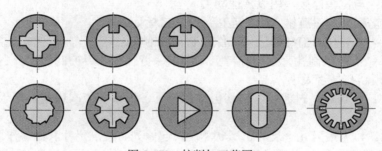

图 5-178 拉削加工范围

（2）拉床

图 5-179 所示为卧式拉床，床身装有液压缸，由液压油驱动活塞，通过刀夹夹持拉刀沿水平方向向左运动。拉削时工件以基准面靠紧拉床支承座的端面。护送夹头和滚柱用于承托拉刀。一件拉削完成后，拉床将拉刀送回支承座右端。将待加工工件穿入拉刀，将拉刀左移使其柄部穿过拉床支承座插入刀夹内，即可进行再次拉削。拉削开始后，滚柱下降不起作用，只有护送夹头随行。

图 5-180（a）所示为立式内拉床，工件贴住端板或放置在工作台上，传动装置带着拉刀作直线运动。图 5-180（b）所示为立式外拉床，工件固定在工作台上，外表面拉刀随滑块垂直移动加工工件。

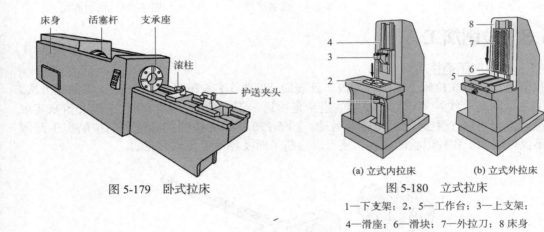

图 5-179 卧式拉床

(a) 立式内拉床　　(b) 立式外拉床

图 5-180 立式拉床

1—下支架；2，5—工作台；3—上支架；
4—滑座；6—滑块；7—外拉刀；8 床身

（3）拉刀

拉刀虽有多种类型，但其主要组成部分相似。现以圆孔拉刀为例，介绍其各组成部分（见图 5-181）。

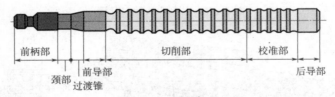

图 5-181 圆孔拉刀

① 前柄部：与拉床连接，用以传递动力。

② 颈部：前柄部与过渡锥之间的连接部分，打标记处。

③ 过渡锥：引导拉刀前导部进入工件预制孔的锥体。

④ 前导部：工件预制孔套在前导部上，用以保持孔与拉刀的同轴度，引导拉刀进入孔内，并能检查预制孔是否太小。

⑤ 切削部：粗切齿、过渡齿、精切齿的总称。各齿直径依次递增，用于切除全部拉削余量。

⑥ 校准部：拉刀最后几个尺寸、形状相同，起修光、校准尺寸和储备作用的刀齿。

⑦ 后导部：与拉好的孔具有同样的尺寸和形状，保证拉刀切离工件时具有正确的

位置。

（4）拉削方法

拉削时，将已经钻出或者粗镗出孔的工件固定在拉床定位面上，使拉刀穿入孔中，如图 5-182 所示。

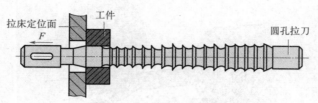

图 5-182　拉刀安装

拉刀的后一个齿比前一个齿递增一个齿升量 a_f（见图 5-183）。当加工工件的表面时，用相当于多把刨刀拼接在一起的拉刀一次走刀，被加工零件表面的加工余量被拉刀不同的切削刃分层切下，只需一个行程便完成全部切削。

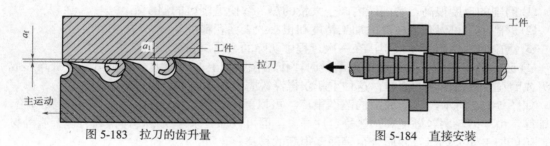

图 5-183　拉刀的齿升量　　　　　　　图 5-184　直接安装

拉削时工件一般不需夹紧，只需将工件靠在定位面上［见图 5-184］。如果工件端面与孔不垂直时，自动定心的球面垫圈可以略微转动，使工件孔的轴线自动调整到与拉刀轴线重合，便于拉削加工［见图 5-185］。

如图 5-186 所示，外表面的拉削一般为非对称拉削，拉削力偏离拉力和工件轴线，因此，除对拉力采用导向板等限位措施外，还需将工件夹紧，以免拉削时工件位置发生偏离。

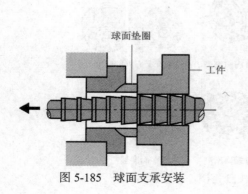

图 5-185　球面支承安装

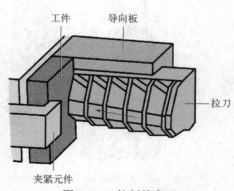

图 5-186　拉削外表面

5.6 磨削加工

5.6.1 磨削加工范围

　　磨削是用砂轮、砂带、油石或研磨料等对工件表面的切削加工。磨削加工是应用较为广泛的切削加工方法之一。与其他切削加工方式如车削、铣削、刨削等比较，具有以下特点。

　　① 磨削的速度很高，磨削区内产生大量的热，致使磨削区的温度高。

　　② 磨削加工可以获得较高的加工精度和很小的表面粗糙度。

　　③ 磨削时的切削深度很小，在一次行程中切除的金属层很薄。

　　④ 砂轮具有自锐作用。磨削刃磨钝时，作用在磨粒上的力增大，磨粒局部被压碎形成新刃或磨粒脱落露出新的磨粒，这种重新获得锋锐磨刃的能力称为自锐作用。

　　如图5-187所示，磨削加工的范围很广，可以磨削外圆、内圆、平面、成形面及齿轮、曲轴等。由于砂轮磨粒硬度高，热稳定性好，不但可以加工未淬火钢、铸铁和有色金属等材料，还可加工淬火钢以及硬质合金等硬度很高的材料。

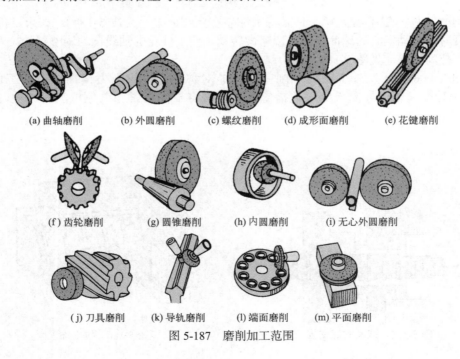

(a) 曲轴磨削　(b) 外圆磨削　(c) 螺纹磨削　(d) 成形面磨削　(e) 花键磨削

(f) 齿轮磨削　(g) 圆锥磨削　(h) 内圆磨削　(i) 无心外圆磨削

(j) 刀具磨削　(k) 导轨磨削　(l) 端面磨削　(m) 平面磨削

图 5-187　磨削加工范围

5.6.2　磨削运动

在磨削过程中，为了从工件毛坯上磨除多余的材料，获得预定要求的工件形状、尺寸、位置精度和表面质量，磨具与工件必须作相对运动，这些运动称为磨削运动。磨削运动是通过机床或人工操作实现的。磨外圆、磨内圆和磨平面的磨削运动如图5-188所示。根据磨削运动在磨削过程中所起的作用和特点分为主运动和进给运动。

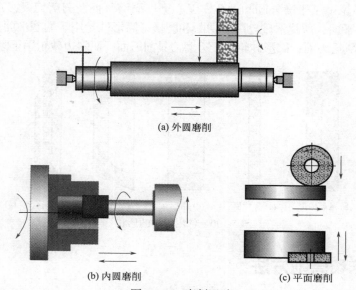

(a) 外圆磨削

(b) 内圆磨削　　(c) 平面磨削

图 5-188　磨削运动

主运动是指砂轮的旋转运动。进给运动的作用是将被磨工件表面层材料连续不断地投入磨削运动。不同的磨削方式，进给运动的数目也不同。进给运动的特点是运动速度小，磨削时消耗的功率小。如图5-188（a）所示，磨外圆的进给运动包括工件圆周进给运动、工件纵向往复进给运动和砂轮横向进给运动。如图5-188（b）所示，磨内圆的进给运动也包括工件圆周进给运动、工件纵向往复进给运动和砂轮横向进给运动。如图5-188（c）所示，磨削平面的进给运动包括工件纵向往复进给运动、砂轮轴向（横向）进给运动和砂轮径向进给运动。

5.6.3　砂轮

（1）砂轮构造

砂轮由磨粒、结合剂和气孔（网状空隙）三要素组成，如图5-189所示。在实际工作中，应根据磨床类型与工件材料、形状、尺寸及加工要求等选择合适的砂轮。选择砂轮时要决定砂轮的形状、尺寸、磨料、结合剂、粒度、硬度、组织等。

磨料：分天然磨料和人造磨料两大类，天然磨料有天然刚玉、金刚石等。

结合剂：在砂轮中用以黏结磨料。砂轮的强度、抗冲击性、耐热性及耐蚀性主要取决于结合

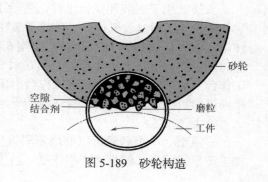

图 5-189　砂轮构造

剂的性能。

粒度：指磨料颗粒的大小。

硬度：结合剂对磨料的黏结力。黏结力越大，磨料越不易脱落，砂轮的硬度越高。

组织：磨料、结合剂、气孔三者比例关系，磨料的比例越大，则砂轮组织越紧密。

（2）砂轮形状

为了满足在不同类型的磨床上磨削各种形状和尺寸工件的需要，砂轮有多种形状（见图 5-190）：平形砂轮可用于磨外圆和内孔、无心磨、周磨平面及刃磨刀具；单面凹形砂轮用于磨外圆、内孔、平面；薄片形砂轮用于切断和磨槽；筒形砂轮用于端磨平面；碗形砂轮用于端磨平面、刃磨刀具后刀面；碟形砂轮用于刃磨刀具前刀面；双斜边砂轮用于磨齿轮及螺纹。

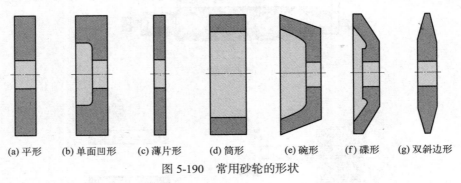

(a) 平形　　(b) 单面凹形　　(c) 薄片形　　(d) 筒形　　(e) 碗形　　(f) 碟形　　(g) 双斜边形

图 5-190　常用砂轮的形状

5.6.4　磨床和磨削方法

磨床是用砂轮、砂带作磨具进行加工的机床。磨床种类很多，其主要类型有外圆磨床、内圆磨床、平面磨床、工具磨床、刀具和刃具磨床、曲轴磨床、凸轮磨床、齿轮磨床、螺纹磨床等。

（1）万能外圆磨床及磨削方法

① 万能外圆磨床　外圆磨床中，万能外圆磨床的应用最为广泛，主要用于磨削内外圆柱面、圆锥面，也能磨削阶梯轴的轴肩和端面等。

万能外圆磨床如图 5-191 所示，主要由床身、工作台、砂轮架、头架、控制与操纵部件等组成。床身 1 是磨床的基础部件，用以支承安装其他零部件，并保证各个零部件间有正确的相对位置和运动。磨床的床身一般为铸件，床身上的纵向导轨支承工作台并引导其纵向往复运动（由液压缸驱动或手轮通过齿轮齿条传动）。横向导轨用来支承砂轮架滑板并引导其作横向进给运动（由横向进给传动机构实现）。床身内腔可用作液压油的油箱。

头架 2 用于安装和夹持工件，带动工件转动；内圆磨头 4 用于支承磨内孔的砂轮主轴，它与砂轮架 5 通过铰链连接；砂轮架装在滑板上，当磨削短圆锥面时，砂轮架可在水平面内转动，最大扳转角度为 ±30°；尾座 6 和头架的前顶尖一起支承工件；工作台 3 分上下两层，上工作台可绕下工作台的心轴在水平面内偏转 ±10° 左右，以磨削锥度较小的圆锥面；工作台上的头架和尾座，可随工作台沿床身作纵向直线往复运动；转动横向进给手轮，通过横向进给机构带动滑板沿床身垫板的导轨作横向运动。

② 磨削方法

a. 纵磨。一个砂轮可以磨削不同直径、长度的工件，砂轮有纵向的移动，散热比较好，加工质量比较高，但是生产率较低，适于单件、小批加工细长轴的外圆表面（见图 5-192）。

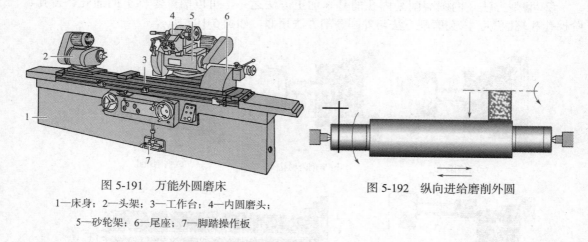

图 5-191 万能外圆磨床

1—床身；2—头架；3—工作台；4—内圆磨头；

5—砂轮架；6—尾座；7—脚踏操作板

图 5-192 纵向进给磨削外圆

b. 横磨。砂轮没有纵向进给，只有横向进给。图 5-193 所示为横向进给磨削外圆，图 5-194 所示为横向进给同时磨削外圆和端面。横磨的特点是生产率高，砂轮始终和工件表面相接，散热条件比较差，磨削痕迹较明显，加工精度比纵磨低，适于大量磨削刚性较好、长度较短的外圆表面。

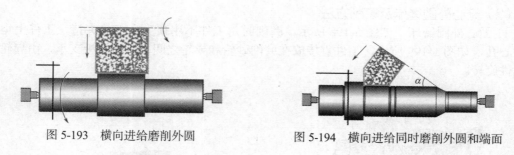

图 5-193 横向进给磨削外圆

图 5-194 横向进给同时磨削外圆和端面

（2）内圆磨床及磨削方法

① 内圆磨床 如图 5-195 所示，主要用于磨削内孔和端面。常用砂轮圆周进行磨削，也用砂轮端面进行磨削，其磨削运动如图 5-196 所示。

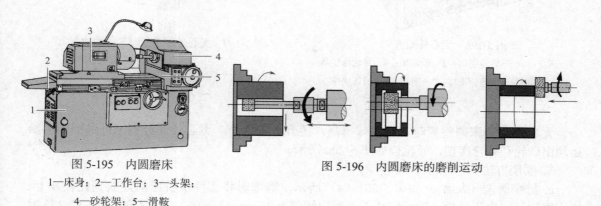

图 5-195 内圆磨床

1—床身；2—工作台；3—头架；

4—砂轮架；5—滑鞍

图 5-196 内圆磨床的磨削运动

② 磨削方法　内圆磨削是内孔的基本加工方法之一，可以磨削零件上的通孔、盲孔、阶梯孔和端面等。内圆磨削方法与外圆磨削方法相似，如图 5-197 所示。

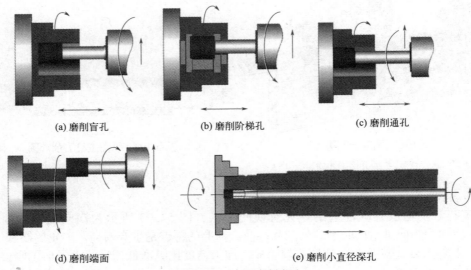

(a) 磨削盲孔　　　(b) 磨削阶梯孔　　　(c) 磨削通孔

(d) 磨削端面　　　　　(e) 磨削小直径深孔

图 5-197　内圆磨削方法

（3）无心外圆磨床及磨削方法

① 无心外圆磨床　如图 5-198 所示。磨削时，工件不用顶尖或卡盘夹持，工件上也不打中心孔，如图 5-199 所示，工件直接放在磨削砂轮和导轮之间，并用托板支承，由导轮带动工件旋转。

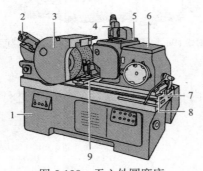

图 5-198　无心外圆磨床

1—床身；2—砂轮修整器；3—砂轮架；4—导轮修整器；

5—导轮架；6—导轮架座；7—滑板；8—回转底座；

9—工件支架

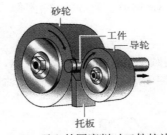

图 5-199　无心外圆磨削时工件的放置

无心外圆磨床调整费时，磨削效率高，适合大批生产。无心外圆磨削工件的圆周进给运动由砂轮和导轮实现，导轮架如图 5-200 所示。

② 磨削方法

a. 贯穿磨削（纵磨）。如图 5-201（a）所示，磨削时将工件从机床前面放到托板 4 上，推入磨削区，由于导轮 3 轴线在垂直平面内倾斜 α 角（$\alpha=1°\sim6°$），导轮 3 与工件 2 接触处的线速度 $v_导$ 可以分解成水平和垂直两个方向的分速度 $v_{导水平}$ 和 $v_{导垂直}$，$v_{导垂直}$ 控制工件 2 的圆周进给运动，$v_{导水平}$使工件 2 作纵向进给运动。因此，工件 2 进入磨削区后，既作旋转运动，又作轴向移动，穿过磨削区，工件磨削完毕。α 角增大，生产率提高，但表面粗糙度随之增大；反之，情况相反。为保证导轮 3 与工件 2 间为直线接触，需将导轮 3 形状修整成回转双曲面。这种磨削方法适用于不带阶梯的圆柱形工件。

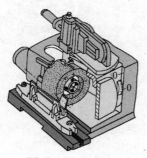

图 5-200　导轮架

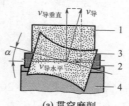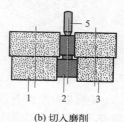

(a) 贯穿磨削　　　　(b) 切入磨削

图 5-201　无心外圆磨削

1—砂轮；2—工件；3—导轮；4—托板；5—挡板

b. 切入磨削（横磨）。先将工件放在托板 4 和导轮 3 之间，然后由工件（连同导轮）或砂轮横向切入进给，磨削工件表面。这时导轮的中心线仅倾斜很小角度（0.5°～1°），以便对工件产生一微小的轴向推力，使之靠住挡板 5，得到可靠的轴向定位，如图 5-201（b）所示。这种磨削方法适用于有阶梯或回转成形面的工件，但磨削表面的长度不能大于磨削砂轮的宽度。

（4）平面磨床及磨削方法

① 平面磨床　是用砂轮的周边或端面磨削工件平面的磨床。工件夹紧在工作台上或靠电磁吸力固定在电磁工作台上。平面磨床有卧轴和立轴、矩台和圆台之分。目前生产中使用较多的是卧轴矩台平面磨床和立轴圆台平面磨床，尤其是立轴圆台平面磨床使用更为普遍。

卧轴矩台平面磨床如图 5-202 所示。它用砂轮周边磨削平面，用砂轮端面磨削沟槽、台阶等，适合单件、小批生产。

图 5-203 所示为立轴圆台平面磨床组成，其主要采用砂轮端面进行磨削，磨削面积大，适合大批量生产。

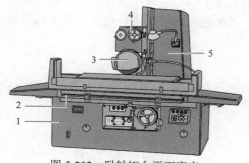

图 5-202　卧轴矩台平面磨床

1—床身；2—工作台；3—砂轮架；4—滑座；5—立柱

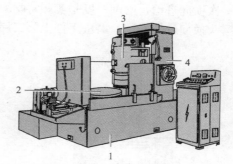

图 5-203　立轴圆台平面磨床

1—床身；2—工作台；3—砂轮架；4—立柱

② 磨削形式　平面磨削有四种形式，如图 5-204 所示：图 5-204（a）和（b）是用砂轮的周边磨削，称为周磨；图 5-204（c）和（d）是用砂轮的端面磨削，称为端磨。

(a) 卧轴矩台平面　　　　(b) 卧轴圆台平面　　　　(c) 立轴圆台平面　　　　(d) 立轴矩台平面
磨床磨平面　　　　　　　磨床磨平面　　　　　　　磨床磨平面　　　　　　　磨床磨平面

图 5-204　平面磨削形式

卧轴平面磨床采用周磨方式（见图 5-205）。周磨的特点是砂轮与工件接触面积小，发热量小，冷却和排屑条件好，可获得较高的加工精度和较小的表面粗糙度，但生产率较低。

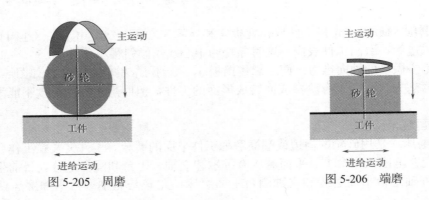

图 5-205　周磨　　　　　　　　　　　　　　　图 5-206　端磨

立轴平面磨床采用端磨方式（见图 5-206）。端磨的特点是砂轮与工件接触面积大，磨削力大，发热量大，而冷却和排屑条件差，因此这种磨削方式的加工精度及表面质量都不如周磨，但生产率较高。

可同时用砂轮的周边和端面磨削台阶，在卧轴矩台平面磨床上进行。

③ 磨削方法　如图 5-207、图 5-208 所示，当工作台纵向行程终了时，砂轮主轴或工作台作一次横向进给，磨削厚度是实际背吃刀量，待工件上第一层金属磨去后，砂轮作垂直进给，磨头换向进行磨削，磨去工件上第二层金属，如此往复多次磨削，直至切除全部余量为

图 5-207　横向磨削（一）　　　　　　　　　　图 5-208　横向磨削（二）

止。横向磨削适于磨削长而宽的平面，因其磨削接触面积小，排屑、冷却条件好，因此砂轮不易堵塞，磨削热较小，工件变形小，容易保证工件的加工质量，但生产率较低，砂轮磨损不均匀，磨削时需注意磨削用量（磨削运动的主要参数）和砂轮的选择。

如图 5-209、图 5-210 所示，磨削时砂轮只作两次垂直进给。第一次垂直进给量等于粗磨的全部余量，当工作台纵向行程终了时，将砂轮或工件沿砂轮轴线方向移动 3/4 ～ 4/5 的砂轮宽度，直至切除工件全部粗磨余量。第二次垂直进给量等于精磨余量，其磨削过程与横向磨削相同。深度磨削的特点是生产率高，适于批量生产或大面积磨削。磨削时必须注意使工件装夹牢固，且供应充足的切削液冷却。

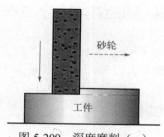

图 5-209　深度磨削（一）

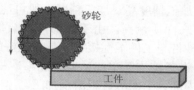

图 5-210　深度磨削（二）

如图 5-211、图 5-212 所示，根据工件磨削余量的大小，将砂轮修整成阶梯形，使其在一次垂直进给中采用较小的横向进给量把整个表面余量全部磨去。磨削加工时，由于磨削用量较大，为了保证工件质量和延长砂轮的使用寿命，横向进给应缓慢一些。这种方法生产率较高，但修整砂轮比较麻烦，且机床必须具有较高的刚度，因此在应用上受到一定的限制。

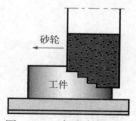

图 5-211　台阶磨削（一）

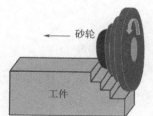

图 5-212　台阶磨削（二）

5.6.5　砂带磨削

砂带磨削是利用环形砂带的高速运动对工件表面进行磨削。砂带磨削可用于粗加工、精加工和抛光等，其磨削效率超过车、铣、刨等工艺，磨削精度可与砂轮磨削相比，可对金属和非金属材料进行加工，可适应各种形状的工件表面。

（1）砂带的结构

砂带由基体、结合剂和磨粒组成（见图 5-213）。常用的基体是牛皮纸、布和纸 - 布组合体。纸基砂带平整，磨出的工件表面粗糙度小。布基砂带承载能力高。纸 - 布基砂带综合两者的优点。砂带上的结合剂有两层，底胶把磨粒粘在基体上，覆胶固定磨粒间的相互位置，结合剂常用的是树脂。砂带上仅有一层经过精选的粒度均匀的磨粒，通过静电植砂，使其锋刃向上，切削刃具有良好的等高性。

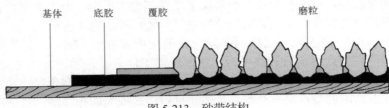

图 5-213　砂带结构

（2）砂带磨削的特点

① 砂带磨削效率高。砂带上有无数个磨削刃对表面层金属进行切削，其效率是铣削的 10 倍，是普通砂轮磨削的 5 倍。

② 加工精度高。加工精度一般可达普通砂轮磨削的加工精度。

③ 表面质量高。由于摩擦产生热量少，且磨粒散热时间较长，可有效减少工件变形、烧伤。砂带与工件柔性接触，具有较好的跑合、抛光作用，工件表面粗糙度小。

④ 设备结构简单，适应性强。砂带磨头可装在普通车床、立式车床、龙门刨床上，对外圆、内圆、平面等进行磨削加工。

⑤ 操作简单、维修方便、安全可靠、抗振性较好。

（3）砂带磨削形式

砂带磨削的应用范围广，可以磨削外圆、内圆、平面、曲面等，可以加工各类非金属材料如木材、塑料、石料、混凝土、橡胶等，还可以打磨铸件浇冒口、大件和桥梁的焊缝以及进行大型容器壳体、箱体的大面积除锈、除残漆等。但是，对齿轮、盲孔、阶梯孔以及各种型腔、退刀槽、直径小于 3mm 的多阶梯外圆，目前还难以加工。对精度要求很高的工件，也不能与砂轮的高精度磨削相媲美。图 5-214 ～图 5-217 所示为砂带磨削的几种形式。

图 5-214　磨外圆

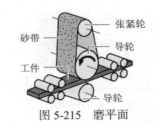

图 5-215　磨平面

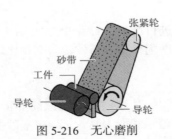

图 5-216　无心磨削

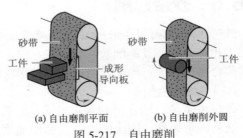

（a）自由磨削平面　　（b）自由磨削外圆

图 5-217　自由磨削

5.7 其他加工方法

5.7.1 钳工

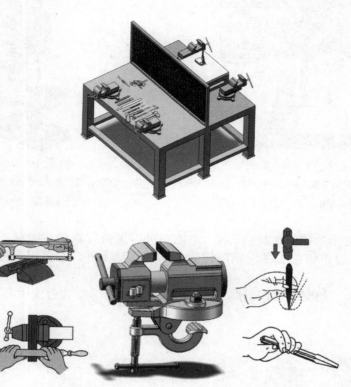

钳工是零件加工、机器装配和修理作业中的手工作业，因常在钳工台上用虎钳（台虎钳）夹持工件操作而得名。

（1）钳工的主要任务

钳工的主要任务有划线、零件加工、装配、设备维修和技术创新。

① 划线：对加工前的零件进行划线。

② 零件加工：对采用机械加工方法不太适宜或不能完成的零件以及各种工、量、夹具和专用设备等的制造，要通过钳工来完成。

③ 装配：将加工好的零件按机器的各项技术精度要求进行组件、部件装配和总装配。

④ 设备维修：对机械设备在使用过程中出现损坏、产生故障或长期使用后失去使用精度的零部件，要通过钳工进行维护和修理。

⑤ 技术创新：为了提高生产率和产品质量，不断进行技术革新，改进工具和工艺，也是钳工的重要任务。

（2）常用的设备及工具

① 台式钻床　如图 5-218 所示，其特点是结构简单、操作方便，但使用范围小，通常只能安装直径在 13mm 以下的直柄钻头。

② 立式钻床　如图 5-219 所示，其特点是结构复杂、精度高，由于增加了进给机构，使用范围大，可以安装较大直径的钻头，适于单件、小批中型工件孔的加工。

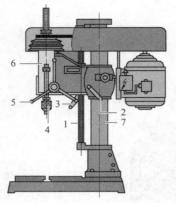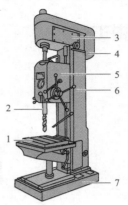

图 5-218　台式钻床

1—丝杠；2—紧固手柄；3—升降手柄；4—钻夹头；
5—进给手柄；6—头架；7—立柱

图 5-219　立式钻床

1—工作台；2—主轴；3—主轴变速箱；4—电动机；
5—进给变速箱；6—床身；7—底座

③ 摇臂钻床　如图 5-220 所示，主轴箱可沿摇臂导轨前后滑移，摇臂可绕立柱旋转并上下移动，故可将钻头移至钻削位置而不必移动工件，主要用于加工大型工件和多孔工件。

④ 钳工台　如图 5-221 所示，钳工台的主要作用是安装台虎钳和存放钳工常用工具、量具、夹具等。

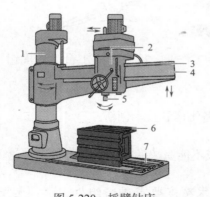

图 5-220　摇臂钻床

1—立柱；2—主轴箱；3—摇臂导轨；4—摇臂；5—主轴；
6—工作台；7—底座工作台

图 5-221　钳工台

⑤ 台虎钳　如图 5-222 所示，台虎钳是用来夹持工件的通用夹具，装在工作台上，用以夹稳工件。钳体可以旋转，使工件转到合适的工作位置。

⑥ 砂轮机　是用来刃磨各种刀具的常用设备，也用于普通小零件的磨削、去毛刺及清理等工作。其主要由基座、砂轮、电动机、防护罩等组成。砂轮机主要有台式和立式两种，图 5-223 所示为台式砂轮机。

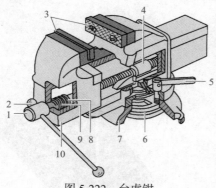

图 5-222 台虎钳

图 5-223 台式砂轮机

1—丝杠；2，5—手柄；3—钳口；4—螺母；6—夹紧盘；7—转
座；8—挡圈；9—弹簧；10—活动钳身

⑦ 其他

a. 划线平板：如图 5-224 所示，由铸铁制成，上表面是划线的基准平面，要求平直和光洁。

b. 划针和划盘：用来在工件表面划线（见图 5-225）。

c. 划规与划卡：划规也是平面划线工具的一种，用来划圆、量取尺寸和等分线段（见图 5-226）。划卡（也称单脚规），用来确定轴与孔的中心位置（见图 5-227），也可用来划平行线。

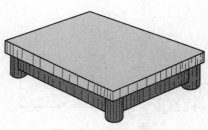

图 5-224 划线平板

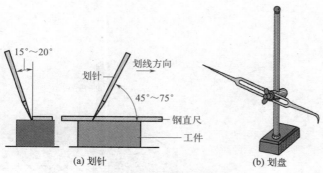

(a) 划针　　(b) 划盘

图 5-225 划针和划盘

图 5-226 划规

d. 千斤顶：在平板上支承工件，其高度可以调整，以便找正工件，通常用三个千斤顶支承工件（见图 5-228）。

e. V 形铁：用于支承圆柱形工件（见图 5-229），使工件轴线与平板平行。V 形槽角度可为 90°、120°。

f. 方箱：用于夹持较小的工件。通常翻转方箱，便可在工件表面上划出互相垂直的线来（见图 5-230）。V 形槽放置圆柱工件，垫角度垫板可划出斜线。

g. 高度游标卡尺：若划线精度要求较高时，可用高度游标卡尺直接划线（见图 5-231）。

h. 样冲：用来在工件上打出样冲眼的工具（见图 5-232）。为了防止划出的线条被擦掉，在划好的线条上用样冲打出均匀的样冲眼；为方便钻孔时钻头定位，在圆心上应打出样冲眼。

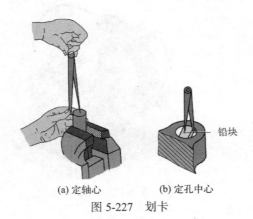

(a) 定轴心   (b) 定孔中心

图 5-227 划卡

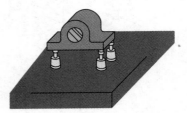

铅块

图 5-228 用千斤顶支承工件

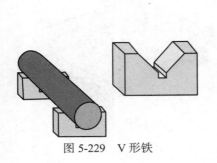

图 5-229 V 形铁

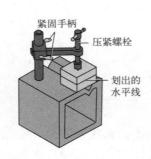

紧固手柄

压紧螺栓

划出的水平线

(a) 将工件压紧在方箱上，划出水平线

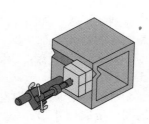

(b) 方箱翻转90°划出垂直线

图 5-230 方箱

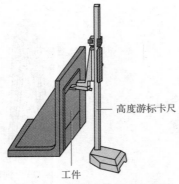

高度游标卡尺

工件

图 5-231 用高度游标卡尺划线

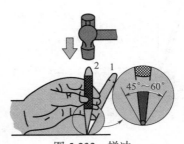

45°～60°

图 5-232 样冲

1—对准位置；2—冲眼

（3）钳工的工作内容

① 划线 是在某些工件的毛坯或半成品上按零件图样要求的尺寸划出加工界线或找正的一种方法。划线能明确地表示出加工余量、加工位置或加工位置的找正线，作为加工工件或装夹工件的依据。图 5-233 所示为划线的种类。

② 錾削 用手锤打击錾子对金属进行切削加工称为錾削（见图 5-234），是钳工常用的加工方法。主要目的是去除毛坯上的凸起、毛刺、浇口帽，切割板料、条料，开槽以及对金属表面进行粗加工等。

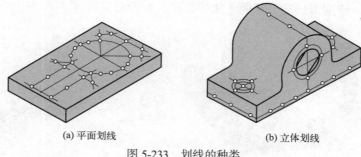

(a) 平面划线   (b) 立体划线

图 5-233　划线的种类

　　a. 錾削平面。一般应先用窄錾间隔开槽［见图 5-235（a）］，再用扁錾錾去剩余部分［见图 5-235（b）］。

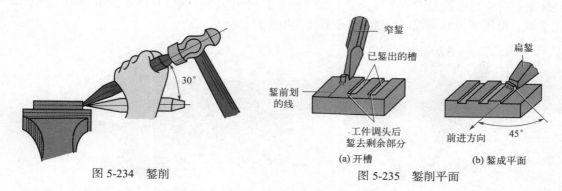

30°

图 5-234　錾削

窄錾
已錾出的槽
錾前划的线
工件调头后錾去剩余部分

(a) 开槽

扁錾
前进方向
45°

(b) 錾成平面

图 5-235　錾削平面

　　b. 錾削油槽。錾削前首先根据图样上油槽的断面形状、尺寸刃磨好油槽錾的切削部分，同时在工件需錾削油槽的部位划线。如图 5-236 所示，錾削时，錾子的倾斜角度需随曲面而变动，以使錾出的油槽光滑且深浅一致。錾削结束后，修光槽边的毛刺。

　　c. 錾切薄板。薄板（厚度 4mm 以下）在台虎钳上进行錾切。如图 5-257（a）所示，将薄板料牢固地夹持在台虎钳上，錾切线与钳口平齐，然后用扁錾沿着钳口并斜对着薄板料（约成 45°）自右向左錾切。当薄板料不能在台虎钳上进行錾切时，可以在铁砧上錾切，如图 5-237（b）所示。

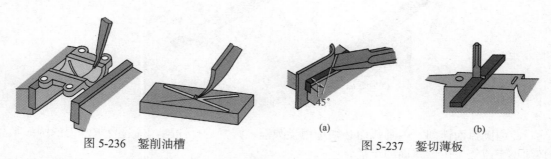

图 5-236　錾削油槽

45°

(a)

(b)

图 5-237　錾切薄板

　　d. 分割板料。当工件轮廓线较复杂时，为了减少工件变形，一般先按轮廓线钻出密集的孔，然后利用窄錾、扁錾逐步錾切，如图 5-238 所示。

　　③ 锉削　用锉刀从工件表面锉掉多余的金属，使工件达到图纸上所要求的尺寸、形状和表面粗糙度（见图 5-239）。锉削可用于成形样板、模具、型腔的加工以及部件、机器装配

时的工件修整等。锉削可以加工平面、曲面、孔、台阶及沟槽等。

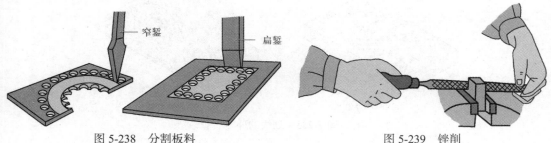

图 5-238　分割板料　　　　　　　　　　图 5-239　锉削

a. 平面锉削。这是锉削中最基本的操作。要锉出面，必须使锉刀的运动保持水平，依靠在锉削过程中逐渐调整两手的压力来实现。粗锉时可用交叉锉法［见图 5-240（a）］，待基本锉平后，可用细锉或光锉以推锉法［见图 5-240（b）］修光。

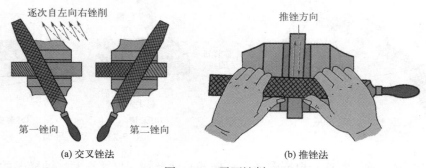

(a) 交叉锉法　　　　　　　　　(b) 推锉法

图 5-240　平面锉削

b. 外圆弧面锉削。常见的外圆弧面锉削方法有顺锉法和横锉法（见图 5-241）。顺锉法切削效率高，适于粗加工；横锉法锉出的圆弧面不会出现棱角，一般用于圆弧面的精加工。

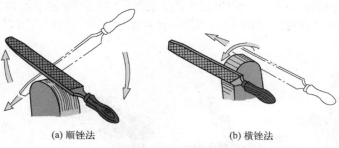

(a) 顺锉法　　　　　　　　　(b) 横锉法

图 5-241　外圆弧面锉削

c. 内圆弧面锉削。内圆弧面必须选用半圆锉、圆锉进行锉削，并且要求锉刀的圆弧半径必须小于或等于内圆弧面的半径。

锉削内圆弧面时，锉刀要同时完成三个运动，即锉刀的前进运动、锉刀沿圆弧方向的左右移动、锉刀沿自身中心线的转动（见图 5-242）。必须使这三个运动同时作用于工件表面，才能保证锉出的内圆弧面光滑、准确。

d. 通孔锉削。要根据通孔的形状、余量和精度选择相应的锉刀（见图 5-243 和图 5-244）。

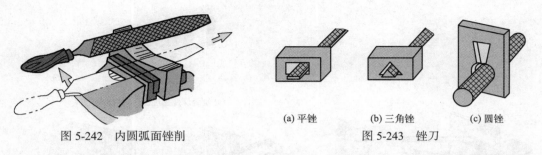

图 5-242 内圆弧面锉削

(a) 平锉　　(b) 三角锉　　(c) 圆锉

图 5-243 锉刀

④ 锯削　是用手锯锯割材料或进行切槽的方法（见图 5-245）。其加工范围如图 5-246 所示。

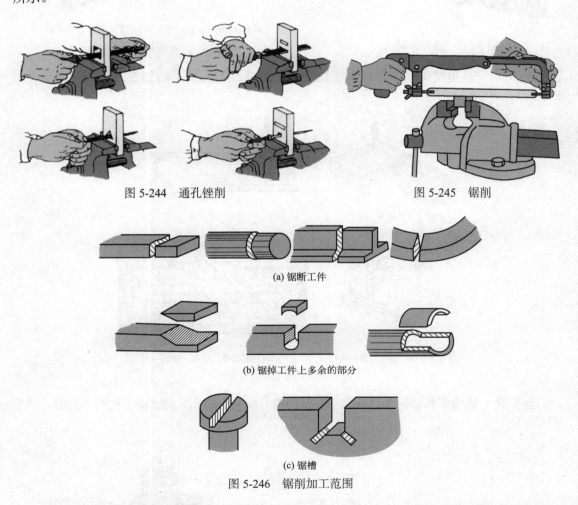

图 5-244 通孔锉削　　图 5-245 锯削

(a) 锯断工件

(b) 锯掉工件上多余的部分

(c) 锯槽

图 5-246 锯削加工范围

a. 薄板锯割。如图 5-247 所示，把薄板直接夹在台虎钳上，用手锯作横向斜推锯，使锯条与薄板接触的齿数增加，避免锯齿崩裂。

b. 深缝锯割。如图 5-248（a）所示，当锯缝深度超过锯弓高度时，应将锯条转过 90°重新安装，使锯弓转到工件的旁边，平握锯柄进行锯割，如图 5-248（b）所示。当锯弓横过来其高度仍不够时，也可把锯条安装成使锯齿朝向锯弓内部进行锯削，如图 5-248（c）所示。

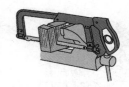

(a) 锯缝深度超过锯弓高度

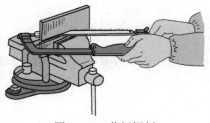

图 5-247　薄板锯割

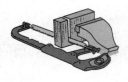

(b) 将锯条转过90°安装

(c) 将锯条转过180°安装

图 5-248　深缝锯割

⑤ 钻孔　是用钻头在实体材料上加工孔的方法。钻孔属于粗加工。钻孔时的装夹如图 5-249 所示。

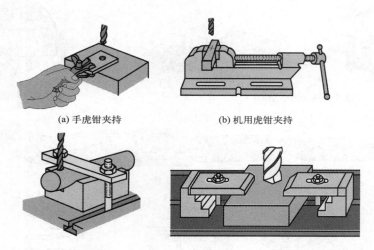

(a) 手虎钳夹持　　　　　　　　　　(b) 机用虎钳夹持

(c) 用V形铁、压板、螺栓夹持　　　　(d) 用梯形铁、压板、螺栓夹持

图 5-249　钻孔时的装夹

⑥ 扩孔　是用扩孔钻扩大已有孔（锻出、铸出或钻出的孔）的方法（见图 5-250），属于半精加工。

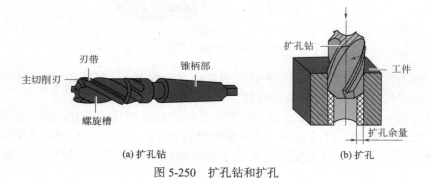

(a) 扩孔钻　　　　　　　　　　　(b) 扩孔

图 5-250　扩孔钻和扩孔

⑦ 铰孔　是用铰刀对孔进行加工的方法（见图 5-251），属于精加工。

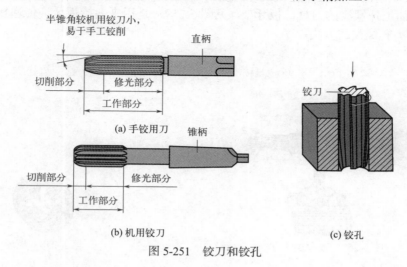

图 5-251　铰刀和铰孔

⑧ 锪孔　在零件加工过程中，常遇到如图 5-252 所示的孔口形状，这时需用锪孔的方法加工。用锪钻改变已有孔的端部形状的操作称为锪孔（见图 5-253 和图 5-254），这种加工方法多用在扩孔之后，俗称划窝。

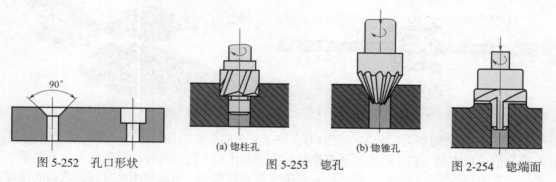

图 5-252　孔口形状　　　　图 5-253　锪孔　　　　图 2-254　锪端面

⑨ 攻螺纹和套螺纹

a. 攻螺纹。用丝锥在工件孔中切削出内螺纹的加工方法称为攻螺纹（俗称攻丝），攻螺纹的刀具如图 5-255 所示，图 5-256 所示的是攻螺纹时用于夹持丝锥的工具。攻螺纹的方法如图 5-257 所示。

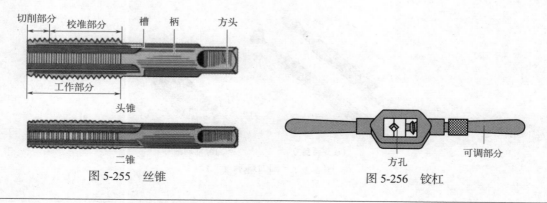

图 5-255　丝锥　　　　　　　　　图 5-256　铰杠

b. 套螺纹。用板牙在圆棒上切出外螺纹的加工方法称为套螺纹（俗称套扣）。板牙（见图 5-258）是加工外螺纹的刀具，板牙架（见图 5-259）是用来夹持板牙、传递扭矩的工具。图 5-260 所示为套螺纹的方法。

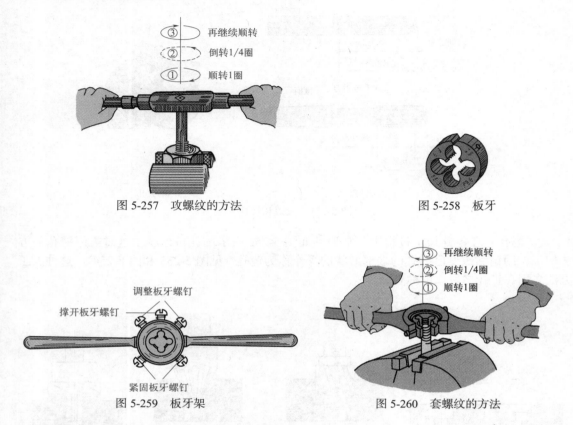

图 5-257　攻螺纹的方法

图 5-258　板牙

图 5-259　板牙架

图 5-260　套螺纹的方法

⑩ 刮削　是利用刮刀刮掉工件表面不合格部分金属薄层的加工方法，刮削属于精加工。同时在刮削过程中刮刀对工件表面还有推挤和压光的作用，使工件硬度得到提升。刮削是手工操作，它的切削力、切削量、切削热、切削变形等都很小，因此刮削后可获得很高的精度及很小的表面粗糙度。并且刮削后的表面会形成微型凹坑，这样就创造了很好的存油条件，可以提高润滑性能和减小摩擦。

a. 刮刀种类。刮削加工所使用的刀具称为刮刀，它有不同的分类方法，如图 5-261、图 5-262 所示。

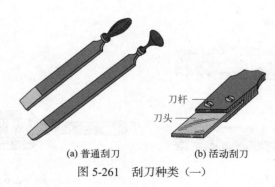

(a) 普通刮刀　　　　　(b) 活动刮刀

图 5-261　刮刀种类（一）

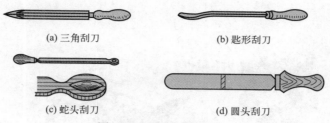

(a) 三角刮刀   (b) 匙形刮刀

(c) 蛇头刮刀   (d) 圆头刮刀

图 5-262　刮刀种类（二）

b. 刮削操作方法。如图 5-263（a）所示，挺刮法是将刀柄顶在小腹右下侧，双手合拢握住距刀头约 80cm 处，刮削时刀头下压，身体推动刀柄向前运动，一次刮削到位后双手迅速提起刀头完成一次刮削。如图 5-263（b）所示，手刮法是右手握刀柄，左手四指向下握住距刀头约 50cm 处，刮刀与被刮工件表面成 25°～30° 角，刮削时上身前倾，右手使刮刀向前运动，左手下压力度要轻，刮到指定位置时左手抬起，这样就完成了一个刮削动作，重复此动作直至工件达到预期精度。

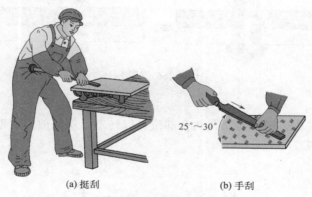

(a) 挺刮   (b) 手刮

图 5-263　刮削方法

c. 刮削精度检验。用校准平板、直尺、显示剂等检验刮削精度。刮削精度常用刮削研点（接触点）的数目来表示，在边长为 25mm 的正方形面积内研点的数目越多精度越高（见图 5-264）。

⑪ 研磨　是用研磨工具（研具）和研磨剂从工件表面磨掉一层极薄的金属（见图 5-265），使工件获得精确的尺寸、形状和极小的表面粗糙度的加工方法。

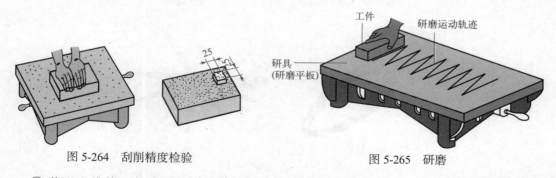

图 5-264　刮削精度检验　　　　　　图 5-265　研磨

⑫ 装配和维修。装配是将零件按装配工艺过程组装起来，并经过调整、试验使之成为合格产品。维修是对已损坏或精度达不到要求的产品进行修复。

5.7.2 铇接

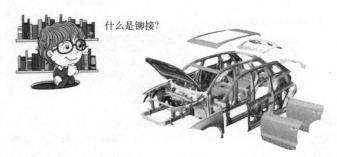

什么是铆接?

将铆钉穿过被铆接件上的预制孔，使两个或两个以上的被铆接件连接在一起，构成不可拆连接，称为铆钉连接，简称铆接（见图 5-266）。

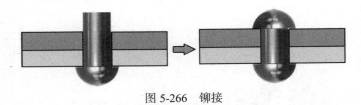

图 5-266 铆接

（1）铆接种类

① 活动铆接 又称铰链铆接，其结合部位可以转动。例如剪刀、划线规、钳子、塞尺等的铆接（见图 5-267）。

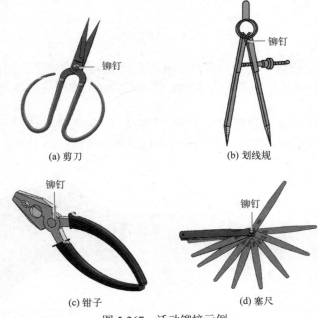

(a) 剪刀

(b) 划线规

(c) 钳子

(d) 塞尺

图 5-267 活动铆接示例

② 固定铆接 其结合部位不能转动。可分为：坚固铆接，用于结构需要有足够的强

度，承受强大作用力的地方，如桥梁（见图 5-268）、车辆和起重机等；紧密铆接，用于低压容器及各种气体、液体管路装置；坚固紧密铆接，用于高压容器，这种铆接不但能承受很大压力，而且接缝非常紧密，即使在较大压力下，液体或气体也不会渗漏，一般用于锅炉（见图 5-269）、压缩空气罐及其他高压容器等。鞋子上鞋带穿过的小孔也是用铆钉铆的（见图 5-270）。

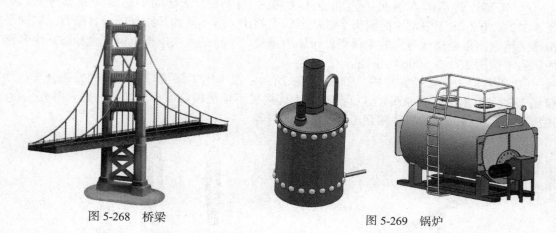

图 5-268　桥梁　　　　　　　　　　　　　图 5-269　锅炉

另外，按铆接方法不同，还可以分为冷铆、热铆、混合铆；按工作方式不同，又有手工铆接和自动铆接之分。

（2）铆钉

常见铆钉如图 5-271 所示。

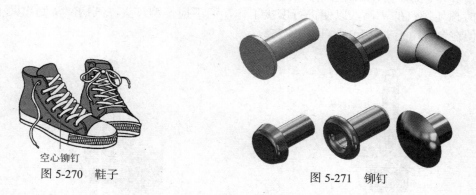

空心铆钉
图 5-270　鞋子　　　　　　　　　　　　　图 5-271　铆钉

①半圆头铆钉：主要用于需承受较大横向载荷的铆接场合，应用最广。

②平锥头铆钉：钉头肥大，能耐腐蚀，常用于船壳、锅炉水箱等腐蚀强烈的铆接场合。

③沉头、半沉头铆钉：主要用于表面需平滑、载荷不大的铆接场合。

④平头铆钉：用于承受一般载荷的铆接场合。

⑤扁平头、扁圆头铆钉：主要用于金属薄板或皮革、帆布、木料等非金属材料的铆接场合。

⑥大扁平头铆钉：主要用于非金属材料的铆接场合。

⑦半空心铆钉：主要用于载荷不大的铆接场合。

⑧ 无头铆钉：主要用于非金属材料的铆接场合。

⑨ 空心铆钉：重量轻，钉头弱，用于载荷不大的非金属材料的铆接场合。

⑩ 管状铆钉：用于非金属材料的不受载荷的铆接场合。

⑪ 标牌铆钉：主要用于铆接铭牌。

（3）铆接工具

① 手锤　常用的有圆头手锤和方头手锤。专门用于铆接的手锤称为铆接手锤（见图 5-272）。它和钳工中常用的圆头手锤从形状上相比，所不同的是锤身较长且略弯。这种手锤铆接箱盒内角处比锤身直的手锤更便于施力敲打。手锤的大小应根据铆钉直径的大小来选用。通常使用 250 ~ 500g 的手锤。

② 压紧冲头、罩模和顶模　如图 5-273 所示，罩模用于铆接时镦出完整的铆合头；顶模用于铆接时顶住铆钉原头，这样既有利于铆接又不损伤铆钉原头。当铆钉插入铆钉孔后，用压紧冲头将被铆合的板件相互压紧（见图 5-274）。

图 5-272　铆接手锤

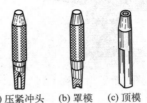

(a) 压紧冲头　(b) 罩模　(c) 顶模

图 5-273　压紧冲头、罩模和顶模

罩模和顶模工作部分大多制成凹球面，用于铆接半圆头铆钉，也可按平头铆钉的头部制成凹形，用于铆接平头铆钉。

罩模和顶模的区别：罩模用于铆接时制出完整的铆合头，柄部常制成圆柱形；顶模用于铆接时顶住铆钉的头部，以便进行铆接工作，而不损伤铆钉头，其柄部常制出两平行平面，以便在台虎钳上夹持稳固（见图 5-275）。

压紧冲头

铆钉

图 5-274　压紧冲头的使用

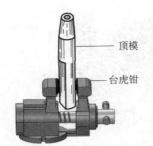

顶模

台虎钳

图 5-275　台虎钳上夹持顶模

③ 铆枪　用于各类金属板材、管材等的紧固铆接，广泛应用在电梯、开关、仪器、家具、装饰等机电和轻工产品的铆接上。为解决金属薄板、薄管焊接螺母易熔，攻内螺纹易滑扣等缺点，开发了不需要焊接螺母、攻内螺纹的拉铆产品。

图 5-276 所示为手持铆枪，图 5-277 所示为手动双把拉铆枪。手动双把拉铆枪使用最为广泛，其操作方便，特别适于广告牌制作。图 5-278 所示为自动拉铆枪，能够实现自动送料及自动拉铆，通过自动吸气回收铆钉的拉杆废料，储存到指定容器内，满足自动化拉铆要求。图 5-279 所示为拉铆螺母用气动铆枪。

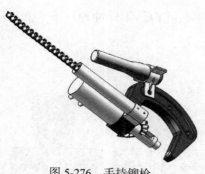

图 5-276 手持铆枪

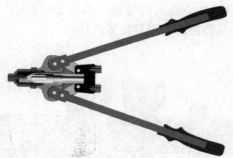

图 5-277 手动双把拉铆枪

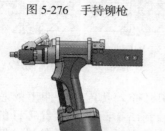

图 5-278 自动拉铆枪

图 5-279 拉铆螺母用气动铆枪

（4）铆钉直径与长度的确定

铆钉的直径与被连接件的最小厚度有关。铆钉直径一般为板厚的 1.8 倍。

铆钉的长度应等于铆接板料总厚度与铆钉伸出长度之和。铆钉伸出长度必须合适，过长或过短都会造成废品。一般情况下，半圆头铆钉的伸出部分长度，应为铆钉直径的 1.25～1.5 倍；沉头铆钉的伸出部分长度，应为铆钉直径的 0.8～1.2 倍；空心铆钉的伸出部分长度，应为 2～3mm；抽芯铆钉的伸出部分长度，应为 3～6mm。

（5）手工铆接的方法

① 半圆头铆钉的铆接　如图 5-280 所示，将工件彼此贴合，按划线钻孔，孔口倒角（图中未示出），将铆钉插入孔内，用压紧冲头压紧板料，镦粗铆钉伸出部分，初步捶打成形，最后用罩模修整。

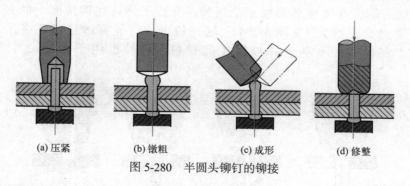

(a) 压紧　　　　(b) 镦粗　　　　(c) 成形　　　　(d) 修整

图 5-280 半圆头铆钉的铆接

② 沉头铆钉的铆接　既可以用现成的沉头铆钉铆接，也可以用圆钢截断后代替沉头铆钉铆接。用圆钢截断后作为铆钉的铆接过程如图 5-281 所示，将工件彼此贴合，按划线钻孔，孔口倒角，将铆钉插入孔内，在正中镦粗面 1 和面 2，然后铆面 2、面 1，修平高出部分。用现成的沉头铆钉铆接，只要将铆合头一端的材料经铆打填平沉头座即可。

③ 空心铆钉的铆接　如图 5-282 所示，将铆钉插入孔内，用样冲冲一下，然后用特殊的冲头使翻开的铆钉贴紧工件。

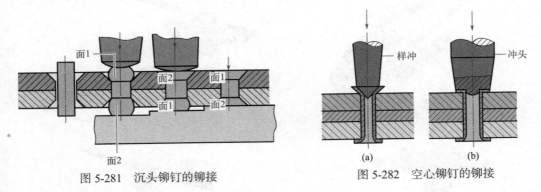

图 5-281　沉头铆钉的铆接　　　　图 5-282　空心铆钉的铆接

④ 抽芯铆钉的铆接　如图 5-283 所示，将抽芯铆钉插入孔内，将伸出的芯杆插入拉铆枪头部的孔内，然后启动拉铆枪。由于芯杆的一端制出了凸缘，随着芯杆的抽出，使伸出的钉套在凸缘作用下自行膨胀成铆合头，待工件铆牢后，芯杆即在凹槽处断开而被抽出。

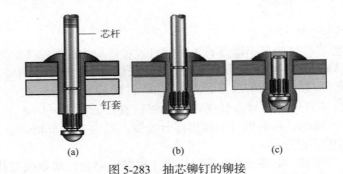

图 5-283　抽芯铆钉的铆接

⑤ 灯笼型抽芯铆钉的铆接　灯笼型抽芯铆钉适用于普通抽芯铆钉难以铆接的场合。灯笼型抽芯铆钉在铆接后形成三个折脚，分散了铆钉在铆接面上的夹紧力，使铆接后的铆钉受力面积增大（见图 5-284）。这一特点使灯笼型铆钉广泛应用于塑料、玻璃、橡胶、木制品等，不易损坏被铆接的材料，另外也用于铆接尺寸大或不规则的孔。

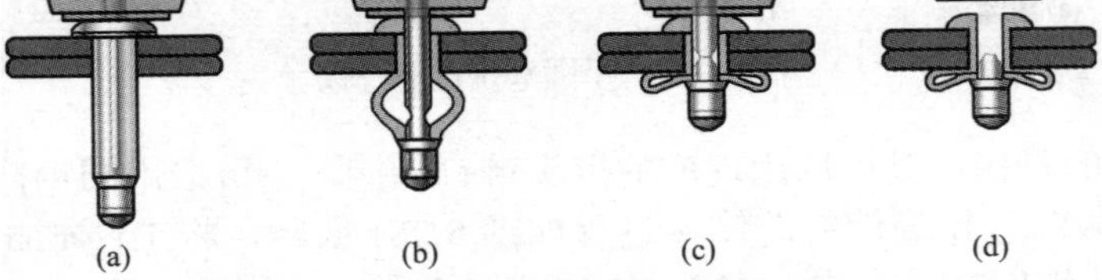

图 5-284　灯笼型抽芯铆钉的铆接

⑥ 击芯铆钉的铆接　将击芯铆钉插入孔内，用手锤敲击钉芯，当钉芯敲到与铆钉头相平时，钉芯即被击至铆钉杆的底部，铆钉杆伸出铆接件的部分沿印痕向四面胀开，铆合后形成美观的四角形（见图 5-285）。

（6）铆钉的拆卸方法

要拆除铆钉，只有先将铆钉一端的钉头毁坏，然后用冲头把铆钉从孔中冲出。对于一般的铆接件，可直接錾去钉头，再用冲头将铆钉冲出钉孔。当铆接件的表面不允许损坏时，可用钻孔方法拆卸。

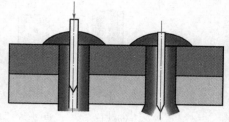

图 5-285　击芯铆钉的铆接过程

例如，拆卸半圆头铆钉时，可先把钉头略微敲平或锉平，用样冲冲出中心眼，再用钻头钻孔（钻孔深度为铆合头的高度），然后用一合适的铁棒插入钻孔中，将铆钉折断，最后用冲头冲出铆钉（见图 5-286）。

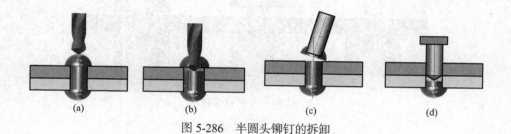

(a)　　　　　　(b)　　　　　　(c)　　　　　　(d)

图 5-286　半圆头铆钉的拆卸

（7）其他铆接技术

① 锁铆铆接　锁铆铆钉在外力的作用下，与被铆接件形成一个相互镶嵌的塑性变形的铆钉连接。锁铆结构的几个关键点如图 5-287 所示，锁铆铆接如图 5-288 所示。

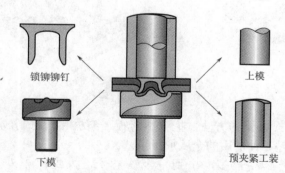

锁铆铆钉　　　　　　　　　　　上模

下模　　　　　　　　　　　预夹紧工装

图 5-287　锁铆结构的关键点

② 无铆钉铆接　是利用板件本身的冷变形能力，对板件进行压力加工，使板件产生局部变形，从而将板件连接在一起的板件连接技术。这是一种不需额外连接件的板件连接方式，不需点焊即可实现不同材料的两层或多层板件的连接，对板件表面无任何要求，表面有镀层、喷漆的板件不需处理即可直接连接，且不损伤工件表面，无连接变形。

如图 5-289 所示，通过无铆钉铆接技术特有的软接触技术将板件预压，将凸模压入上板件；凸模将被连接件压入凹模，材料在凹模内由于板件本身的塑性冷挤压变形而"流动"；

凸模继续施加压力，形成一个上下板件之间相互咬合镶嵌的且具有抗剪、抗拉铆接强度的铆点。

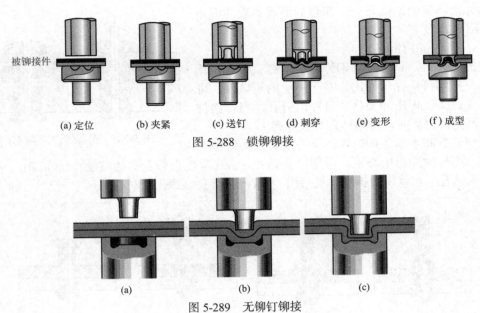

(a) 定位　　(b) 夹紧　　(c) 送钉　　(d) 刺穿　　(e) 变形　　(f) 成型

图 5-288　锁铆铆接

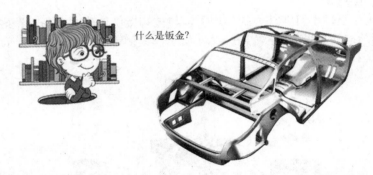

(a)　　　　　　(b)　　　　　　(c)

图 5-289　无铆钉铆接

5.7.3　钣金加工

什么是钣金？

钣金加工指用手工或机械的方法，把金属薄板、型材和管材制成具有一定形状、尺寸和精度的零件的操作，是一种常用的金属加工工艺。

在日常生活中钣金产品很多，小到一个铁盒子，大到汽车外壳、飞机蒙皮等（见图 5-290 ～图 5-293），都会用到钣金工艺。

（1）钣金手工成形

钣金手工成形是利用相应的工具对薄铁板、薄铝材等金属坯料施加外力，使之发生塑性变形或剪断分离，从而成为具有预期形状和性能的零件的加工方法。钣金手工成形加工技术包括弯曲、收边、放边、拱曲、卷边、咬缝、制筋及拔缘等。

① 划线　是指根据图样或工件的尺寸，准确地在材料表面划出加工界线的操作。划线量具和工具有直角尺、钢板尺、角度尺、样冲、划规等（见图 5-294）。根据钣金件展开的放样进行划线。

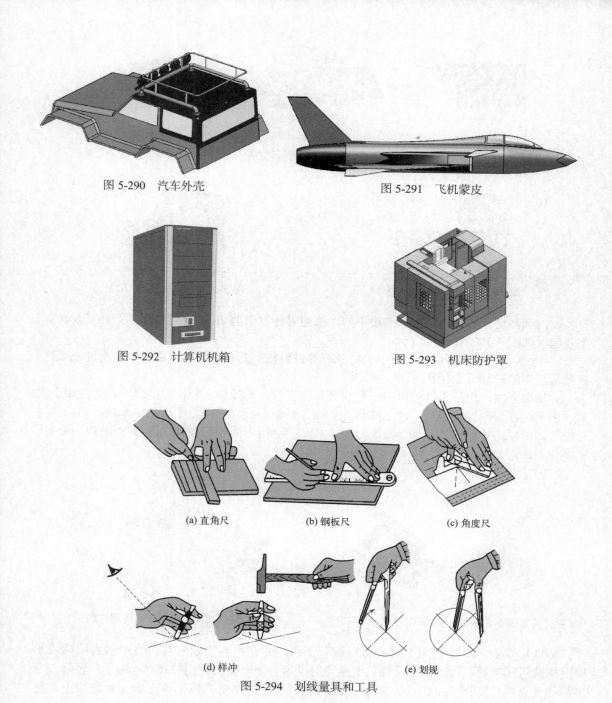

图 5-290　汽车外壳

图 5-291　飞机蒙皮

图 5-292　计算机机箱

图 5-293　机床防护罩

(a) 直角尺　　　　　　(b) 钢板尺　　　　　　(c) 角度尺

(d) 样冲　　　　　　(e) 划规

图 5-294　划线量具和工具

②下料　划线后就要进行剪切了，这里主要介绍手工剪切下料的方法。

a. 直线剪切。剪切短料直线时，被剪去的部分，一般都放在剪刀的右面，如图 5-295（a）所示。剪切长料或宽板的长直线时，必须将被剪去的部分放在左面，以使被剪去的部分向上弯曲，如图 5-295（b）、（c）所示。

b. 外圆剪切。剪切外圆应从左边下剪，按顺时针方向剪切，边料会随着剪刀的移动而向上卷起，如图 5-296 所示，若边料较宽，可采取剪直线的方法。

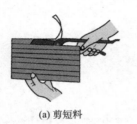
(a) 剪短料

(b) 剪长料

(c) 剪切板料

图 5-295　直线的剪切方法

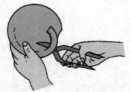
图 5-296　外圆的剪切方法

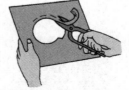
图 5-297　内圆的剪切方法

　　c. 内圆剪切。剪切内圆应从右边下剪，按逆时针方向剪切，边料会随着剪刀的移动而向上卷起，如图 5-297 所示。

　　③ 弯曲　手工弯曲是指利用手工将薄板等材料按所要求的形状弯曲成一定角度或弧度，它是最基本的一种钣金操作方法。

　　a. 角形弯曲。角形工件的弯曲一般在夹具上进行。在板料上划出弯曲线，在台虎钳上夹紧，用木锤在根部轻轻敲打，使之成形 [见图 5-298（a）]，根据需要可垫一木块，然后再进行敲打，可以防止翘曲 [见图 5-298（b）]。图 5-299 所示为利用角钢（也常称角铁）和台虎钳夹持工件弯曲。

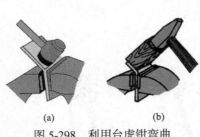
(a)　　　　　(b)
图 5-298　利用台虎钳弯曲

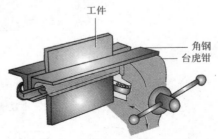
工件
角钢
台虎钳
图 5-299　利用角钢和台虎钳弯曲

　　b. U 形弯曲。首先按图 5-300（a）展开下料，并在板料上划好弯曲线；然后用两块小厚度规铁将其夹紧在台虎钳上，规铁上棱边对准第一条弯曲线，用拍板（或锤子）轻敲，弯出第一个直角，如图 5-300（b）所示；再用角钢和大厚度规铁将工件夹紧在台虎钳上，规铁上棱边对准第二条弯曲线，弯出第二个直角，如图 5-300（c）所示。

　　c. 口形弯曲。首先按图 5-301（a）展开下料，并在板料上划好弯曲线；然后用两块小厚度规铁将其夹紧在台虎钳上，规铁上棱边对准 a 线，用拍板（或锤子）轻敲，弯曲成直角，如图 3-301（b）所示；再用角钢和大厚度规铁将工件沿 b 线弯曲成 U 形，如图 5-301（c）所示；最后用见方的规铁按 c、d 线弯曲，完成口形合拢，如图 5-301（d）所示。

　　d. 弧形弯曲。

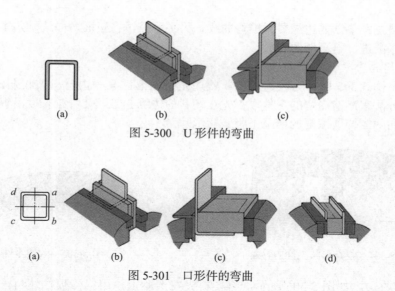

图 5-300　U 形件的弯曲

图 5-301　口形件的弯曲

ⅰ. 圆柱面弯曲。首先在坯料上划出与弯曲轴线平行的等分线，作为弯曲时的基准线，然后准备一段合适的槽钢（或钢轨）作为胎具。弯曲时，首先将坯料的两端预弯，然后在槽钢（或钢轨）上边转动，边沿划好的等分线敲击坯料，使坯料逐渐弯曲，如图 5-302（a）所示；再在砧铁上进行合拢，如图 5-302（b）所示；当坯料边缘接触时，进行施焊，并在槽钢或钢轨上敲打成圆；最后在圆钢上校圆，如图 5-302（c）所示。

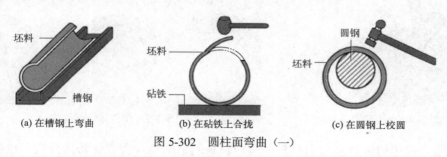

(a) 在槽钢上弯曲　　　　　(b) 在砧铁上合拢　　　　　(c) 在圆钢上校圆

图 5-302　圆柱面弯曲（一）

也可以采用图 5-303 所示的方法进行圆柱面弯曲。在坯料上划出若干条弯曲线，作为弯曲时锤击的基准线，利用圆钢弯曲坯料的两端［见图 5-303（a）］，圆钢半径应略小于或等于所需的弯曲半径；将两端弯好的坯料放在两平行圆棒上，沿弯曲线均匀锤击，锤击时由两端向中间进行［见图 5-303（b）］；把圆筒套在圆钢上进行校圆［见图 5-303（c）］。

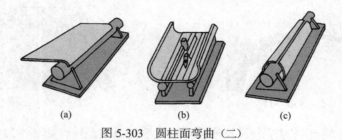

(a)　　　　　　(b)　　　　　　(c)

图 5-303　圆柱面弯曲（二）

ⅱ. 复杂形状工件的弯曲。如图 5-304 所示，用垫铁和手锤配合进行弯曲，一手持垫铁在工件背面垫托，垫铁的边缘要对准弯曲线，另一手持锤在正面弯曲线处敲击，边敲击边移动垫铁，循序渐进，直至弯曲完成。

④ 收边与放边

a. 收边。图 5-305 所示为收边零件。收边是指角形件某一边材料被收缩，用长度减小、厚度增大的方法来制造内弯的零件。首先在坯料的边缘起皱，使纤维长度沿纵向变短，然后在防止皱褶向两侧伸展恢复的情况下将皱褶消除。

图 5-304　复杂形状工件的弯曲

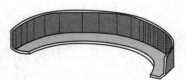

图 5-305　收边零件

i. 搂弯收边。如图 5-306 所示，将坯料夹在型胎上，用铝棒顶住坯料，用木锤敲打顶住部分，使板料弯曲逐渐被收缩靠胎。

ii. 用折皱钳起皱收边。用折皱钳起皱，在砧铁上用木锤敲平，如图 5-307 所示。折皱钳用 8 ～ 10mm 的钢丝弯曲后焊成，表面需光滑，以免划伤工件。

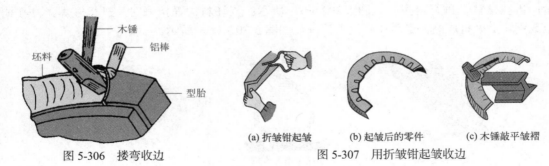

图 5-306　搂弯收边

(a) 折皱钳起皱　　(b) 起皱后的零件　　(c) 木锤敲平皱褶

图 5-307　用折皱钳起皱收边

b. 放边。利用角形件某一边材料变薄伸长来制造曲线弯边零件称为放边。放边零件如图 5-308 所示。

i. 打薄放边。制造凹曲线弯边的零件，可在砧铁或平台上锤放角形坯料边缘，使材料变薄，面积增大，弯边伸长。锤放时，注意锤放力度，使靠近内缘的材料伸长较小（见图 5-309）。

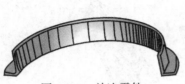

图 5-308　放边零件

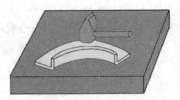

图 5-309　打薄放边

ii. 拉薄放边。将坯料置于厚橡胶或软木墩上捶打放边部位，如图 5-310 所示。因为橡胶和软木墩比较软且有弹性，所以坯料被伸展拉长。用拉薄放边的方法获得的工件厚薄均匀，表面质量较高，但锤放效果较差，在变形过程中易产生拉裂，故适用于坯料较薄的零件。

ⅲ. 型胎放边。对弯边较高、展放量大的凹曲线弯边零件，可采用型胎放边。将板材夹在型胎上，用木锤敲击顶木，顶木冲击板材使其伸展，如图 5-311 所示。

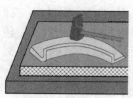

图 5-310　拉薄放边

图 5-311　型胎放边

⑤ 拱曲与卷边

a. 拱曲。将平板用手工锤击成曲面形状的零件，通过板料周边起皱向里收，中间打薄向外拉，这样反复进行，使板料逐渐变形得到所需的形状。拱曲零件一般底部变薄。拱曲可以分为冷拱曲和热拱曲。

ⅰ. 冷拱曲。板料在常温下，使用手锤、顶杆和胎模等，对板料施加外力，使之发生塑性变形，从而成为具有预期形状和性能的零件。

• 用顶杆手工拱曲。这种方法用于拱曲深度较大的零件，如图 5-312 所示。拱曲时，首先将板料边缘制出皱褶，然后在顶杆上将边缘的皱褶打平，使边缘向内弯曲，同时用木锤轻而均匀地锤击中部，使中部的坯料伸展拱曲。锤击的位置要稍稍超过支撑点，敲打位置要准确，否则容易打出凹痕，甚至打破。

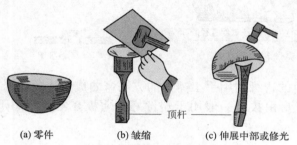

(a) 零件　　　(b) 皱缩　　　(c) 伸展中部或修光

图 5-312　用顶杆手工拱曲

• 用胎模手工拱曲。一般尺寸较大、深度较浅的零件，可直接在胎模上进行拱曲，如图 5-313 所示。将坯料压紧在胎模上，用手锤从边缘逐渐向中心锤击。

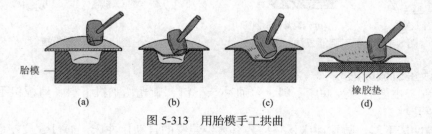

胎模

橡胶垫

(a)　　　　(b)　　　　(c)　　　　(d)

图 5-313　用胎模手工拱曲

ⅱ. 热拱曲。通过加热使板料拱曲，一般用于板料较厚、形状比较复杂以及尺寸较大的零件，如图 5-314 所示。

热拱曲和冷拱曲的区别在于，冷拱曲是借助外力使坯料边缘收缩、中部伸展，而热拱曲是局部加热坯料后使其冷却收缩变形。

207

图 5-314　局部加热产生拱曲

b. 卷边。将板件的边缘卷起来，其目的是增强边缘的刚度和强度。常见的卷边形式有空心卷边和夹丝卷边，分别如图 5-315 和图 3-316 所示。

夹丝卷边是在卷边内嵌入一根铁丝，以加强边缘的刚性，铁丝直径为板料厚度的 4 ～ 7 倍，包卷铁丝的边缘宽度应不大于铁丝直径的 2.5 倍（见图 5-317）。

⑥ 咬缝与制筋

a. 咬缝。将两块板料的边或一块板料的两边折弯扣合并彼此压紧的连接方式称为咬缝。咬缝比较牢固，在许多场合可代替焊接。

图 5-315　空心卷边

图 5-316　夹丝卷边

b. 制筋。金属薄板由于其厚度较小，若仅以其平面形式作为钣金件使用，则刚度太低，极易产生凹陷变形，影响整体美观和承载能力。在钣金件表面上制出各种凸筋，可以提高其刚度和使用性能，增加美感。筋条的截面一般为圆弧形和三角形，也有矩形、梯形等，如图 5-318 所示。手工制筋方法如图 5-319 所示。

卷成的铁丝　不大于铁丝直径的2.5倍

图 5-317　夹丝卷边要求

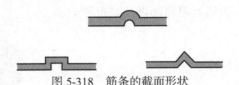

图 5-318　筋条的截面形状

⑦ 拔缘　将板料的边缘利用手工锤击的方法弯曲成竖边。拔缘可以采用自由拔缘和型胎拔缘两种方法。自由拔缘一般用于塑性好的薄板在常温状态下的弯边，如图 5-320 所示。

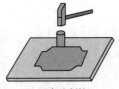

(a) 用扁冲制筋

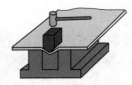

(b) 用简易模具制筋

图 5-319　手工制筋方法

板料　砧铁

(a)

(b)

图 5-320　薄板拔缘

（2）钣金机械成形

① 下料　主要有数控冲床下料、普通冲床下料、激光切割机下料、剪板机下料等，这里简单介绍几种。

a. 数控冲床下料。数控冲床是一种装有数控装置的自动化冲床，通过数控编程指令，使冲床动作并加工零件。通过简单的模具组合，可一次完成多种复杂孔型和浅拉深零件，还可通过小模步冲的方式加工大的圆形孔、方形孔、腰形孔及其他曲线轮廓，也可进行特殊工艺加工，如百叶窗（见图 5-321）、沉孔、翻边孔（见图 5-322）、加强筋（见图 5-323）、压印等，可以快速换型。

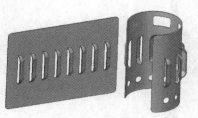

图 5-321 百叶窗

图 5-322 翻边孔

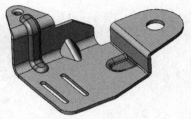

图 5-323 加强筋

数控冲床（见图 5-324）下料时，上、下模位置固定，板料用夹爪固定在工作台上，依靠工作台移动带动板料移动，加工出所需的工件形状。

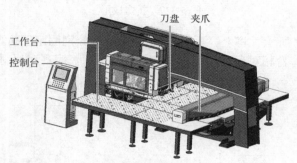

图 5-324 数控冲床

b. 普通冲床下料。普通冲床是通过上、下模的移动，利用落料模冲出所需的形状。普通冲床一般需与剪板机配合，先用剪板机（见图 5-325）剪好条料，再用冲床冲出所需形状。

c. 激光切割机下料。激光切割机（见图 5-326）利用激光发生器发射出的激光的能量熔化金属材料，再利用辅助气体吹除熔融物进行加工，可对板料进行连续切割，得到所需的外形。

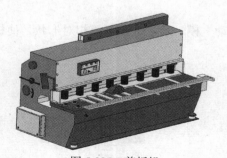

图 5-325 剪板机

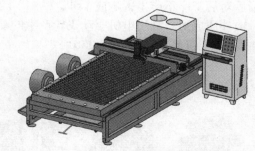

图 5-326 激光切割机

② 成形 主要包括折弯成形和冲压成形。

a. 折弯成形。冲头由液压缸驱动（提供垂直向下的压力），压力大小由四个因素决定，即折弯长度、板料厚度、延展力和折弯半径。如图 5-327 所示，将准备好的板料放置于硬质模具上，冲头由液压缸驱动，向下压迫板料折弯成形，每一次折弯只需几秒，全程由计算机控制，折弯的形状由冲头和模具确定，有标准模具和非标模具。

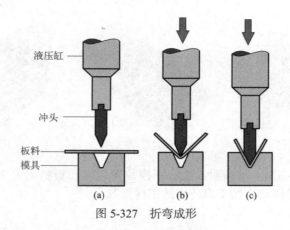

图 5-327　折弯成形

　　折弯机如图 5-328 所示，将上、下模（见图 5-329）分别固定于折弯机的上、下工作台，利用伺服电机驱动工作台相对运动，结合上、下模的形状，实现对板材的折弯成形。有上动式和下动式之分。

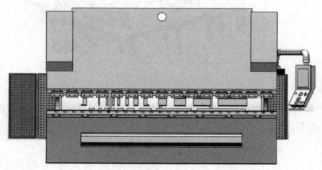

图 5-328　折弯机

　　折弯的基本原则：由内到外；由小到大；先折弯特殊形状，再折弯一般形状；前工序成形后对后工序不产生影响或干涉。

　　b. 冲压成形。利用电机驱动飞轮产生的动力驱动上模，结合上、下模相对形状，使板料发生变形，实现成形（见图 5-330）。

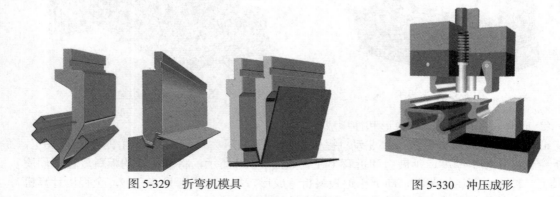

图 5-329　折弯机模具　　　　　　　　　　　　　　图 5-330　冲压成形

第6章
机械制造新技术

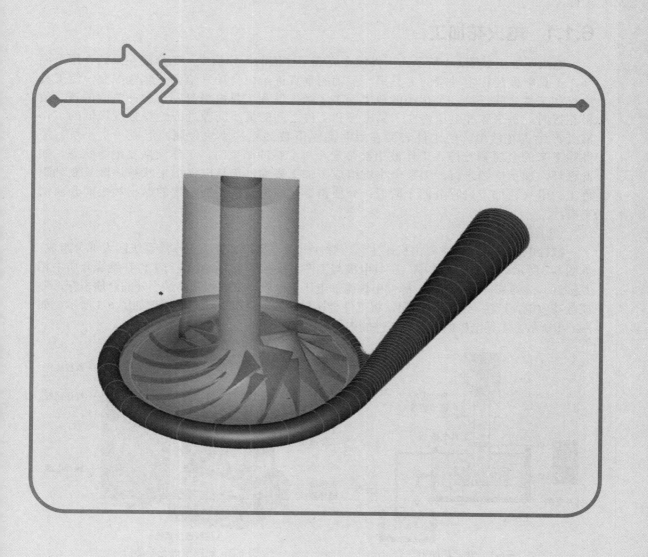

随着科学技术的进步，传统的机械制造技术很难满足需求。特种加工、超精密加工等技术是现代化机械制造技术发展的方向，数控加工技术是现代制造技术的基础，自动化技术也由刚性向柔性转变。

6.1 特种加工

特种加工是直接利用电能、化学能、声能、光能、热能或其与机械能组合等形式将坯料或工件上多余的材料去除，以获得所需几何形状、尺寸精度和表面质量的加工方法。特种加工的特点是不要求工具的材料比被加工材料硬，在加工过程中也不需对工件施加明显的机械力。因此，它可加工难以切削加工的各种材料，如高硬度、高强度、高脆性、高韧性的金属或非金属，同时还可加工各种精密的小零件和形状复杂的零件。

6.1.1 电火花加工

电火花加工如图 6-1 所示。工件放在充满工作液的工作槽中，工作液在泵的作用下循环，工具电极装在主轴端的夹具里，主轴的垂直进给由自动进给调节装置控制，使工具电极和工件之间保持一个很小的放电间隙。当工件和工具电极分别与脉冲电源的正、负极相接时，每个脉冲电压将在工具电极和工件之间的最小间隙处或绝缘强度最低的工作液处产生火花放电，使工件表面在瞬时高温下被蚀除一小块金属，形成一个小坑，被蚀除下来的金属颗粒掉入工作液中被带走。每个脉冲结束时，工作液恢复绝缘状态。如此循环，加工连续进行，无数个小坑组成了加工表面，工具电极的形状被逐渐复制到工件上。电火花加工过程分四个阶段：介质击穿、能量转换、蚀除物的抛出和极间介质消电离。

（1）电火花成形

数控电火花成形机主要由机床主体、脉冲电源、数控装置及工作液系统四大部分组成，如图 6-2 所示。在加工过程中，工具电极与工件不接触。当工具电极与工件在绝缘介质中相互接近，达到某一小距离时，脉冲电源施加电压把电极与工件间距离最小处的介质击穿，形成脉冲放电，产生局部瞬时高温，将工件金属材料蚀除。电火花成形原理如图 6-3 所示。如图 6-4 所示，工具电极的外形即工件的内形。

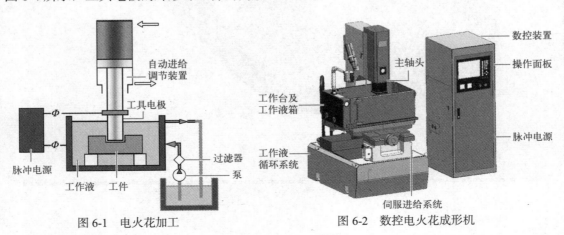

图 6-1　电火花加工

图 6-2　数控电火花成形机

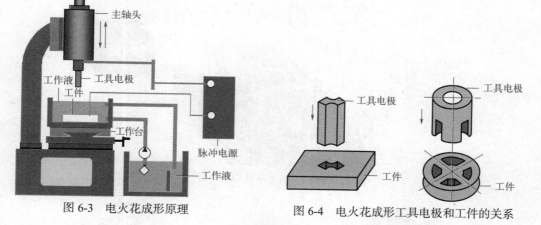

图 6-3 电火花成形原理　　　　　　图 6-4 电火花成形工具电极和工件的关系

（2）电火花线切割

① 工作原理　电火花线切割机主要由床身、工作台、走丝机构、工作液循环系统、脉冲电源、数控装置等组成，如图 6-5 所示。

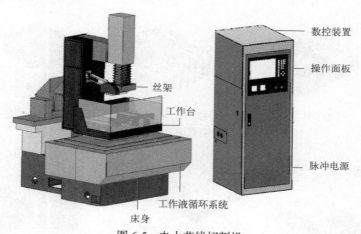

图 6-5 电火花线切割机

如图 6-6 所示，电极丝穿过工件上预先钻好的小孔，经导向轮由储丝筒带动作往复交替移动，工件通过绝缘垫安装在工作台上，工作台在水平面 X、Y 两个坐标方向各自按给定的控制程序移动而合成任意平面曲线轨迹。脉冲电源对电极丝与工件施加脉冲电压，电极丝接脉冲电源的负极，工件接脉冲电源的正极。当来一个电脉冲时，在电极丝和工件之间产生一次火花放电，在放电通道的中心温度瞬时可高达 10000℃ 以上，高温使工件金属熔化，甚至有少量汽化，高温也使电极丝和工件之间的工作液部分产生汽化，汽化后的工作液和金属蒸气瞬间迅速热膨胀，并具有爆炸的特性。这种热膨胀和局部微爆炸，将熔化和汽化了的金属材料抛出，从而实现对工件材料进行电蚀切割。

② 加工范围　如图 6-7 和图 6-8 所示，电火花线切割可以完成一般传统加工手段所不能完成的许多加工内容，为新产品试制、精密零件加工及模具制造开辟了一条新的工艺途径。电火花线切割主要应用于以下几个方面。

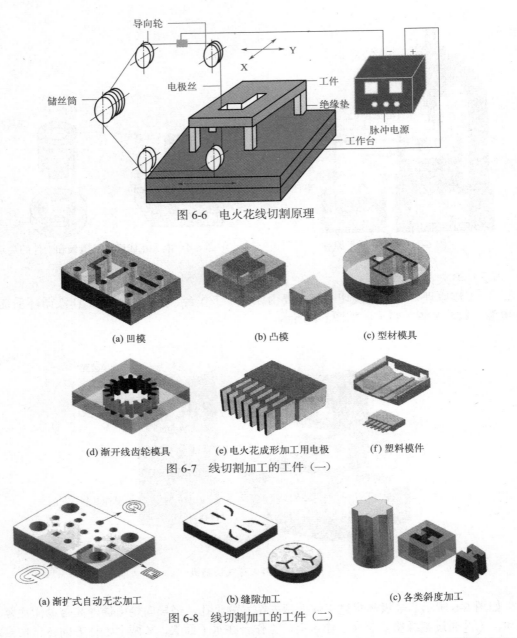

图 6-6　电火花线切割原理

(a) 凹模　　　　　　(b) 凸模　　　　　　(c) 型材模具

(d) 渐开线齿轮模具　　(e) 电火花成形加工用电极　　(f) 塑料模件

图 6-7　线切割加工的工件（一）

(a) 渐扩式自动无芯加工　　　(b) 缝隙加工　　　(c) 各类斜度加工

图 6-8　线切割加工的工件（二）

　　a. 加工高硬度模件。电火花线切割非常适于切割用硬质合金、淬火钢等高硬度材料制作的模件和样板等。

　　b. 加工具有细微异形孔、槽的模件。电火花线切割采用很细的电极丝作切割工具，适于各种形状的模件加工，尤其是那些形状复杂、带有尖角窄缝的小型凹模的型孔，可采用整体结构，在淬火后进行电火花线切割加工。

　　c. 切割成形电极。电火花穿孔加工用的电极、带有锥度的型腔电极以及铜钨、银钨合金材料的电极，用电火花线切割加工比较经济。

　　d. 同时加工一套模件。由于线切割的加工间隙可以控制得很小，在数控伺服驱动条件下，可以把加工精度控制在 0.01 ～ 0.001mm 范围内，而且凸模、凹模、凸模固定板及卸料板等同一套模件，可以采用同一个加工程序进行电火花线切割加工。此外，电火花线切割还可以加工挤压模、粉末冶金模、弯曲模、塑压模以及带锥度的模件等。

e. 贵金属下料。由于电火花线切割加工所消耗的工件材料极少，而且电极丝本身也可以很细，可以用其切割贵金属。

6.1.2 电化学加工

（1）电解加工原理

电解加工是利用电化学阳极溶解原理进行加工的方法。如图 6-9 所示，工件（阳极）接直流电源的正极，成形工具（阴极）接直流电源的负极。工具向工件缓慢进给，两极间保持较小的间隙，具有一定压力的电解液从间隙中流过。此时阳极金属溶解，被高速流动的电解液带走，最终在工件上留下工具的形状。

电解加工的生产率极高，约为电火花线切割加工的 5 ～ 10 倍；电解加工可以加工形状复杂的型面（如汽轮机叶片）或型腔（如模具型腔）；电解加工的工具不与工件直接接触，加工中无切削力作用，加工表面无冷作硬化和

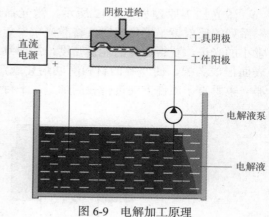

图 6-9　电解加工原理

残余应力，加工表面周边无毛刺，能获得较高的加工精度和表面质量，工件尺寸误差可控制在规定范围内；电解加工的工具电极无损耗，可长期使用。

电解加工广泛应用于加工型孔、型面、型腔、炮筒膛线等，并常用于倒角和去毛刺。另外，电解加工与切削加工相结合（如电解磨削、电解珩磨、电解研磨等），往往可以取得很好的加工效果。

（2）电解磨削

电解磨削是一种特殊形式的电解加工，其原理如图 6-10 所示。高速旋转的导电磨轮通过主轴及电刷与低压直流电源的负极相连，放在工作台上的工件接电源正极。工件被压与磨粒靠近，两者保持一定的间隙，电解液喷嘴向间隙中喷射电解液。当接通电源后，工件表面发生电化学阳极溶解，其表面上形成一层氧化膜，由高速旋转的磨轮磨削去除，并被电解液带走，而新的工件表面继续电解。这样，电解作用与磨削作用交替进行，直到达到加工要求。在加工中大部分材料靠电解作用去除，仅有少量材料是靠磨粒的机械作用去除的。

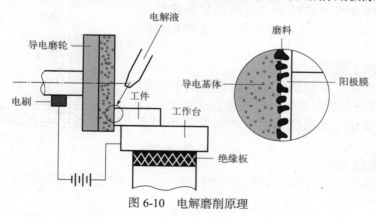

图 6-10　电解磨削原理

电解磨削由于集中了电解加工和机械磨削的优点，因此应用范围广，可用于内圆和外圆磨削、平面磨削、工具磨削、成形磨削。难加工的小孔、深孔、薄壁件，如蜂窝器、薄壁管或外壳、注射针头（见图6-11）等都可采用电解磨削进行加工。

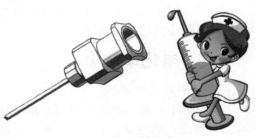

图6-11　注射针头

6.1.3　激光加工

激光加工原理如图6-12所示，激光器通过一系列的反射镜、聚焦透镜，将激光束聚焦成非常小的光斑，获得很高的能量密度，照射到工件表面形成高温，使坚硬的材料瞬间熔化或汽化。激光束垂直于工件方向进行孔的加工，平行于工件方向可以进行切割。

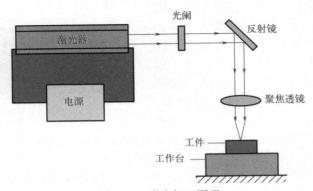

图6-12　激光加工原理

激光加工主要用于激光穿孔、激光切割（可参见4.3.4小节相关内容）、激光焊接（可参见4.3.1～4.3.3小节相关内容）、激光雕刻、激光热处理等，特别适于对坚硬材料上微小孔进行加工，可以加工孔径为0.01～1mm、深径比达到50～100的微小孔。

6.1.4　光刻加工

在微细加工中，光刻加工是其主要加工方法之一，它又称光刻蚀加工或刻蚀加工，简称刻蚀。光刻加工是利用照相复制与化学腐蚀相结合的技术，在工件表面制取精密、微细和复杂薄层图形的化学加工方法，多用于半导体器件与集成电路的制作。

（1）光刻加工原理

如图6-13所示，光刻机发出光，通过有图形的掩模，曝光涂有光刻胶的薄片，光刻胶在遇到光后会发生性质上的变化，从而使掩模上的图形复印到薄片上。

光源
掩模
缩图透镜
即将曝光的晶圆
图6-13　光刻加工原理

（2）光刻加工过程

如图6-14所示，光刻加工过程包括预处理、涂胶、曝光、显影与烘片、刻蚀、剥膜与检查等。

① 预处理 对半导体基片进行脱脂、抛光、酸洗、水洗等操作。

② 涂胶 把光致抗蚀剂涂敷在已镀有氧化膜的半导体基片上。

③ 曝光 由光源发出的光束，经掩模在光致抗蚀剂涂层上成像（称为投影曝光），或将光束聚焦成细小束斑通过扫描在光致抗蚀剂涂层上绘制图形（称为扫描曝光）。

④ 显影与烘片 曝光后的光致抗蚀剂在特定溶剂中把曝光图形显示出来（显影），其后进行 200～250℃ 的高温处理，以提高光致抗蚀剂的强度（烘片）。

⑤ 刻蚀 利用化学或物理方法，将没有光致抗蚀剂部分的氧化膜除去。刻蚀的方法有化学刻蚀、离子束刻蚀、电解刻蚀等。

⑥ 剥膜与检查 用剥膜液去除光致抗蚀剂，剥膜后进行外观、线条、断面形状、物理性能和电学特性等检查。

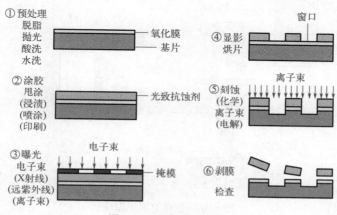

图 6-14 光刻加工过程

6.1.5 电子束加工

电子束加工是在真空状态下，利用高速电子的冲击动能转化成局部热能而进行加工的一种方法。其原理如图 6-15 所示。在真空状态下，电子枪发射出大量电子，经电磁透镜聚焦后成为能量密度极高、直径仅为几微米的电子束。电子束以极高速度轰击工件表面，在轰击处形成局部高温，使工件材料瞬时熔化、汽化（气化），从而达到去除的目的。电磁透镜是一个多匝线圈，通以直流电后便产生磁场，利用磁场力作用可使电子束聚焦。偏转器也是一个多匝线圈，通以不同的交变电流就可产生不同的磁场，用以控制电子束的方向。如果使偏转电流按一定程序变化，就可使电子束按预定的轨迹进行工作。

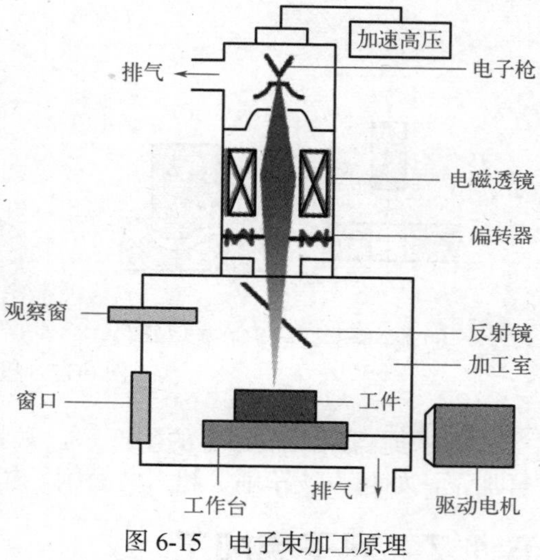

电子束加工常用于高速打孔，最小孔径可达 1～3μm，尺寸精度可达 0.01～0.001μm。此外，电子束加工也可用于加工型孔、弯孔和曲面，切割窄缝，焊接难熔金属和易氧化金属，以及蚀刻和表面热处理等。

图 6-15 电子束加工原理

6.1.6 超声波加工

超声波加工是利用工具头部的高频振动，冲击在工具和工件之间的悬浮液，使悬浮液中的磨料对工件产生连续作用，使工件材料局部破裂，以达到加工目的。

超声波加工原理如图 6-16 所示。加工时，超声波发生器产生的超声频电振动，通过换能器转变为振幅为 0.005 ~ 0.01mm 的超声频机械振动，然后通过变幅杆将振幅放大到 0.1 ~ 0.15mm，并传给变幅杆一端的工具。工具端面的振动迫使工具和工件之间的悬浮液中的磨料以高速不断撞击、抛磨加工区域，使该区域的工件材料粉碎成很细的微粒，且由循环流动的悬浮液带走。随着工具的不断进给，逐渐加工出所需的形状。

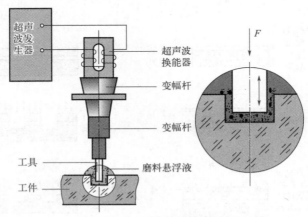

图 6-16 超声波加工原理

超声波加工适宜加工硬脆材料的各种型孔、型腔（见图 6-17），切割锗、硅等半导体材料，清洗机械零件、电子器件、医疗器皿，焊接易氧化的铝制品及塑料等高分子制品（可参见 4.3.2 小节相关内容）。

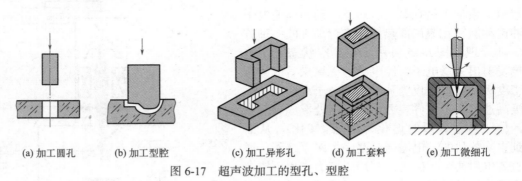

| (a) 加工圆孔 | (b) 加工型腔 | (c) 加工异形孔 | (d) 加工套料 | (e) 加工微细孔 |

图 6-17 超声波加工的型孔、型腔

为了提高超声波加工的生产率，常将超声波加工技术和其他加工方法相结合，进行复合加工，如超声波车削、超声波磨削、超声波电解加工、超声波线切割等。

6.1.7 离子束加工

离子束加工是在真空状态下，利用惰性气体离子束的微观机械撞击动能而进行加工的一种方法。其原理如图 6-18 所示。加工时，将氩气由入口注入电离室。氩气在灼热灯丝发射出的高速电子撞击下被电离成离子。离子经加速后成高速离子束，轰击在工件的表面上，即可把工件表面的原子、分子从基体中撞击出来，或者离子本身撞击被加工材料的晶格，从而实现对材料的加工。通过调整加速电压，可得到不同速度的离子束，以实现不同的加工。由于离子带正电，其质量是电子的成千上万倍，因此离子束加工主要靠高速离子束的微观撞击能量来进行，而不像电子束加工那样主要靠热效应来进行。

离子束加工主要用于离子刻蚀、离子镀膜和离子注入等。

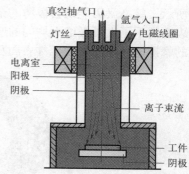

图 6-18　离子束加工原理

6.2　超精密加工

在一定的时期内，加工精度和表面质量达到较高程度的加工工艺称为精密加工，加工精度和表面质量达到很高程度的精密加工称为超精密加工。过去的超精密加工在今天来说就是精密加工或一般加工，精密加工和超精密加工的界线将随着科学技术的进步而逐渐推移。

6.2.1　超精密车削

超精密单点金刚石车床（见图 6-19）主要用于光学透镜、反射镜及高精度零件的加工。

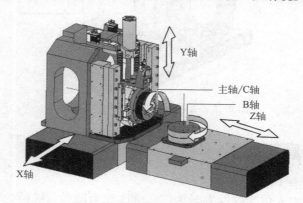

图 6-19　超精密单点金刚石车床

超精密车削加工要求刀具能够均匀地去除不大于工件加工精度且厚度极薄的金属层或非金属层。其加工工具必须具备超微量的切削特征，即微量切除是精密加工的重要特征之一。

天然金刚石是超精密加工的一种极佳的切削刀具材料，目前天然单晶金刚石已经成为超精密切削的主要工具材料。

保证超精密切削加工的措施与方法：合理选择工件材料；减小刃口圆弧半径；选择适当的刀具前、后刀面；选择合理的切削用量；降低切削温度等。

6.2.2　超精密磨削

超精密磨削前，应对砂轮进行精细修整，使其表面磨粒形成大量的等高微刃，如图 6-20

所示。等高微刃能切去极薄的金属层，使工件获得很高的加工精度。同时，等高微刃在工件表面留下了大量极细而均匀的磨削痕迹，再加上半钝态的微刃在一定压力作用下对工件表面的摩擦抛光作用，使工件表面获得很小的表面粗糙度。

图 6-20　磨粒的等高微刃

电解修锐（适用于金属结合剂砂轮）效果好，并可在线修整。如图 6-21 所示，使用电解在线砂轮修整技术磨削，冷却液为一种特殊电解液，通电后，砂轮结合剂氧化层脱落，露出了新的锋利磨粒，由于电解修锐连续进行，砂轮在整个磨削过程中保持同一锋利状态。

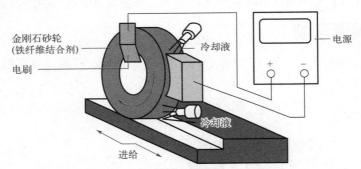

图 6-21　电解在线砂轮修整技术磨削

6.2.3　超精密磨料加工

（1）超精密游离磨料抛光

超精密游离磨料抛光包括弹性发射加工、液体动力抛光、机械化学抛光等。这些加工方法都是利用一个抛光工具作为参考表面，与被加工表面形成一定大小的间隙，并用含有一定粒度磨料的抛光液来加工工件表面。

图 6-22 所示为弹性发射加工，它是用聚氨基甲酸（乙）酯材料制成抛光轮，并与工件被加工表面形成小间隙，中间置以抛光液，抛光液由颗粒大小为 0.1 ～ 0.01μm 的磨料和润滑剂混合而成。抛光时，抛光轮高速回转，依靠回转的高速造成磨料的弹性发射来加工，产生微切削和被加工材料的微塑性流动。

图 6-23 所示为液体动力抛光，在抛光工具上开有锯齿槽。抛光时，有一定压力的抛光液碰到锯齿槽时可以反弹，以增加微切削作用。

图 6-24 所示为机械化学抛光，在抛光时，活性抛光液和磨粒与被加工表面产生固相反应，使被加工表面局部形成软质粒子（称为活化作用），以便于加工。机械化学抛光以机械作用为主，其活化作用依靠机械施加工作压力形成，称为增压活化。

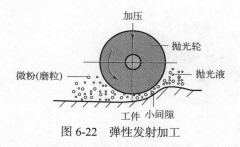

图 6-22 弹性发射加工

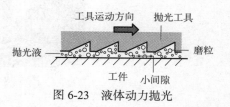

图 6-23 液体动力抛光

（2）超精密固定磨料抛光

① 超精密油石抛光　如图 6-25 所示。加工前将油石与工件接触，并且调节油石上面的压力，使油石与工件之间保持恒定的压力。加工时工件以低速旋转，油石一边作轴线进给，一边作往复振动，使油石上的磨粒在工件表面刻划出极细微且不重复的痕迹，切除工件表面上的微观凸峰。加工过程中，在油石和工件之间加入润滑作用良好的切削液，以清除切屑及形成油膜。在加工刚开始时，凸峰高度较大，油石与工件的实际接触面积小，因而压强较大。

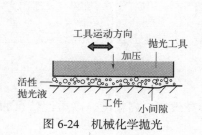

图 6-24 机械化学抛光

图 6-25 超精密油石抛光

② 超精密砂带抛光　砂带基带材料为聚碳酸酯薄膜，其上植有细微砂粒（见图 6-26）。砂带在一定工作压力下与工件接触并作相对运动，进行抛光，如图 6-27 所示。

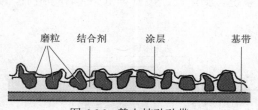

图 6-26 静电植砂砂带

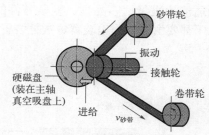

图 6-27 超精密砂带抛光

6.2.4　超精密特种加工

在特种加工中，离子束加工、电化学加工、超声波加工等都可满足超精密加工的要求。通过对切削工具施加超声波振动，可以提高效率。如图 6-28 所示，切削工具在切削方向上产生超声波振动，并且由于切削工具与工件之间的瞬时碰撞，切削工具会以较小的步长进行切削。

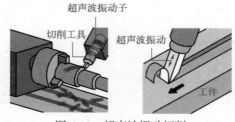

图 6-28 超声波振动切削

如图 6-29 所示，在对砂轮或工件施加超声波振动的同时，金属表面会细微振动。

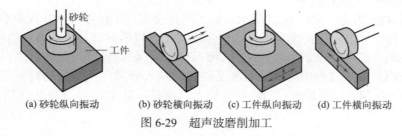

(a) 砂轮纵向振动   (b) 砂轮横向振动   (c) 工件纵向振动   (d) 工件横向振动

图 6-29 超声波磨削加工

6.3　数控加工

6.3.1　数控机床

数控加工是指用数控机床加工。数控加工是具有高效率、高精度、高柔性特点的自动化加工方法。

（1）数控机床组成

数控机床种类很多，按照工艺不同，可分为数控车床、数控铣床、数控磨床、数控镗床、数控加工中心、数控电火花加工机床、数控线切割机床等。数控机床以其精度高、效率高和能适应小批量、多品种、复杂零件的加工等特点，在机械加工中广泛应用。任何一种数控机床都要由输入输出装置、数控装置、伺服系统、测量反馈装置和机床主体等组成，如图 6-30 所示。

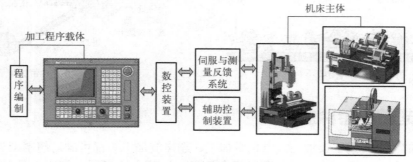

图 6-30 数控机床基本组成

① 输入输出装置　在数控机床上加工零件时，首先要根据零件图样的技术要求，确定

加工方案、工艺路线，然后编制加工程序，通过输入装置将加工程序输送给数控装置。数控装置中存有的程序可以通过输出装置输出。高档数控机床还配有自动编程机或 CAD/CAM 系统。

② 数控装置和辅助控制装置　数控装置是数控机床的核心，它接收输入装置送来的脉冲信号，经过数控装置的逻辑电路进行编译、插补运算和逻辑处理后，将各种指令信息输送给伺服系统，使机床的各个部分执行规定的、有序的动作。数控装置主要是一台通用或专用计算机。

辅助控制装置是连接数控装置和机床机械、液压部件的控制系统。它接收数控装置输出的主运动变速、换刀及辅助装置工作等指令信号，经过编译、逻辑判断、功率放大后驱动相应的电气、液压、气动和机械部件，以完成指令规定的动作。

③ 伺服系统　将数控系统送来的指令信息经功率放大后，通过机床进给传动元件驱动机床的运动部件，实现精确定位或按规定的轨迹和速度动作，以加工出符合图样要求的零件。伺服系统包括伺服控制电路、功率放大电路、伺服电机、机械传动机构和执行机构。

④ 机床主体　包括床身、底座、立柱、横梁、滑座、工作台、主轴箱、进给机构、刀架及自动换刀装置等机械部件，它是在数控机床上自动完成各种切削加工的机械部分。

⑤ 测量反馈装置　通常分为两类：伺服电机角位移反馈（半闭环中间检测）；机床末端执行机构位移反馈（闭环终端检测）。

传感器将上述运动部分的角位移或直线位移转换成电信号，输入数控系统，与指令位置进行比较，并根据比较结果发出指令，纠正所产生的误差。

（2）数控加工原理

如图 6-31 所示，首先按照零件图样要求，编制加工程序，用规定的代码和格式，把加工意图转变为数控机床所能接收的信息，并输送给数控装置，数控装置对输入的信息经过处理后，向机床伺服系统发出指令，驱动机床相应的运动部件（如刀架、工作台等）并控制其他必要的操作（如变速、快移、换刀、开停冷却泵等），从而自动地加工出符合图样要求的零件。图 6-31 中虚线构成了一个闭环控制系统，通过测量反馈装置将机床的实际位置、速度等参数检测出来，并反馈给数控装置。可见，数控加工的过程是围绕信息的交换进行的，一般要经过信息的输入、信息的处理、信息的输出和对机床的控制等几个主要环节。

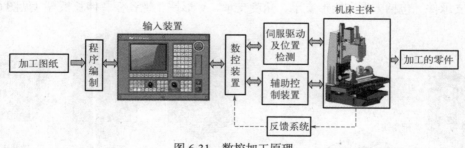

图 6-31　数控加工原理

（3）数控机床零件加工过程

在数控机床上加工零件时，把原先在普通机床上加工时需要操作人员考虑和决定的操作内容和动作，例如工步和顺序、走刀路线、位移量和切削用量等，用规定的代码和格式编制成数控加工程序，然后将程序输入数控装置中，此后即可启动数控机床，运行数控加工程序，机床自动地对零件进行加工。数控机床零件加工过程如图 6-32 所示。

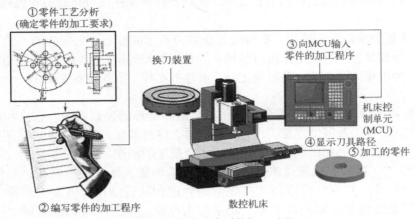

图 6-32　数控机床零件加工过程

① 零件加工工艺分析：根据零件图进行工艺分析，确定加工方案、工件的装夹方法，设定工艺参数和走刀路线，选择刀具。

② 编制数控加工程序：用规定的代码和格式编写零件的加工程序，或通过自动编程软件利用计算机自动编程。

③ 程序的输入和传输：手工编写的加工程序，可通过数控机床的操作面板手动输入程序；计算机编制的加工程序，可通过计算机的串行通信接口直接传输到数控机床的数控装置（控制单元）。

④ 试切加工：启动数控机床，运行加工程序，进行刀具路径模拟，试切加工。

⑤ 正式加工：修改加工程序，调整机床或刀具，准备就绪，即可开始正式加工。

（4）数控机床夹具

在机械制造中，用以装夹工件（和引导刀具）的装置统称为夹具。在机械制造工厂，夹具的使用十分广泛，从毛坯制造到产品装配以及检测的各个生产环节，都有许多不同种类的夹具。常用的数控夹具如下。

① 基础件　包括各种尺寸和形状的基础板、基础角铁等（见图 6-33）。

② 支承件　包括方形和矩形支承、角度支承、V 形铁、螺孔板及伸长板等（见图 6-34）。

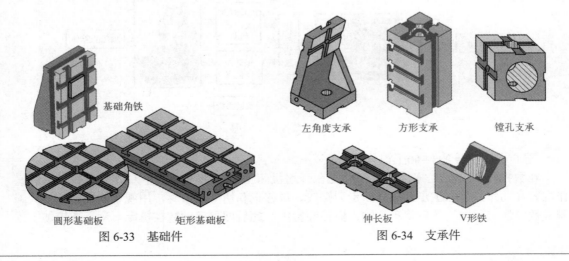

图 6-33　基础件　　　　图 6-34　支承件

③ 定位件　主要用于确定元件与元件、元件与工件之间的相对位置，以保证夹具的装配精度和工件的加工精度（见图6-35）。

圆形定位销　　偏心钻模板　　导向支承　　快换钻套　　钻模板　　菱形定位盘

图6-35　定位件和导向件

④ 导向件　主要用来确定刀具与工件的相对位置，加工时起到引导刀具的作用，包括各种钻模板、钻套、铰套和导向支承等（见图6-35）。

⑤ 压紧件　主要为各种压板，用来将工件压紧在夹具上，保证工件定位后的正确位置在外力作用下不变动（见图6-36）。

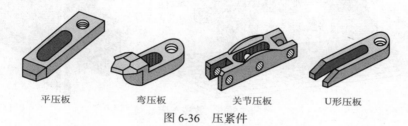

平压板　　　　弯压板　　　　关节压板　　　U形压板

图6-36　压紧件

⑥ 紧固件　主要用来把夹具上的各种元件连接紧固成一个整体，并可通过压板把工件夹紧在夹具上，包括各种螺栓、螺钉、螺母和垫圈等（见图6-37）。

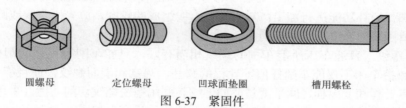

圆螺母　　　　定位螺母　　　凹球面垫圈　　　槽用螺栓

图6-37　紧固件

（5）数控机床刀具

数控机床刀具（见图6-38）的种类很多：整体刀具，由整块材料根据不同用途制成的刀具；镶嵌刀具，将刀片以焊接或机夹的方式镶嵌在刀体上的刀具；减振刀具，当刀具的工作臂较长时，为了减小切削时的振动所采用的一种特殊结构的刀具；内冷刀具，切削液通过主轴传递到刀体内部，由喷嘴喷射到切削部位的刀具；特殊刀具，例如具有强力夹紧、可逆攻螺纹功能的刀具。

图6-38　数控机床的刀具

6.3.2　数控车削加工

数控车床主要用于轴类或盘类零件的内外圆柱面、任意角度的内外圆锥面、复杂回转内外曲面和圆柱、圆锥螺纹等的切削加工，并能进行切槽、钻孔、扩孔、铰孔及镗孔。数控车床的分类可以采用不同的方法：按结构形式，可分为卧式和立式两大类；按刀架的数量，可分为单刀架数控车床和双刀架数控车床；按功能，可分为简易数控车床、经济型数控车床、全功能数控车床和车削中心。

（1）数控车床的结构

数控车床（见图6-39）由床身、主轴箱、刀架进给系统、尾座、液压系统、冷却系统、润滑系统、排屑系统等组成，由计算机控制，伺服电机驱动刀具作连续纵向和横向进给运动。

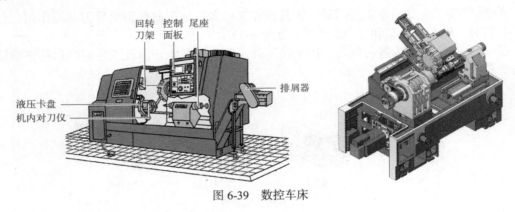

图6-39 数控车床

（2）数控车床适合加工的零件

① 形状复杂的回转表面 数控车床具有直线和圆弧插补功能，可以车削由任意直线和曲线组成的形状复杂的回转表面（见图6-40）。对于由直线或圆弧组成的轮廓，直接利用车床的直线和圆弧插补功能进行加工；对于由非直线组成的轮廓，应先用直线或圆弧逼近，然后再用直线或圆弧功能进行插补切削。

② 特殊螺纹 普通车床所能车削的螺纹相当有限，只能车削等导程的圆柱和端面公、英制螺纹。数控车床不仅能车削任何等导程的圆柱、圆锥和端面螺纹，而且能车削增导程、减导程以及等导程和变导程之间平滑过渡的螺纹。利用精密螺纹切削功能，采用硬质合金成形刀片，使用较高的转速，车削出的螺纹精度和表面质量高，如图6-41所示。

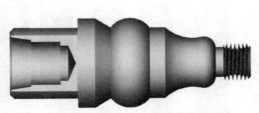

图6-40 形状复杂的回转表面

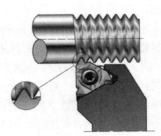

图6-41 螺纹加工

③ 精度要求高的回转表面 由于数控车床刚性好，精度高，能够进行精度补偿，并通过一次装夹，能完成多个表面的粗车和精车，加工精度高，质量稳定。

④ 表面粗糙度小的回转表面 在材料、精车余量和刀具已定的情况下，表面粗糙度取决于进给量和切削速度。数控车床具有恒线速切削功能，可以用合理的切削速度进行切削，使车削后的表面粗糙度既小又一致。

6.3.3 数控铣削加工

数控铣床是一种加工能力很强的数控机床。数控铣床种类很多：按其体积大小可分为小型、中型和大型数控铣床；按其控制坐标的联动轴数可分为二轴半联动、三轴联动和多轴联动数控铣床等。通常是按其主轴的布局形式分为立式数控铣床、卧式数控铣床和立卧两用数控铣床。

（1）数控铣床主要组成部分

① 控制系统　是数控铣床的核心，主要作用是对输入的零件加工程序进行数字运算和逻辑运算，然后向伺服系统发出控制信号，控制系统是一种专用的计算机，它由硬件和软件组成。

② 伺服系统　是数控铣床执行机构的驱动部件，由驱动装置和执行元件组成。常用的执行元件有步进电机、直流伺服电机和交流伺服电机三种。

③ 机械部件　即铣床主机，包括冷却、润滑和排屑系统，进给运动部件和床身、立柱。

④ 辅助设备（装置）　包括对刀装置，液压、气动装置等。

（2）数控铣床工作原理

图 6-42 所示为三坐标立式数控铣床，将加工程序输入数控系统后，数控系统对数据进行运算和处理，向主轴箱内的驱动电机和控制各进给轴的伺服装置发出指令。伺服装置接收到指令后向控制三个方向的进给步进电机发出电脉冲信号。主轴驱动电机带动刀具旋转，进给步进电机带动滚珠、丝杠使机床工作台沿 X 轴和 Y 轴、主轴沿 Z 轴移动，铣刀对工件进行切削。

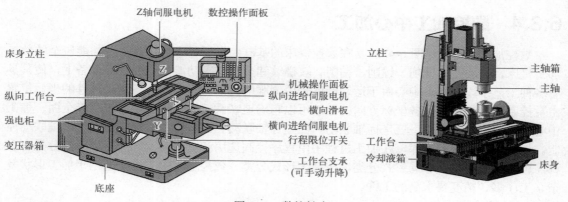

图 6-42　数控铣床

（3）数控铣床加工范围

① 平面类零件　加工面平行于或垂直于水平面，或加工面与水平面的夹角为定角的零件为平面类零件（见图 6-43）。采用三坐标数控铣床的两坐标轴联动就可以把它们加工出来。

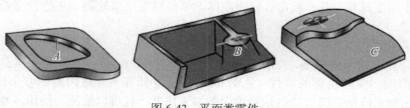

图 6-43　平面类零件

② 变斜角类零件 加工面与水平面的夹角连续变化的零件称为变斜角类零件（见图 6-44）。

③ 曲面类零件 加工空间曲面的零件，如模具、叶片、螺旋桨等，如图 6-45～图 6-47 所示。曲面类零件的加工面不能展开为平面，加工时加工面与铣刀始终为点接触。加工曲面类零件一般采用球头铣刀在三坐标数控铣床上加工。当曲面复杂时，容易发生干涉或过切相邻表面，要采用四坐标或五坐标铣床。

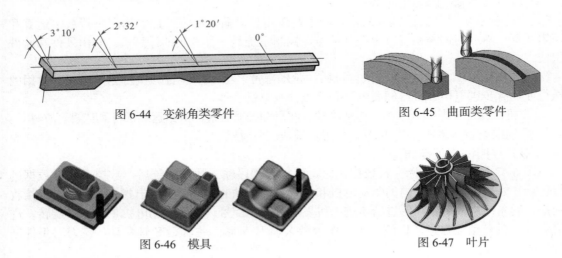

图 6-44 变斜角类零件　　　　　　　　　　图 6-45 曲面类零件

图 6-46 模具　　　　　　　　　　图 6-47 叶片

6.3.4 数控加工中心加工

数控加工中心（见图 6-48）是在数控铣床的基础上发展起来的，是一种功能较全的数控加工机床，一般它将铣削、镗削、钻削、攻螺纹和车螺纹等功能集中在一台设备上，使其具有多种工艺手段。加工中心由于运动部件是由伺服电机单独驱动的，各运动部件的坐标位置由数控系统控制，因而各坐标方向的运动可以精确地联系起来，其控制系统功能全面。加工中心可有两坐标轴联动、三坐标轴联动、四坐标轴联动、五坐标轴联动或更多坐标轴联动控制。加工中心配置有刀库，在加工过程中由程序控制选用和更换刀具。加工中心的分类有多种，可按照机床主轴布局形式分类、按换刀形式分类。数控加工中心主要适用于加工形状复杂、工序多、精度要求高的工件。

（1）箱体类零件

具有一个以上的孔系且内部有较多型腔的零件称为箱体类零件，这类零件在汽车、机床、飞机等中应用较多，如汽车的发动机缸体（见图 6-49）、变速箱体、机床主轴箱、齿轮泵壳体等。在加工中心上加工时，一次装夹可完成普通机床 60%～95% 的工序内容，另外，凭借加工中心自身的精度和加工效率高、刚度好和自动换刀的特点，只要制定好工艺流程，采用合理的专用夹具和刀具，就可以解决箱体类零件精度要求较高、工序较复杂等问题，并可提高生产率。

（2）复杂曲面的零件

具有复杂曲面的零件很多，如凸轮、整体叶轮（见图 6-50）、螺旋桨、模具型腔等。这类具有复杂曲线、曲面轮廓的零件（见图 6-51），或者具有不开敞内腔的盒形或壳体零件，采用普通机床加工或精密铸造难以达到预定的加工精度，且难以检测。使用多轴联动的加工中心，配合自动编程技术和专用刀具，可以大大提高其生产率并保证曲面的形状精度，使复杂零件的自动加工变得容易。

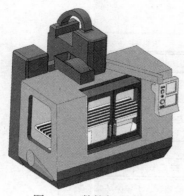

图 6-48　数控加工中心

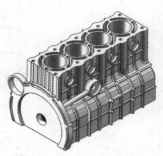

图 6-49　汽车发动机缸体

图 6-50　整体叶轮

(a)　　　　　(b)

图 6-51　曲面轮廓的零件

（3）异形零件

异形零件是外形不规则的零件，大多需要点、线、面多工位混合加工（如支架、基座、靠模等）。加工异形零件时，形状越复杂，精度要求越高，使用加工中心越能显示其优越性。

（4）盘、套、板类零件

这类工件包括带有键槽和径向孔，端面分布有孔系、曲面的盘套类工件，以及带有较多孔的板类零件等（见图 6-52）。端面有分布孔系、曲面的盘类零件常采用立式加工中心，有径向孔的可采用卧式加工中心。

（5）试制中的零件

加工中心具有广泛的适应性和较高的灵活性，更换加工对象时，只需编制并输入新程序即可实现加工。有时还可以通过修改程序中部分程序段或利用某些特殊指令实现加工。这为单件、小批、多品种生产，产品改型和新产品试制提供了很大方便，大大缩短了生产准备及试制周期。

图 6-52　电机端盖

6.4　机械制造系统自动化简介

目前，机械制造加工技术正向着自动化、柔性化、集成化和智能化方向发展。

6.4.1　自动生产线

自动生产线（简称自动线）通常由基本工艺设备、工件的传输系统、控制和监视系统、检测系统及各种辅助装置组成。图 6-53 所示为具有严格的加工顺序和生产节拍的零件自动生产线（刚性自动生产线）的组成。

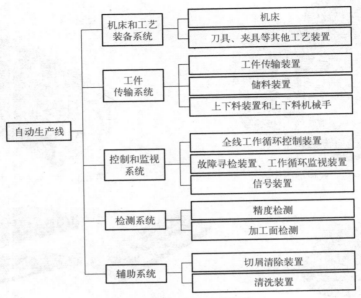

图 6-53　自动生产线的组成

为了使工件在自动生产线上能够进行多面加工，一方面采用多面组合机床（双面卧式组合机床、三面卧式组合机床），以及带一定角度的斜台组合机床等，另一方面在机床之间配置转位台和鼓轮，转位台使工件绕垂直轴转位，鼓轮使工件绕水平轴转位，如图 6-54 所示。通常，自动线的物流传输采用液压传动。

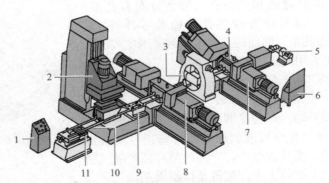

图 6-54　加工箱体零件的组合机床自动生产线

1—操作台；2，7，8—组合机床；3—转位鼓轮；4—夹具；5—切屑输送装置；6—液压装置；
9—转位台；10—输送带；11—输送带传动装置

自动生产线通过一些辅助装置按工艺顺序将各种机械加工装置连成一体，并控制液压、气压和电气系统将各个部分动作联系起来，完成预定的生产加工任务。

图 6-55 所示缸体加工自动生产线，由车床、立式加工中心、上下料机器人、人工上料台等组成，能实现零件多工序自动化加工。

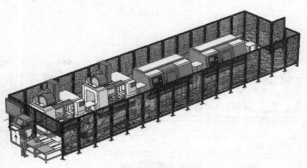

图 6-55　缸体加工自动生产线

由于自动生产线仅适用于大批量生产，从而限制了其应用范围，但直至现在，在大批量生产中自动生产线仍是主要的有效的生产形式之一。

6.4.2　柔性制造系统

"柔性"是相对于"刚性"而言的，传统的刚性自动生产线主要实现单一品种的大批量生产，而柔性生产线则更能满足当今个性化、多样化的需求。柔性制造系统（FMS）由多台加工中心或数控机床、自动上下料装置、储料和输送系统等组成，没有固定的加工顺序和节拍，在计算机及其软件的集中控制下，能在不停机的情况下进行调整、更换工件和工夹具，实现加工自动化，在时间和空间上都有高度的柔性，是一种计算机直接控制的自动化可变加工系统。

柔性制造单元是一种最简单的柔性制造系统，通常由单台加工中心及托盘输送装置（或工业机器人）组成。图 6-56 所示的柔性制造单元由一台卧式镗铣类加工中心和自动化的托盘库组成。

如图 6-57 所示，柔性制造系统一般由两台或两台以上的加工中心、数控机床或柔性制造单元组成，配置自动输送装置（有轨、无轨输送车或机器人）、工件自动上下料装置（托盘交换或机器人）和自动化仓库等，并有计算机递阶控制功能、数据管理功能、生产计划和调度管理功能，以及实施监控功能等（见图 6-58）。

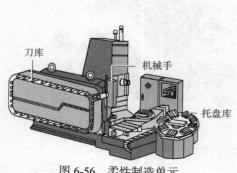

图 6-56　柔性制造单元

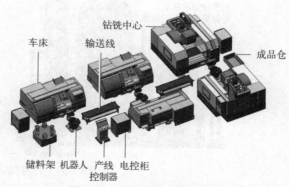

图 6-57　柔性制造系统的组成

柔性制造系统的应用范围很广。如果零件生产批量很大而品种较少，则可用专用机床线或自动线；如果零件生产批量很小而品种较多，则采用数控机床或通用机床；处于两者中间的，均可采用柔性制造系统。

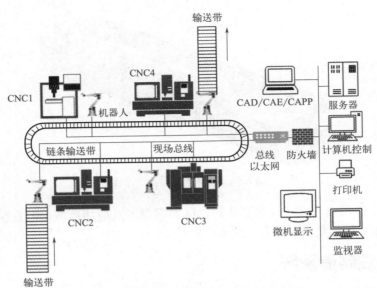

图 6-58　柔性制造系统的基本构架

　　柔性制造系统把高柔性、高质量和高效率结合并统一起来，具有很强的生命力，是当前具有生产实效的生产手段之一。

6.4.3　计算机辅助制造系统

　　计算机辅助制造系统（CAM）指的是从产品设计到加工制造之间的一切生产准备活动，它包括 CAPP（是指借助于计算机软、硬件技术和支撑环境，利用计算机进行数值计算、逻辑判断和推理等功能来制定零件机械加工工艺过程）、NC（数字控制）编程、工时定额的计算、生产计划的制定、资源需求计划的制定等（见图 6-59）。

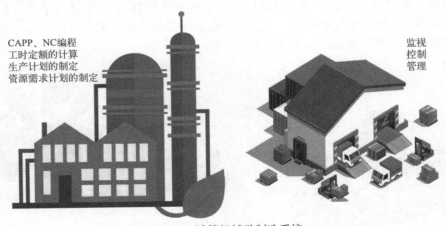

图 6-59　计算机辅助制造系统

　　CAM 的广义概念包括的内容则多得多，除了上述 CAM 狭义定义所包含的所有内容外，它还包括制造活动中，与物流有关的所有过程的监视、控制和管理（见图 6-59）。

　　数控编程是根据来自 CAD（计算机辅助设计）的零件几何信息和来自 CAPP 的零件工艺信息，自动或在人工干预下生成数控代码的过程，常用的数控代码有 ISO 和 EIA 两种系统（见图 6-60）。

图 6-60　常用的数控代码

6.4.4　计算机集成制造系统

20 世纪 70 年代以来，随着电子信息技术、自动化技术的发展以及各种先进制造技术的进步，制造系统中许多以自动化为特征的单元技术得以广泛应用。CAD、CAPP、CAM、工业机器人、FMS 等单元技术的应用，为企业带来了显著效益。

然而，人们同时发现，如果局部发展这些自动化单元技术，会产生"自动化孤岛"现象。"自动化孤岛"具有较大封闭性，相互之间难以实现信息的传递与共享，从而降低了系统运行的整体效率，甚至造成资源浪费（见图 6-61）。

图 6-61　"自动化孤岛"及其集成

"自动化孤岛"如果能够实现信息集成（见图 6-61），则各种生产要素之间的配置会得到更好的优化，各种生产要素的潜力可以得到更大的发挥，各种资源浪费可以减少，从而获得更好的整体效益。这正是计算机集成制造系统的出发点。

计算机集成制造系统（CIMS）是随着计算机辅助设计与制造的发展而产生的。它是在信息技术、自动化技术与制造的基础上，通过计算机技术把分散在产品设计制造过程中各种孤立的自动化子系统有机地集成起来，形成适用于多品种、小批量生产，实现整体效益的集成化和智能化制造系统。

6.4.5 先进制造技术

先进制造技术也称现代制造技术，于 20 世纪 80 年代出现，是以提高综合效益为目的，以人为主体，以计算机技术为支撑，综合应用信息、材料、能源、环保等高新技术以及现代系统管理技术，研究并改造传统制造过程，作用于产品整个生命周期的所有适用技术的总称。先进制造技术是动态的、发展的，目前主要包括柔性制造、集成制造、协同制造、并行工程、精良制造、敏捷制造、虚拟制造、智能制造、网络化制造、绿色制造等。

6.5　3D 打印技术

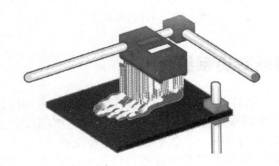

6.5.1　3D 打印技术简介

3D 打印技术是一种基于数字模型技术之上，以离散 - 堆积为原理的制造技术。3D 打印技术是指通过连续的物理层叠加，逐层增加材料来生成三维实体的技术，与传统的去除材料加工技术（见图 6-62）不同，因此又称增材制造（见图 6-63）。

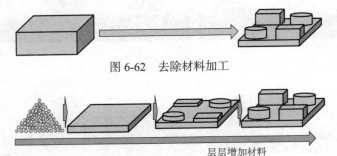

图 6-62　去除材料加工

层层增加材料

图 6-63　增材制造

3D 打印技术常在模具制造、工业设计等领域被用于制造模型，后逐渐用于一些产品的直接制造，对传统的工艺流程、生产线、工厂模式、产业链组合产生了深刻影响，是制造业有代表性的颠覆性技术。

3D 打印可以使产品快速成型，不需要传统的刀具、机床、夹具，便可快速而精确地制造出任意复杂形状的新产品样件、模具或模型。通过在计算机中输入数字模型文件，3D 打印机运用适当材料根据模型文件进行打印，通过一层一层地黏结，从而制造出一个三维产品。

6.5.2 常用 3D 打印技术

（1）熔融沉积成型（FDM）

将金属粉末或金属材料通过热处理进行加热熔化，喷头进行移动，熔融的材料被挤出后随即和前一层材料黏结在一起，一层材料沉积后工作台将按照预定的增量下降一个厚度然后一直重复上面的步骤直到产品成型（见图 6-64）。

（2）分层实体成型

分层实体成型采用片状材料，表面涂覆一层热熔胶。加工时，热压辊热压片材，使之与下面已成型的部分黏结；用激光器在当前层上切割出零件截面轮廓和外框，并在截面轮廓与外框之间的区域内切割出上下对齐的网格；激光切割完成后，工作台带动已成型的部分下降，与片材（料带）分离（见图 6-65）。

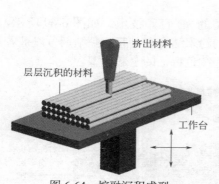

图 6-64 熔融沉积成型

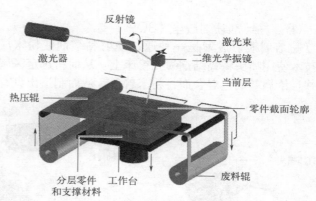

图 6-65 分层实体成型

（3）光固化成型（SLA）

如图 6-66 所示，光固化成型是基于液态光敏树脂的光聚合原理工作的，液态光敏树脂通过紫外线照射发生固化反应，凝固成产品的形状，成型精度高，成型零件表面质量好，原材料利用率接近 100%，而且不产生环境污染，特别适合于制作含有复杂精细结构的零件。但这种方法也有自身的局限性，例如需要支撑，树脂收缩导致精度下降，光敏树脂有一定的毒性等。

（4）数字光处理（DLP）

如图 6-67 所示，DLP 工艺通过紫外线投影仪来逐层固化光敏树脂创建出模型。DLP 设备中包含一个可以容纳树脂的液槽，DLP 成像系统置于液槽下方，其成像面正好位于液槽底部，通过能量及图形控制，每次可固化一定厚度及形状的薄层树脂。液槽上方设置一个提拉机构，每次截面曝光完成后向上提拉一定高度，使当前固化完成的固态树脂与液槽底面分离并黏结在提拉板或上一次成型的树脂层上。这样，通过逐层曝光并提升来生成三维实体。

（5）材料喷射成型

如图 6-68 所示，材料被一层一层地铺放，并通过液态光敏树脂光固化的方式成型。其能够打印外观平滑、细节精细的原型；生产小批量产品等；生成复杂形状、繁杂细节和平滑表面；支持多色彩、多材料一次打印成型。

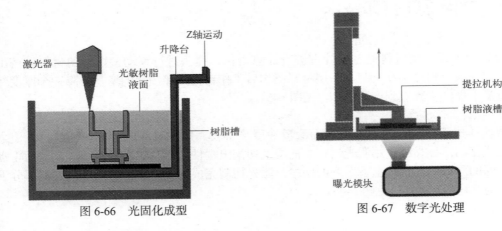

图 6-66 光固化成型 　　　　　　　　　图 6-67 数字光处理

（6）黏结剂喷射成型（3DP）

黏结剂喷射成型是一种通过喷射黏结剂使粉末成型的 3D 打印技术。如图 6-69 所示，该技术使用喷头将黏结剂喷到粉床上，从而将选定区域的粉末结合在一起。黏结剂可以被着色并且依靠基础色混合而将粉末着色，从而制造出具有连续色特征的全彩模型。

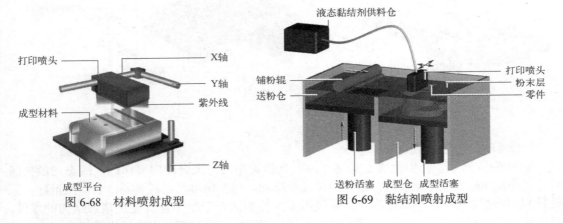

图 6-68 材料喷射成型 　　　　　　　　图 6-69 黏结剂喷射成型

（7）选择性激光烧结成型（SLS）

如图 6-70 所示，选择性激光烧结成型是一种采用高能激光有选择地分层烧结固体粉末，并使烧结成型的固化层层层叠加生成所需形状的工艺，可使用的原料有塑料、石蜡、金属、陶瓷等。金属粉末的激光烧结技术能够使高熔点金属直接烧结成型，完成传统加工方法难以制造出的高强度零件成型，尤其在航空航天、飞机发动机零件及武器零件的制备方面非常有用。

（8）激光近净成型（LENS）

如图 6-71 所示，粉末通过喷嘴聚集到工作台面，与激光汇于一点，粉末熔化冷却后获得堆积的熔覆实体。工作原理为计算机将零件的三维 CAD 模型分层切片，得到零件的二维平面轮廓数据，将轮廓数据转化为数控工作台的运动轨迹。同时金属粉末以一定的供粉速度送入激光聚焦区域内，快速熔化凝固，通过点、线、面的层层叠加，最后形成三维金属零件。

LENS 可实现金属零件的无模制造，得到的零件组织致密，具有明显的快速熔凝特征，力学性能很高，并可实现非均质和梯度材料零件的制造以及钛合金等高强度金属件加工。

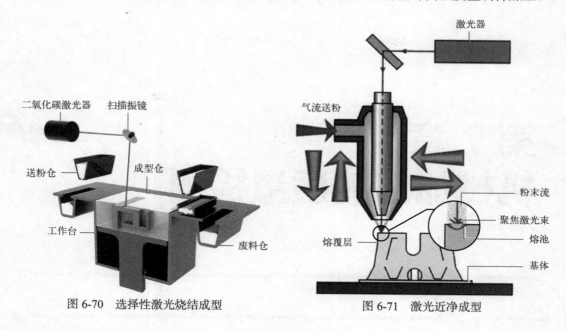

图 6-70　选择性激光烧结成型

图 6-71　激光近净成型

第 7 章
机械加工的质量检测

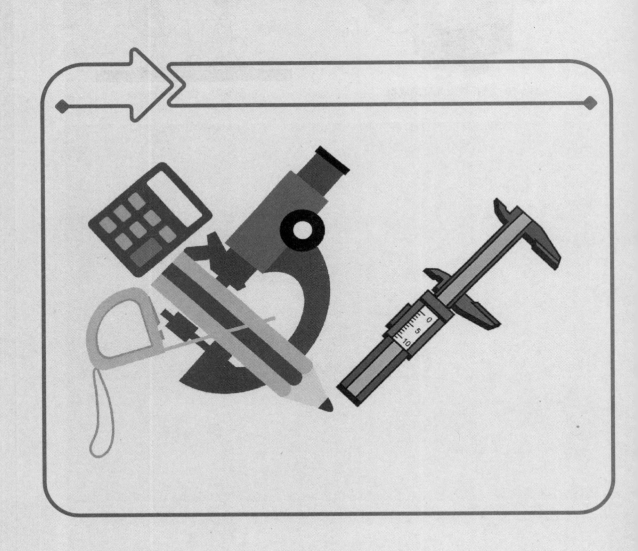

　　零件的机械加工质量包括机械加工精度及其表面质量，它直接影响着机械产品的性能、寿命、效率、可靠性等指标，是保证机械产品质量的基础。

7.1 加工精度与加工误差

　　加工后的零件不仅有尺寸误差，构成零件几何特征的点、线、面的实际形状或相互位置，与理想几何体规定的形状和相互位置也不可避免地存在差异（见图 7-1、图 7-2），这种形状上的差异就是形状误差，而相互位置的差异就是位置误差。加工精度是指零件加工后的实际几何参数（尺寸、形状和位置）与图纸规定的理想几何参数符合的程度。这种相符合的程度越高，加工精度也越高。

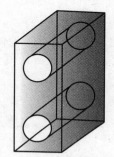

图 7-1　零件理想几何形状

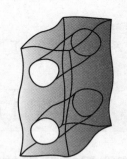

图 7-2　零件实际几何形状

7.1.1 加工精度

　　零件的加工精度包括以下三个方面。

（1）尺寸精度

限制加工表面与其基准面间尺寸误差不超过一定的范围。如图 7-3 所示，检测工件的外径尺寸即是检测工件的尺寸精度。

（2）形状精度

限制加工表面宏观几何形状误差，如圆度、圆柱度、平面度、直线度等。如图 7-4 所示，检测平面度即是检测工件的形状精度。

（3）位置精度

限制加工表面与基准间的相互位置误差，如平行度、垂直度、同轴度等。如图 7-5 所示，检测平行度即是检测工件的位置精度。

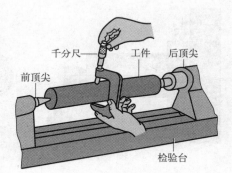

图 7-3　外径尺寸的检测

7.1.2 加工误差

　　在加工中，由于各种因素的影响，实际上不可能将零件的每一个几何参数加工得与理想几何参数完全相符，总会产生一些偏离。这种偏离，就是加工误差。

（1）加工前的误差

包括理论误差，装夹误差，机床制造、安装误差及磨损，刀具误差，夹具误差，调整误差。

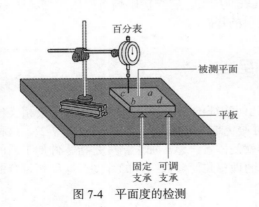

图 7-4　平面度的检测

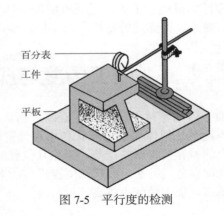

图 7-5　平行度的检测

（2）加工中的误差

包括工艺系统受力变形，工艺系统受热变形，刀具磨损，测量误差，残余应力引起的变形。

7.2　获得加工精度的方法

7.2.1　获得尺寸精度的方法

（1）试切法

先试切出很小部分的加工表面，测量试切所得的尺寸，按照加工要求适当调整刀具切削刃相对于工件的位置，再试切，再测量，经过两三次试切和测量，当被加工尺寸达到要求后，再切削整个待加工表面。

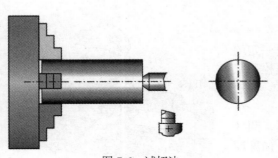

图 7-6　试切法

试切法通过"试切 - 测量 - 调整 - 再试切"，反复进行直到达到要求的尺寸精度为止（见图 7-6、图 7-7）。

试切法达到的精度可能很高，它不需要复杂的装置，但这种方法费时（需做多次调整、试切、测量、计算），效率低，依赖工人的技术水平和测量器具的精度，质量不稳定，只用于单件、小批生产。

作为试切法的一种类型——配作，是以已加工件为基准，加工与其相配的另一工件，或将两个（或两个以上）工件组合在一起进行加工的方法。配作中最终被加工尺寸达到的要求是以与已加工件的配合要求为准的。

（2）调整法

预先用样件或标准件调整好机床、夹具、刀具和工件的准确相对位置，用以保证工件的尺寸精度。因为尺寸事先调整到位，所以加工时，不用再试切，尺寸自动获得，并在一批零件加工过程中保持不变。例如，采用铣床夹具时，刀具的位置靠对刀块确定。调整法的实质是利用机床上的定程装置或对刀装置或预先调整好的刀架，使刀具相对于机床或夹具达到一定的位置精度，然后加工一批工件。

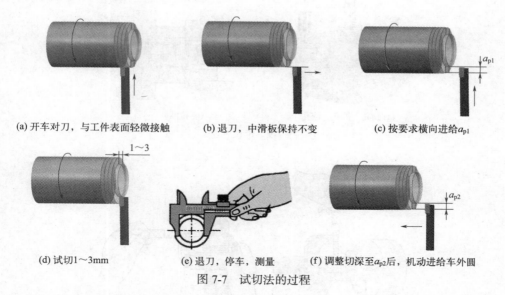

(a) 开车对刀，与工件表面轻微接触　(b) 退刀，中滑板保持不变　(c) 按要求横向进给a_{p1}

(d) 试切1~3mm　　(e) 退刀，停车，测量　　(f) 调整切深至a_{p2}后，机动进给车外圆

图 7-7　试切法的过程

在机床上按照刻度盘进刀然后切削，也是调整法的一种。这种方法需要先按试切法确定刻度盘上的刻度。大批量生产中，多用行程挡块、样件、样板等对刀装置进行调整。

调整法比试切法的加工精度稳定性好，有较高的生产率，对机床操作人员的要求不高，但对机床调整人员的要求高，常用于成批生产和大量生产。

如图 7-8（a）所示，车床上，用行程挡块来调整尺寸，保证车削的长度。如图 7-8（b）所示，铣床上，用对刀块来调整刀具的位置，保证工件的高度尺寸。

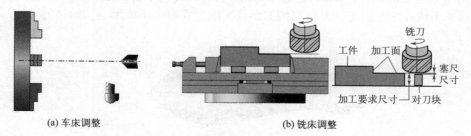

(a) 车床调整　　　　　　　　　(b) 铣床调整

图 7-8　调整法

（3）定尺寸法

用刀具的相应尺寸来保证工件被加工部位尺寸的方法称为定尺寸法。它是利用标准尺寸的刀具加工，加工面的尺寸由刀具尺寸决定。即用具有一定的尺寸精度的刀具(如麻花钻、扩孔钻、铰刀、拉刀等)来保证工件被加工部位(如孔)的精度，如图 7-9 所示。

定尺寸法操作方便，生产率较高，加工精度比较稳定，几乎与操作人员的技术水平无关，在各种类型的生产中广泛应用。

（4）主动测量法

如图 7-10 所示，在加工过程中，边加工边测量加工尺寸，并将所测结果与设计要求的尺寸比较后，或使机床继续工作，或使机床停止工作。

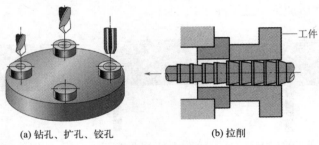

(a) 钻孔、扩孔、铰孔　　　　　　(b) 拉削

图 7-9　定尺寸法

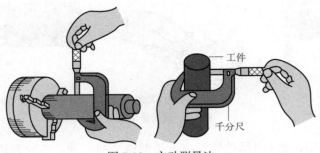

图 7-10　主动测量法

7.2.2　获得形状精度的方法

（1）轨迹法

利用刀尖运动的轨迹来形成被加工表面的形状。普通车削（见图 7-11）、铣削、刨削和磨削等均采用轨迹法。用这种方法得到的形状精度主要取决于成形运动的精度。

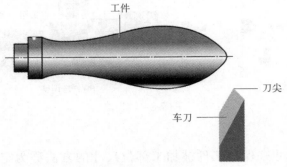

图 7-11　轨迹法

（2）成形法

利用成形刀具的几何形状来代替机床的某些成形运动而获得加工表面形状。例如成形车削［见图 7-12（a）］、成形铣削［见图 7-12（b）］、成形刨削［见图 7-12（c）］、成形磨削［见图 7-12（d）］等。成形法所获得的形状精度主要取决于刀刃的形状。

（3）展成法

利用刀具和工件作展成运动所形成的包络面来得到加工表面的形状，如滚齿［见图 7-13（a）］、插齿［见图 7-13（b）］、磨齿［见图 7-13（c）］、滚花键等均属展成法。这种方法所获得的形状精度主要取决于刀刃的形状精度和展成运动精度等。

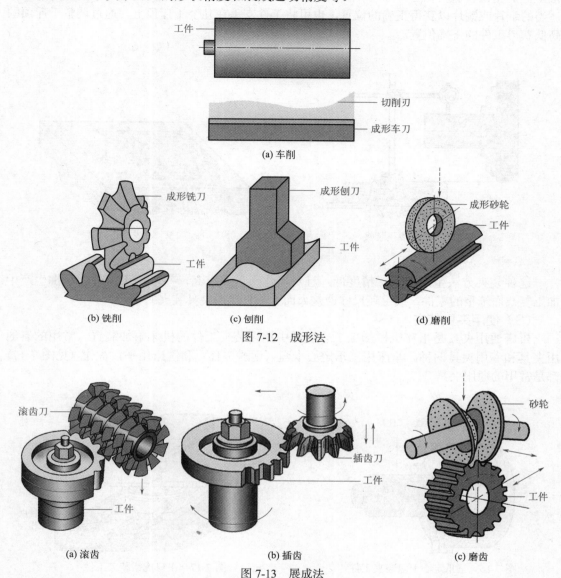

(a) 车削

(b) 铣削　　　　(c) 刨削　　　　(d) 磨削

图 7-12　成形法

(a) 滚齿　　　　(b) 插齿　　　　(c) 磨齿

图 7-13　展成法

7.2.3　获得位置精度的方法

机械加工中，被加工表面对其他表面位置精度的获得，主要取决于工件的装夹。

（1）直接找正装夹

此法是利用百分表、划线盘或目测直接在机床上找正工件位置的装夹方法。如图 7-14 所示，在工件旋转的过程中，百分表的指针发生偏转说明未安装好应，应调整卡爪直至百分表指针不动为止。

（2）划线找正装夹

这种装夹方式是先按加工表面的要求在工件上划线，加工时在机床上按划线找正以获得工件的正确位置。如图 7-15 所示，在机床上按划线找正装夹。找正时可在工件底面垫上适当的纸片或铜片以获得正确的位置，也可将工件支承在几个千斤顶上，通过调整千斤顶的高低获得工件的正确位置。

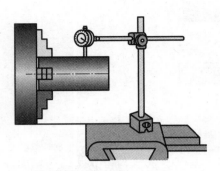 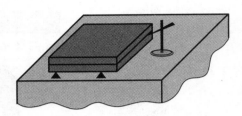

图 7-14　直接找正装夹　　　　　　　图 7-15　划线找正装夹

这种装夹方法生产率低，精度低，且对操作人员要求高，一般用于单件、小批生产中加工复杂而笨重的零件，或毛坯尺寸误差大而无法直接用夹具装夹的场合。

（3）使用夹具装夹

机床通用夹具是指在机械加工工艺过程中用以装夹工件的机床附加装置。常用的有通用夹具和专用夹具两种。车床用三爪定心卡盘（见图 7-16）和铣床用平口虎钳（见图 7-17）都是常用的通用夹具。

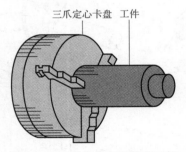 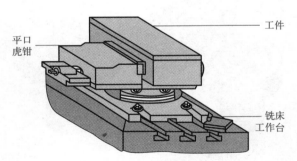

图 7-16　三爪定心卡盘装夹工件　　　图 7-17　平口虎钳装夹工件

专用夹具是按照被加工工序要求专门设计的，夹具上的定位元件能使工件相对于机床与刀具迅速占有正确位置，不需找正就能保证工件的定位精度，生产率高，广泛用于成批及大量生产。

加工过程中有很多因素影响零件的加工精度，同一种加工方法在不同的工作条件下所能达到的加工精度也可能不同。采用较高精度的设备、适当降低切削用量、精心完成加工过程中的每一个操作等，会得到较高的加工精度，但这会降低生产率，增加加工成本。加工经济精度是在正常加工条件下（采用符合质量标准的设备、工艺装备和标准技术等级的工人，不延长加工时间）所能保证的加工精度。机械加工时，一般情况下，机床上所达到的精度越高，则所耗费的工时越多，成本越高。

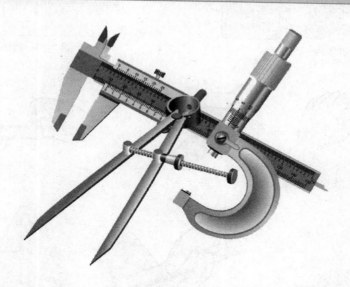

（1）量块

量块是一种无刻度的标准端面量具。其制造材料为特殊合金钢，形状为长方体［见图 7-18（a）］，六个平面中有两个相互平行的、极为光滑平整的测量面［见图 7-18（b）］，两测量面之间具有精确的工作尺寸。量块可用于检定和校准其他测量器具［见图 7-18（c）］，相对测量时调整量具或量仪的零位，以及进行精密测量、划线和机床的调整等。

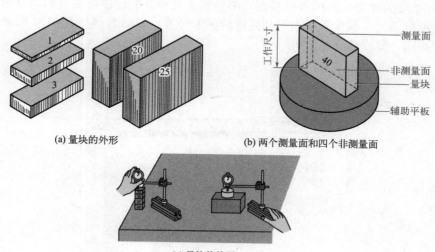

(a) 量块的外形　　　　　　　　(b) 两个测量面和四个非测量面

(c) 量块的使用

图 7-18　量块

（2）钢直尺

钢直尺是最简单的长度量具，有 150mm、300mm、500mm 和 1000mm 四种规格。

钢直尺的用法如图 7-19 ～图 7-24 所示，但其测量结果不太准确，读数误差较大，只能读出毫米数，即它的最小读数值为 1mm，而比 1mm 小的数值，只能估计得出。

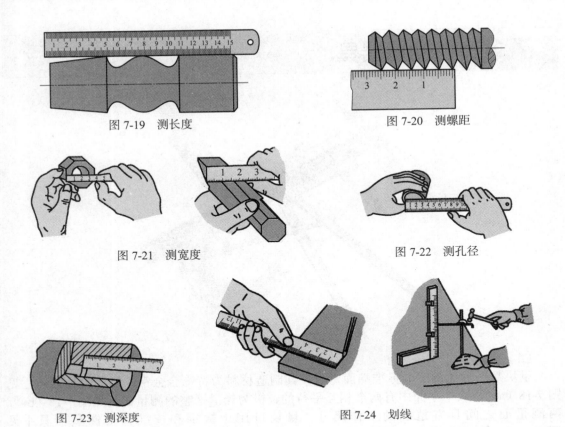

图 7-19　测长度

图 7-20　测螺距

图 7-21　测宽度

图 7-22　测孔径

图 7-23　测深度

图 7-24　划线

（3）游标卡尺

① 游标卡尺的种类　游标卡尺是利用游标和主尺相互配合进行测量和读数的量具。常用的有长度游标卡尺、深度游标卡尺和高度游标卡尺等，如图 7-25 ～图 7-27 所示，它们的测量面位置不同，但读数原理相同。

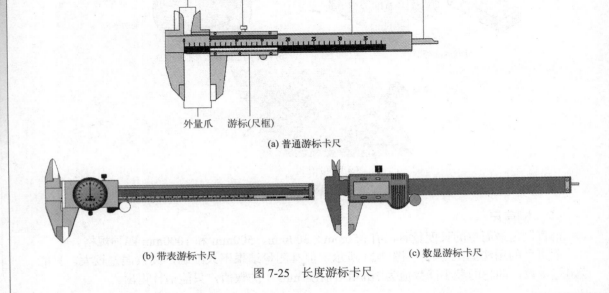

内量爪　紧固螺钉　主尺（尺身）　深度尺

外量爪　游标（尺框）

(a) 普通游标卡尺

(b) 带表游标卡尺

(c) 数显游标卡尺

图 7-25　长度游标卡尺

如图 7-25（a）所示，游标上部的紧固螺钉，可将游标固定在主尺上的任意位置。主尺和游标都有量爪，利用上面的量爪可以测量槽的宽度和孔的内径，利用下面的量爪可以测量零件的厚度和外径。深度尺与游标连在一起，可以测槽和孔的深度。

如图 7-26 所示，深度游标卡尺用于测量凹槽或孔的深度、梯形工件的梯层高度、长度等尺寸。测量内孔深度时应把基座的端面紧靠在被测孔的端面上，使尺身与被测孔的中心线平行，伸入尺身，则尺身端面至基座端面间的距离，就是被测零件的深度尺寸。

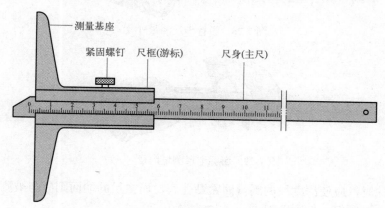

图 7-26　深度游标卡尺

如图 7-27 所示，高度游标卡尺的主要用途是测量工件的高度，另外还经常用于测量形状和位置误差，有时也用于划线。

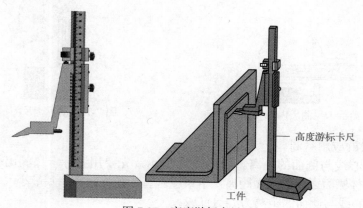

图 7-27　高度游标卡尺

② 游标卡尺的使用注意事项　正确使用游标卡尺是保证测量数据准确性的关键。在使用游标卡尺时应注意以下几点。

a. 根据工件尺寸精度要求的不同，选择合适的游标卡尺。

b. 使用前，应确保游标卡尺的测量刃口是平直无损的，两量爪贴合无漏光现象，主尺和游标的零线对齐。

c. 测量外径时，应使卡尺两外量爪经过工件中心线，如图 7-28 所示。

d. 测量内径时，应使两内量爪开度小于内径，待内量爪插入内孔后，轻轻拉开活动内量爪，使两内量爪贴住工件，并轻轻摆动找出最大值，如图 7-29 和图 7-30 所示。

图 7-28　游标卡尺测量外径

图 7-29　游标卡尺测量内径（一）

e. 测量孔深时，应使深度尺的测量面紧贴孔底，而主尺的端面则应与被测表面接触，且深度尺垂直，不可倾斜，如图 7-31 所示。

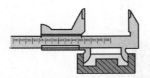

图 7-30　游标卡尺测量内径（二）

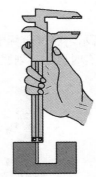

图 7-31　游标卡尺测量深度

③ 游标卡尺的应用举例

a. 测量孔中心线与侧面的距离。如图 7-32 所示，先要用游标卡尺测出孔的直径 D，再测量孔壁面与零件侧面之间的最短距离，卡尺应垂直于侧面，且找到最小尺寸，读出卡尺的读数 A，则孔中心线与侧面的距离为 $L=A+D/2$。

b. 测量两孔的中心距。有两种方法（见图 7-33）。一种是先分别量出两孔的内径 D_1 和 D_2，再量出两孔内表面之间的最大距离 A，则两孔的中心距为 $L=A-(D_1+D_2)/2$；另一种是先分别测出两孔的内径 D_1 和 D_2，然后测出两孔内表面之间的最小距离 B，则两孔的中心距为 $L=B+(D_1+D_2)/2$。

（4）千分尺

千分尺又称螺旋测微器，是利用螺旋副的运动原理进行测量和读数的一种量具。它比游标卡尺的测量精度高，主要用于测量中等精度的零件。

① 千分尺的种类

a. 外径千分尺。主要用于测量工件的外径、长度、厚度等外形尺寸，如图 7-34 所示。

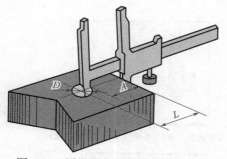

图 7-32　测量孔中心线与侧面的距离

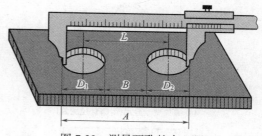

图 7-33　测量两孔的中心距

b. 内径千分尺。主要用于测量内径、槽宽等尺寸，如图 7-35 所示。内径千分尺的刻线方向与外径千分尺的刻线方向相反。内径千分尺的读数方法和测量精度与外径千分尺相同。

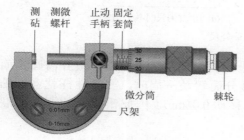

图 7-34　外径千分尺

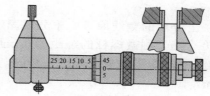

图 7-35　内径千分尺

c. 深度千分尺。主要用于测量深度、台阶等尺寸，由微分筒、固定套筒、测量杆、基座、棘轮、锁紧装置等组成，如图 7-36 所示。

d. 螺纹千分尺。主要用于测量螺纹中径，如图 7-37 所示。一般用来测量三角螺纹，其结构和使用方法与外径千分尺相同，有两个和螺纹牙型相同的测头，一个为圆锥体，一个为凹槽。有一系列的测头可供不同牙型角和螺距的螺纹选用。

测量时，螺纹千分尺的两个测头正好卡在螺纹的牙型面上（见图 7-38），所得的读数就是该螺纹中径的实际尺寸。

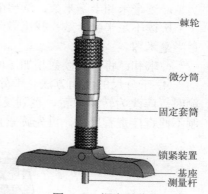

图 7-36　深度千分尺

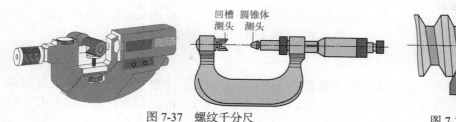

图 7-37　螺纹千分尺

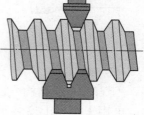

图 7-38　螺纹测量

e. 其他千分尺（见图 7-39）。

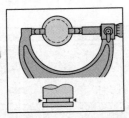

(a) 薄片型千分尺(沟槽直径测量)

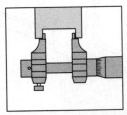

(b) 卡尺型内径千分尺(小直径及窄槽宽度测量)

(c) 壁厚千分尺(板材厚度测量)

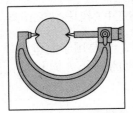

(d) 尖爪千分尺(小沟槽测量)

图 7-39　其他千分尺

② 千分尺的刻线原理　千分尺固定套筒上的刻线间隔为 0.5mm，微分筒圆锥面上刻有 50 个格。测微螺杆的螺距为 0.5mm，当微分筒转动一周时，测微螺杆就会沿轴线移动 0.5mm，即当微分筒转动一格时，螺杆就移动 0.01mm，因此千分尺的测量精度为 0.01mm。

③ 千分的尺读数方法

a. 读毫米和半毫米数：读出微分筒边缘固定套筒上的毫米和半毫米数。

b. 读不足半毫米数：找出微分筒上与固定套筒上基准线对齐的那一格，并读出相应的不足半毫米数。

c. 求和：将两组读数相加，所得结果即为被测尺寸，如图 7-40 所示。

④ 千分尺的使用方法　千分尺正确的测量方法是，当千分尺测砧及测微螺杆与工件接触时，应改为转动棘轮，直到发出"嗒嗒"的响声后方可读数，如图 7-41 所示。若条件限制不便直接查看尺寸，可先旋紧止动手柄使测微螺杆锁紧，再进行读数。

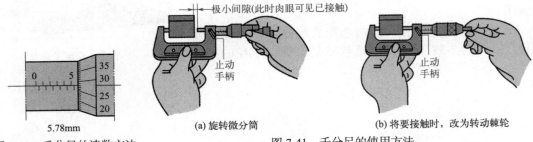

5.78mm

图 7-40　千分尺的读数方法

(a) 旋转微分筒

(b) 将要接触时，改为转动棘轮

图 7-41　千分尺的使用方法

(5) 百分表

① 百分表的结构　百分表是应用非常广泛的机械式量仪，主要用于测量零件的几何误差，也用于机床上安装工件时的精密找正，其分度值为 0.01mm。百分表的结构如图 7-42 所示。

② 百分表的工作原理　如图 7-43 所示，当测量杆 1 移动 1mm 时，这一移动量通过测量杆 1 的齿条、小齿轮 2、大齿轮 3 和中间齿轮 4 放大后传递给安装在中间齿轮 4 上的大指针 5，使大指针 5 转动一圈，同时通过大齿轮 6 带动小刻度盘上的小指针 7 转动一个刻度。若增加齿轮放大机构的放大比，则成为千分表。

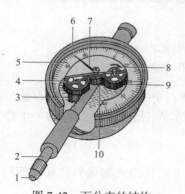

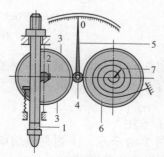

图 7-42　百分表的结构

1—测头；2—测量杆；3—小齿轮；4，9—大齿轮；5—表盘；
6—表圈；7—大指针；8—小指针；10—中间齿轮

图 7-43　百分表的工作原理

1—测量杆（带齿条）；2—小齿轮；3，6—大齿轮；
4—中间齿轮；5—大指针；7—小指针

③ 百分表的夹持　在使用百分表时，必须把其固定在可靠的夹持架上，如图 7-44 所示，不可随便夹持在不稳固的地方，否则容易造成测量结果不准确，或摔坏百分表。

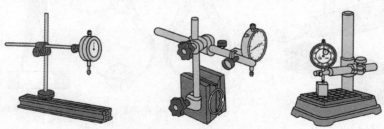

图 7-44　安装在专用夹持架上的百分表

④ 百分表的使用　如图 7-45 和图 7-46 所示，用百分表测量和校正零件时，应使测量杆有一定的初始测力，测量杆应有 0.3 ~ 1mm 的压缩量（千分表可小一些，有 0.1mm 即可），使指针转过半圈左右，然后转动表圈，使表盘的零位刻线对准指针。轻轻地拉动测量杆的圆头，拉起和放松几次，检查指针所指的零位有无改变。当指针的零位稳定后，再开始测量或校正零件。

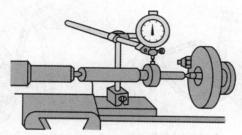

图 7-45　百分表的使用（一）

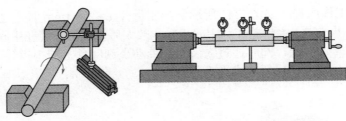

(a) 工件放在V形铁上　　　　　　(b) 工件放在专用检验架上

图 7-46　百分表的使用（二）

如图 7-47 所示，把被测轴装在两顶尖之间，使百分表的测头接触偏心部位，用手转动轴，百分表指示出的最大数字（最高点）和最小数字（最低点）之差的一半即实际偏心尺寸。

（6）卡钳

如图 7-48 所示，卡钳是最简单的比较量具。外卡钳是用来测量外径和平面的，内卡钳是用来测量内径和凹槽的。

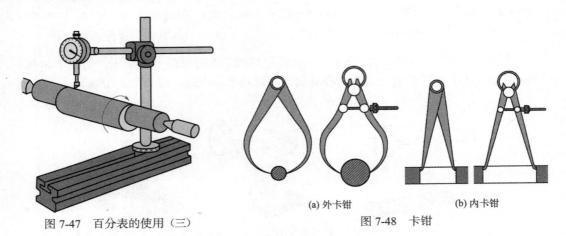

图 7-47　百分表的使用（三）

(a) 外卡钳　　　　(b) 内卡钳

图 7-48　卡钳

① 外卡钳的使用　如图 7-49（a）所示，用外卡钳在钢直尺上量取尺寸时，一个钳脚靠在钢直尺的端面上，另一个钳脚对准所需尺寸刻线，且两个钳脚的连线应与钢直尺平行，操作者的视线要垂直于钢直尺。如图 7-49（b）所示，用外卡钳测量外径时，要使两个钳脚的连线与零件的轴线垂直，靠外卡钳的自重滑过零件外圆，此时外卡钳两个钳脚之间的距离就是被测零件的外径。

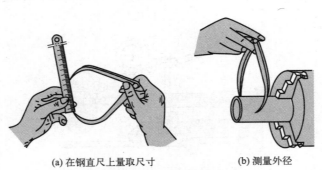

(a) 在钢直尺上量取尺寸　　　　(b) 测量外径

图 7-49　外卡钳的使用

② 内卡钳的使用 如图 7-50（a）所示，用内卡钳在钢直尺上量取尺寸的方法与外卡钳相似。用内卡钳测量内径时，应使两个钳脚的连线正好垂直于内孔的轴线，如图 7-50（b）所示。

(a) 在钢直尺上量取尺寸　　　　(b) 测量内径

图 7-50　内卡钳的使用

（7）塞尺

塞尺又称厚薄规或间隙片，主要用来测量两个接合面之间的间隙。它由许多厚薄不一的薄钢片组成，如图 7-51 所示。塞尺的每个测量片都具有两个平行的测量平面，且都有厚度标记，以供组合使用。图 7-52 所示为用塞尺检验车床尾座紧固面的间隙。

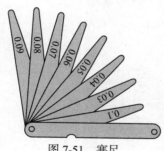 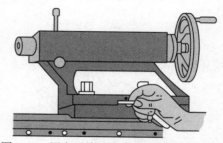

图 7-51　塞尺　　　　图 7-52　用塞尺检验车床尾座紧固面的间隙

（8）万能角度尺

① 万能角度尺的结构 万能角度尺由游标、主尺、直尺、90°角尺、基尺、支架和扇形板等组成，如图 7-53 所示。

② 万能角度尺的刻线原理 主尺刻线每格为 1°，游标的刻线是取主尺的 29°等分为 30格，因此游标刻线每格为 29°/30，即主尺与游标一格的差值为 2′，亦即万能角度尺的测量精度为 2′。

③ 万能角度尺的读数方法 首先读整度数，读出主尺上游标零刻线前的整度数；然后读分度数，数出游标与主尺刻线对齐的刻线格数，读出分度数；最后求和，将整度数和分度数相加，所得结果即为被测角度。

④ 万能角度尺的使用

a.测量 0°～50°的小角度时，参照图 7-54

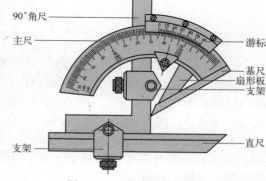

图 7-53　万能角度尺的结构

（a），将被测工件放在基尺和直尺的测量面之间，贴紧、面向光亮处，进行透光检查，调整至工件与量具接触部分只有均匀光隙时读数。

　　b. 测量 50°～140° 的角度时，参照图 7-54（b），卸下角尺，保留直尺，将被测工件放在基尺和直尺的测量面之间，调整好后读数。

　　c. 测量 140°～230° 的角度时，参照图 7-54（c），卸下直尺，保留角尺，将被测工件放在基尺和角尺的测量面之间，调整好后读数。

　　d. 测量 230°～320° 的角度时，参照图 7-54（d），卸下直尺、角尺和支架，将被测工件放在基尺和扇形板的测量面之间，调整好后读数。

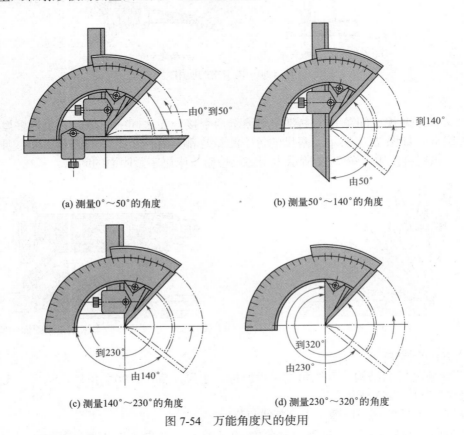

(a) 测量0°～50°的角度　　　　　　(b) 测量50°～140°的角度

(c) 测量140°～230°的角度　　　　(d) 测量230°～320°的角度

图 7-54　万能角度尺的使用

（9）量规

① 光滑极限量规　包括检验内径的塞规和检验外径的环规。

　　如图 7-55（a）所示，塞规两头各有一个圆柱体，长圆柱体一端为最小极限尺寸的一端，称为通端，短圆柱体一端为最大极限尺寸的一端，称为止端。检查工件时，通端能通过孔而止端不能通过，说明孔尺寸加工合格。

　　环规最小极限尺寸的一端称为止端，最大极限尺寸的一端称为通端，如图 7-55（b）、（c）所示，环规有双头结构和单头结构两种，检查工件时，通端能通过轴而止端不能通过，说明轴尺寸加工合格。

　　② 螺纹量规　是用通端和止端综合检验螺纹的量规。如图 7-56（a）所示，螺纹塞规用于综合检验内螺纹，长螺纹一端为通端，标识"T"，短螺纹一端为止端，标识"Z"。如图 7-56（b）所示，螺纹环规用于综合检验外螺纹，通端标识"T"，止端标识"Z"。

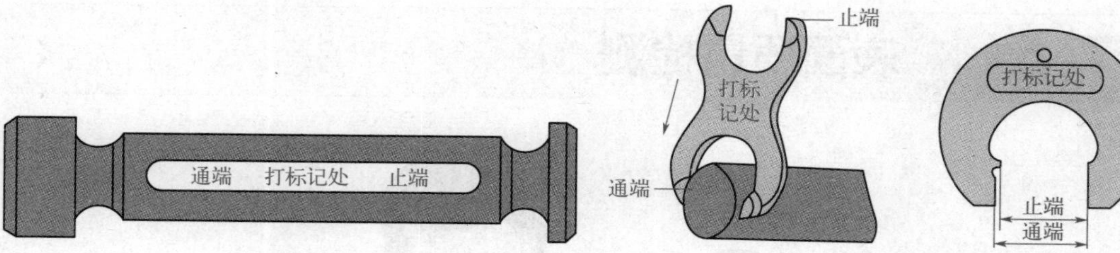

(a) 塞规

(b) 双头环规

(c) 单头环规

图 7-55　光滑极限量规

(a) 塞规

(b) 环规

图 7-56　螺纹量规

如图 7-57（a）所示，通端对正被测螺纹，在自由状态下全部螺纹均可旋入，则判定为合格，否则为不合格；止端对正被测螺纹，螺纹旋入长度在两个螺距之内为合格。螺纹塞规的使用方法同螺纹环规，如图 7-57（b）所示。

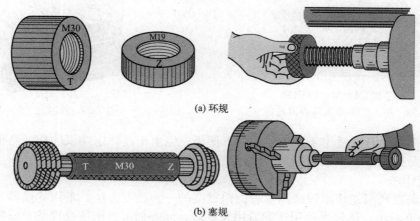

(a) 环规

(b) 塞规

图 7-57　螺纹量规的使用

7.4　表面质量检测

经过机械加工，工件表面看起来光滑平整，但由于切削加工过程中刀具和工件表面之间的强烈摩擦，切削分离时材料的塑性变形，以及工艺系统的高频振动等原因，工件表面上总会留下刀具的加工痕迹。在显微镜下可以看到这些痕迹都是由许多微小高低不平的峰谷组成的（见图 7-58），这些表面微观几何形状误差即为表面粗糙度。

测量表面粗糙度时，若图样上没有特别指明测量方向，则应在尺寸最大的方向上测量，通常在垂直于表面纹理方向的截面上测量。对没有一定纹理方向的表面，应在几个不同的方向上测量，取最大值为测量结果。表面粗糙度的常用检测方法有比较法、光切法、干涉法和针描法等。

（1）比较法

比较法是指将被测表面与已知高度特征参数值的表面粗糙度样板进行比较（见图 7-59），通过肉眼观察、手动触摸，或借助放大镜、显微镜等来判断被测表面粗糙度的一种检测方法。比较时，所用表面粗糙度样板的材料、形状、加工方法及纹理方向等应尽可能与被测表面相同，以减少检测误差。

完工零件实际表面轮廓

图 7-58　加工后零件实际表面轮廓

表面粗糙度样块

工件

图 7-59　比较法

比较法简单易行，适用于在车间条件下使用。但由于其评定结果的准确性很大程度上取决于检测人员的经验，因此仅适用于评定表面粗糙度要求不高的工件。

（2）光切法

光切法是指利用光切原理来测量表面粗糙度的一种检测方法。常用的仪器为光切显微镜，如图 7-60 所示。该仪器适用于测量用车、铣、刨等加工方法所获得的金属零件的平面或外圆。

（3）干涉法

干涉法是指利用光波干涉原理测量表面粗糙度的一种检测方法。利用此方法测量时，被测表面直接参与光路，用同一标准反射镜比较，以光波波长来度量干涉条纹的弯曲程度，从而测得零件的表面粗糙度。常用的仪器为干涉显微镜。

（4）针描法

针描法又称轮廓法，是指利用仪器的触针与被测表面接触，并使触针沿被测表面轻轻滑动来测量表面粗糙度的一种检测方法（见图 7-61）。常用的仪器是电动轮廓仪。

针描法测量表面粗糙度能够直接读出表面粗糙度 Ra 值，且能测量平面、轴、孔和圆弧面等各种表面。但由于触针要与被测表面可靠接触，需要适当的测力，当测量软材料或表面粗糙度数值较小时，被测表面容易产生划痕。

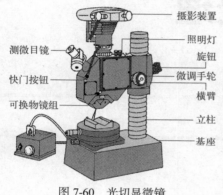

图 7-60 光切显微镜

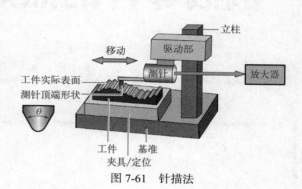

图 7-61 针描法

第 8 章
机械零件的热处理

热处理是指材料在固态下，通过加热、保温和冷却等步骤，改变材料内部组织结构，从而改善材料性能的一种金属热加工工艺。通过适当的热处理可以调整机械零件工艺性能和使用性能，充分发挥材料的潜力，以满足机械零件在加工和使用过程中对性能的要求。

我们的祖先很早就已发现，钢铁的性能会因温度和加压变形的影响而变化。白口铸铁的柔化处理就是制造农具的重要工艺（见图8-1）。

图 8-1 古老的热处理

8.1　热处理简介

热处理工艺在机械制造中应用极为广泛。在机床制造中，有60%～70%的零部件要经过热处理；在汽车、拖拉机制造中，有70%～80%的零部件要经过热处理；各种工具及滚动轴承则100%要经过热处理。总之，凡重要的零部件都必须进行适当的热处理，如发动机曲轴（见图8-2）、轴承（见图8-3）。因此，热处理在机械制造中占有十分重要的地位。

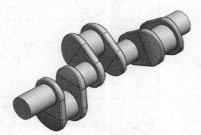

图 8-2　发动机曲轴

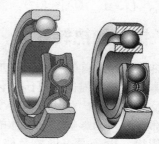

图 8-3　轴承

（1）热处理的概念

热处理是将固态金属或合金采用适当的方式进行加热、保温、冷却以获得需要的组织与性能的工艺。为表明热处理的基本工艺过程，通常用温度 - 时间坐标绘出热处理工艺曲线（见图8-4）。

（2）热处理的目的

改善工件的工艺性能与使用性能；充分发挥金属材料的潜力；延长工件的使用寿命；提高加工质量和减少刀具磨损。

（3）热处理的特点

热处理区别于其他加工工艺如铸造（见图8-5）、压力加工（见图8-6）等的特点是，只通过改变工件的组织来改变性能，而不改变其形状，只适用于固态下发生相变的材料。

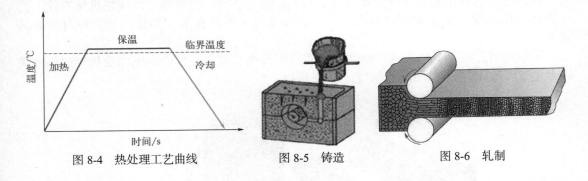

图 8-4　热处理工艺曲线　　　　图 8-5　铸造　　　　图 8-6　轧制

8.2　钢的热处理基础

8.2.1　热处理的临界点

钢的热处理在加热、冷却时的内部结构转化是以 Fe-Fe₃C 相图为依据的。A_1、A_3、A_{cm}为钢在平衡条件下的临界点。在实际热处理生产过程中，加热和冷却不可能极其缓慢，因此上述转变往往会产生不同程度的滞后现象。实际转变温度与平衡临界温度之差称为过热度(加热时)或过冷度(冷却时)。过热度或过冷度随加热或冷却速度的增大而增大。通常把加热时的临界温度加注下标"c"，如 A_{c1}、A_{c3}、A_{ccm}，而把冷却时的临界温度加注下标"r"，如 A_{r1}、A_{r3}、A_{rcm}（见图 8-7）。

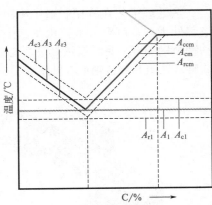

图 8-7　加热和冷却时钢的临界点

8.2.2　钢的加热转变

钢在热处理时，首先要将工件加热，使其组织转变成奥氏体，这一过程也称奥氏体化。加热时奥氏体化的程度及晶粒大小，对其冷却转变过程及最终的组织和性能都有极大的影响。奥氏体的形成过程符合相变的普遍规律，也是通过形核及核心长大来完成的。奥氏体的形成一般分为四个阶段（见图 8-8）。

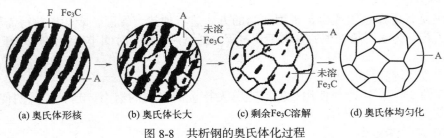

(a) 奥氏体形核　　(b) 奥氏体长大　　(c) 剩余Fe₃C溶解　　(d) 奥氏体均匀化

图 8-8　共析钢的奥氏体化过程

F—铁素体；Fe₃C—渗碳体；A—奥氏体

以共析钢为例说明奥氏体的形成过程。共析钢在室温时，其平衡组织为单一珠光体，是由含碳量极微的具有体心立方晶格的铁素体和含碳量很高的具有复杂斜方晶格的渗碳体所组成的两相混合物，其中铁素体是基体相，渗碳体为分散相。珠光体的平均含碳量为0.77%。当加热至 A_{c1} 以上温度保温，珠光体将全部转变为奥氏体。而由于铁素体、渗碳体和奥氏体三者的含碳量和晶体结构都相差很大，因此奥氏体的形成过程包括碳的扩散重新分布和铁素体向奥氏体的晶格重组，亦即是一个形核、长大和均匀化的过程。

8.2.3 钢的冷却转变

以共析钢为例说明过冷奥氏体的转变过程及转变产物。根据过冷奥氏体在不同温度下转变产物的不同，可分为三种不同类型的转变——珠光体转变、贝氏体转变和马氏体转变。

（1）珠光体转变

珠光体的转变是扩散型转变，也是形核和核心长大的过程。渗碳体晶核首先在奥氏体晶界上形成，在长大过程中，其两侧奥氏体的含碳量下降，促进了铁素体的形核，两者相间形核并长大，形成一个珠光体团。

（2）贝氏体转变

过冷奥氏体在 550 ~ 230℃ 之间转变为贝氏体组织，根据其组织形态不同，又分为上贝氏体和下贝氏体。

（3）马氏体转变

当奥氏体过冷到马氏体转变温度以下时，将转变为马氏体组织，马氏体转变是强化钢的性能的重要途径之一。马氏体的形态分为板条状和针状两种。

8.3 钢的普通热处理

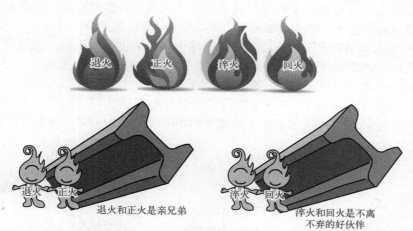

退火和正火是亲兄弟

淬火和回火是不离不弃的好伙伴

工件的大小不同，形状不同，材料的化学成分不同，在具体热处理过程中，要用不同的工艺参数（即加热速度、加热温度、保温时间和冷却速度）。正确地制定和实施工艺规程，就能获得预期的效果。

（1）退火

退火是将工件缓慢加热到一定温度，保温足够长的时间，然后以适宜速度冷却（通常是缓慢冷却，有时是控制冷却）的热处理工艺。

退火的目的是使金属内部组织达到或接近平衡状态，获得良好的工艺性能和使用性能，或者为进一步淬火做组织准备。一般情况下，退火可以分为完全退火、球化退火、扩散退火、再结晶退火、去应力退火等。其主要作用就是降低硬度，使材料易于切削；细化晶粒，改善材料性能；消除残余应力，防止工件变形开裂。

（2）正火

正火是将工件加热到一定温度，保温一定时间，然后出炉在空气中冷却至室温的热处理工艺。

正火的目的，其一是细化晶粒，改善组织和切削加工性能；其二是消除内应力；其三是提高材料的塑性和韧性。

正火的效果与退火相似，不同之处在于冷却速度比退火快，得到的组织更细，常用于改善材料的切削加工性能，对一些要求不高的零件也可作为最终热处理，同时正火冷却时不占用设备，生产率高。

普通结构钢的正火处理可作为最终热处理。合金钢在调质处理前均进行正火处理，以获得细密而均匀的组织。低碳钢或低碳合金钢正火后可提高硬度，改善切削加工性能。

由于正火比退火生产周期短，节约能源，因此得到了广泛应用。

（3）淬火

淬火是将工件加热到一定温度，保温一定时间后，出炉在水、油或其他无机盐水溶液等淬冷介质中快速冷却以获得高硬度的热处理工艺。通常淬火包括单液淬火、双液淬火、分级淬火和等温淬火等。

淬火的目的是提高材料的强度和硬度，增强耐磨性，并在回火后获得高强度和一定韧性。

（4）回火

回火是将淬火后的工件重新加热到某一温度，保温一定时间后，出炉在空气中冷却至室温的热处理工艺。

回火的目的是减小或消除工件因淬火而产生的内应力，稳定组织，提高材料的塑性和韧性，从而使材料的强度、硬度和塑性、韧性满足工件的性能要求。

对于未经淬火的钢回火是没有意义的，而淬火钢在未进行回火前一般也是不能直接应用的，为避免淬火钢在放置过程中产生开裂或变形，一般钢件在淬火后应及时回火。

按回火温度可将回火分为三类，如图8-9所示。

① 低温回火（150～250℃）　主要用来降低材料的脆性和淬火内应力，保持高的硬度，同时具有一定的韧性。适用于要求高硬度的耐磨零件，如刀具、量具（见图8-10）、模具等。

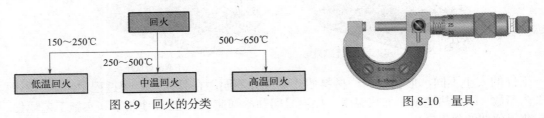

图8-9　回火的分类　　　　　　　　　　图8-10　量具

② 中温回火（250～500℃）　目的是在保持一定韧性的条件下，提高材料的弹性极限和屈服强度。主要用于各种弹簧（见图8-11）和承受冲击的零件。

③ 高温回火（500～650℃）　通常把淬火加高温回火的热处理称为调质，调质广泛应用于各种重要结构件，如连杆、轴、齿轮（见图 8-12）的热处理，也可作为某些要求较高的精密零件、量具等的预备热处理。调质处理可以提高和改善材料的综合力学性能。

图 8-11　螺旋拉伸弹簧

图 8-12　齿轮

8.4　钢的表面热处理

对于承受弯曲、扭转、摩擦或冲击的零件，一般要求表面具有较高的强度、硬度、耐磨性而心部又具有足够的塑性和韧性，对零件进行表面热处理是满足这些性能要求的有效方法。

8.4.1　表面淬火

表面淬火是将工件表面快速加热到淬火温度，然后快速冷却，仅使表面得到淬火组织，而心部仍然保持淬火前组织的热处理工艺。表面淬火适用于含碳量为 0.4%～0.5% 的中碳钢，如 40、45、40Cr、40MnB 等钢，还可用于铸铁，如机床导轨表面的热处理，以提高其耐磨性。

（1）火焰加热表面淬火

用氧炔焰喷射零件表面，使零件表面被迅速加热到淬火温度，然后立即用水向零件表面喷射（见图 8-13）。火焰加热表面淬火适用于单件或小批生产，表面要求硬而耐磨，并能承受冲击载荷的大型中碳钢和中碳合金钢件。

（2）感应加热表面淬火

感应加热表面淬火如图 8-14 所示。将工件放入感应加热器（空心铜管绕成）内，在感应器中通过一定频率的交流电以产生交变磁场，工件在交变磁场的作用下，会产生频率相同但方向相反的感应电流。这种感应电流在工件上分布是不均匀的，越接

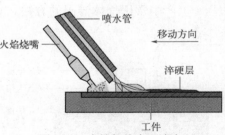

图 8-13　火焰加热表面淬火

近工件表面，电流密度越大，这种现象称为集肤效应。电流频率越高，这种效应就越明显。由于工件本身具有电阻，因而集中于工件表层的电流可使表层迅速被加热，通常在几秒内即可使温度上升到 800～1000℃。当表层温度达到淬火加热温度时，立即喷水或浸水（合金钢浸水）冷却，工件表层获得一定深度的淬硬层。电流频率越高，则淬硬层越薄。

（3）激光加热表面淬火

激光加热表面淬火如图 8-15 所示，是指将高功率密度的激光束照射到工件表面，使表

面层快速加热到奥氏体转变温度，依靠工件本身热传导迅速自冷而获得淬硬层。

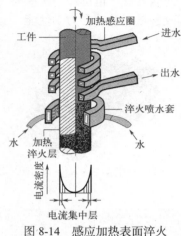

图 8-14　感应加热表面淬火

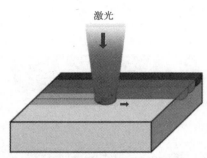

图 8-15　激光加热表面淬火

8.4.2　化学热处理

　　化学热处理是将工件置于一定的化学介质中加热、保温，使介质中一种或几种元素的原子渗入工件表层，以改变工件表层的化学成分和组织，改善材料性能的热处理工艺。

　　化学热处理由介质的分解、工件表面的吸收、原子向内部扩散三个基本过程组成。根据渗入元素的不同，化学热处理可分为渗碳、渗氮、碳氮共渗、渗硼等。这里讲解其中几种。

　　（1）渗碳

　　渗碳是指向工件表面渗入碳原子的过程。渗碳是为了使低碳钢工件表面获得高的含碳量，从而改善表面材料的硬度、耐磨性及疲劳强度，同时其心部材料仍保持良好的韧性和塑性。渗碳常用的方法有气体渗碳、液体渗碳和固体渗碳等。

　　生产中常用气体渗碳的方法。它是将工件放在密闭的加热炉中（通常采用井式炉，见

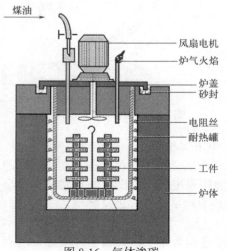

图 8-16　气体渗碳

图 8-16），通入渗碳剂，并加热到 900～930℃进行保温。常用的渗碳剂为煤油、甲醇、丙酮等。渗碳剂在高温下分解，形成含有活性碳原子的渗碳气氛，活性碳原子被工件表面吸收，从而获得一定厚度的渗碳层。渗碳层的厚度主要取决于保温时间，保温时间越长，渗碳层越厚。

　　（2）渗氮

　　渗氮是指向工件表面渗入氮原子的过程，其目的是提高工件表面的硬度、疲劳强度、耐磨性及耐蚀性。

　　渗氮的优点是工件表面硬度高，耐蚀性好，耐磨性好，热硬度高，变形小；缺点是工艺复杂，成本高，渗氮层薄。渗氮主要用于耐磨性及精度要求很高的零件，或要求耐热、耐磨、耐蚀的零件，如精密机

床的丝杠、镗床主轴、发动机气缸及热作模具等。

（3）碳氮共渗

碳氮共渗是指使工件表面同时渗入碳原子和氮原子的化学热处理工艺，也称氰化。碳氮共渗与渗碳相比，具有处理温度低、时间短、生产率高、工件变形小等优点，但其渗层较薄，主要用于形状复杂、要求变形小的小型耐磨件。

8.4.3　表面热处理新技术

近年来，金属材料表面热处理新技术得到了迅速发展，开发出了许多新的工艺，这里简单介绍其中的几种。

（1）热喷涂技术

将热喷涂材料加热至熔化或半熔化状态，用高压气流使其雾化并喷射于工件表面形成涂层的工艺称为热喷涂。利用热喷涂技术可以改善材料的耐磨性、耐蚀性、耐热性及绝缘性等，已广泛应用于包括航空航天、核能等尖端技术在内的众多领域。常用的热喷涂方法有火焰喷涂、电弧喷涂、等离子喷涂等。

① 火焰喷涂　利用气体燃烧放出的热进行的热喷涂称为火焰喷涂。燃料有乙炔、丙烷、丙烯、煤油等。

a. 丝材火焰喷涂。将氧气和燃气混合燃烧，火焰将丝材喷涂材料熔化进行喷涂。丝材熔化后经压缩空气雾化成细微颗粒，被直接喷向工件表面（见图8-17）。

b. 超声速火焰喷涂。通过特殊设计的喷嘴使氧气和燃气（丙烷、丙烯、天然气或氢气）或燃油燃烧所产生的火焰加速至数倍于声速，并携带着熔融的颗粒高速喷向工件表面，从而沉积形成致密的、高结合强度的涂层（见图8-18）。

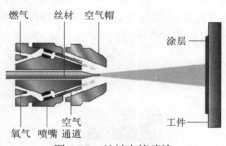

图8-17　丝材火焰喷涂

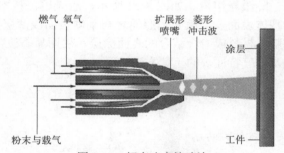

图8-18　超声速火焰喷涂

② 电弧喷涂　是利用在两根连续送进的金属丝之间燃烧的电弧来熔化金属，用高速气流把熔化的金属雾化，并对雾化的金属粒子加速，使它们喷向工件表面形成涂层的技术（见图8-19）。

③ 等离子喷涂　是采用等离子体的高温将材料熔化后借助高速气体将熔融的颗粒推向零件表面形成涂层的过程（见图8-20）。

（2）气相沉积技术

气相沉积技术是指将含有沉积元素的气相物质通过物理或化学的方法沉积至工件表面形成薄膜的一种新型镀膜技术。根据沉积过程的原理不同，气相沉积技术可分为物理气相沉积（PVD）和化学气相沉积（CVD）两大类。物理气相沉积技术是指在真空条件下，用物理的方法使材料汽化或电离，并通过气相过程在材料表面沉积成一层薄膜的技术。化学气相沉积技术是指在一定温度下，混合气体与基体表面相互作用而在基体表面形成金属或化合物薄膜的技术。

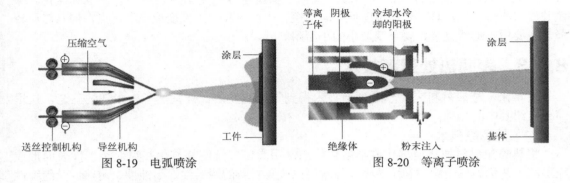

图 8-19　电弧喷涂　　　　　　　　　　　图 8-20　等离子喷涂

（3）三束表面改性技术

三束表面改性技术是指将具有高能量密度的激光束、电子束、等离子束（合称三束）之一施加到材料表面，使之发生物理、化学变化，以获得特殊表面性能的技术。通过对材料表面进行快速加热和冷却，使表层的结构和成分发生大幅度改变，从而获得所需的特殊性能。此外，该技术还具有能量利用率高、工件变形小、生产率高等优点。

① 激光束表面改性技术　利用高能量的激光束使根据需求加入的合金涂层与基体金属表面熔化混合，在极短的时间内，形成不同化学成分和结构的表面合金层。

a. 激光表面合金化。利用激光束将一种或多种合金元素快速熔入基体表面，从而使基体表层具有特定的合金成分（见图 8-21）。

b. 激光熔覆。如图 8-22 所示，激光熔覆技术是指以不同的填料方式将所选涂层材料置于基体表面，经激光辐照使之与基体表面浅薄层同时熔化，并快速凝固后形成稀释度极低，与基体材料成冶金结合的表面涂层，从而显著改善基体材料表面的耐磨、耐蚀、耐热、抗氧化及电气特性等的工艺方法。

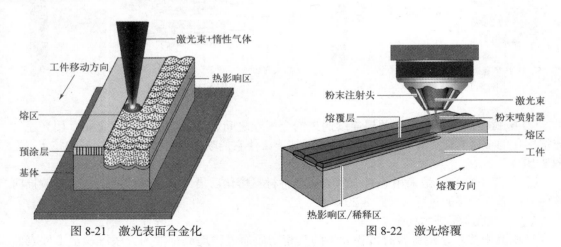

图 8-21　激光表面合金化　　　　　　　　图 8-22　激光熔覆

激光熔覆是一种熔覆堆焊技术，它使用高功率工业激光将材料熔化／焊接到基材上，从而形成具有真正冶金结合的覆盖层。用激光在基体表面熔覆一层薄的具有特定性能的材料，要求基体对表层合金的稀释度为最小。

图 8-23 所示为激光熔覆过程，激光熔覆设备以激光器为核心，并配上熔覆头、冷水机、送粉机、运动控制系统等关键功能单元：激光器提供高能量的激光热源，决定着整套设备的熔覆性能；熔覆头用于输出激光和粉末，也在一定程度上决定了熔覆的效果；冷水机保障了激光器和熔覆头的稳定运行；送粉机为激光熔覆提供连续不断的原材料；运动控制系统（滑轨与旋转台）用于控制熔覆头和待加工的零部件，决定了加工的精度。

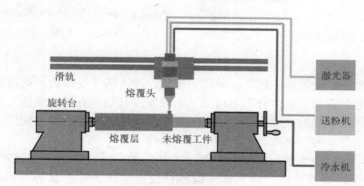

图 8-23　激光熔覆过程

② 电子束表面改性技术　当高速电子束照射到金属表面时，电子能深入金属表面一定深度，与基体金属的原子核及电子发生相互作用，从而使被处理金属的表层温度迅速升高。

电子束表面改性的方法有电子束淬火、电子束表面合金化、电子束覆层等。

电子束在很短时间内轰击表面，表面温度迅速升高，而基体仍保持冷态。当电子束停止轰击时，热量迅速向冷基体金属传导，从而使加热表面自行淬火。

③ 等离子束表面改性技术　采用高能量密度的等离子束为热源，形成超声速射流，扫描金属表面，使其以极快的速度达到奥氏体化温度，热源随即移开，热量立即向工件深处和未加热部分传导，被加热的工件局部表层迅速冷却，该区域的奥氏体便转变成马氏体被强化，硬度大幅度提高。

8.5　典型机械零件的热处理

8.5.1　轴类零件

轴类零件要求具有高强度、抗冲击韧性及良好的表面耐磨性。轴类零件通常使用锻造或轧制的中低碳的碳钢或合金钢制造：机床主轴选用 45 钢，承受较大载荷的主轴用 40Cr 制造；需承受较大冲击载荷和疲劳载荷时，用合金渗碳钢（20Cr 或 20CrMnTi）制造；内燃机曲轴选用优质中碳钢或中碳合金钢制造。

（1）车床主轴

车床主轴（见图 8-24）受交变弯曲和扭转复合应力作用，载荷和转速均不高，冲击载荷也不大，所以具有一般综合力学性能即可满足要求，但其大端的轴颈、锥孔与卡盘、顶尖之间摩擦，这些部位要求有较高的硬度和耐磨性。车床主轴热处理工艺如图 8-25 所示。

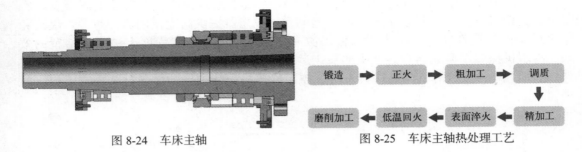

图 8-24 车床主轴　　　　图 8-25 车床主轴热处理工艺

（2）曲轴

曲轴（见图 8-26）受弯曲、扭转、剪切、拉压、冲击等交变应力，可造成曲轴的弯曲和扭转振动，产生附加应力，应力分布不均匀，曲轴轴颈与轴承有滑动摩擦。其主要失效形式为疲劳断裂和轴颈严重磨损。因此，曲轴材料要有高强度，一定的冲击韧性，足够的弯曲与扭转疲劳强度和刚度，轴颈表面要有高硬度和耐磨性。

锻造曲轴选用优质中碳钢与中碳合金钢，如 35、40、45、35Mn2、40Cr、35CrMo 等钢；铸造曲轴选用铸钢、球墨铸铁、珠光体可锻铸铁及合金铸铁等，如 ZG230-450、QT600-3、QT700-2、KTZ450-5 等。铸造曲轴热处理工艺如图 8-27 所示。

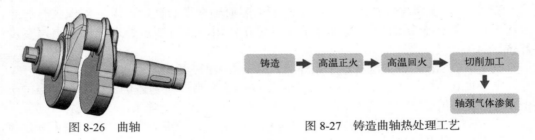

图 8-26 曲轴　　　　图 8-27 铸造曲轴热处理工艺

8.5.2 弹簧

弹簧要求具有高弹性极限及高疲劳强度，通常选用碳素钢、合金弹簧钢、铜合金等制造。

汽车板簧如图 8-28 所示，用于缓冲和吸振，承受很大的交变应力和冲击载荷，需要高的屈服强度和疲劳强度，对于轻型汽车选用 65Mn、60Si2Mn 制造，对于中型或重型汽车选用 50CrMn、55SiMnVB 制造，重型载重汽车大截面板簧用 55SiMnMoV、55SiMnMoVNb 等制造。汽车板簧热处理工艺如图 8-29 所示。

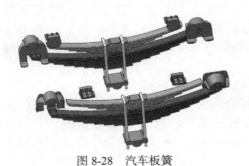

图 8-28 汽车板簧

图 8-29 汽车板簧热处理工艺

8.5.3　齿轮

齿轮要求具有高疲劳强度，机床齿轮用中碳钢或中碳合金钢制造，汽车齿轮用合金渗碳钢制造。20CrMnTi 汽车变速箱齿轮（见图 8-30）热处理工艺如图 8-31 所示。

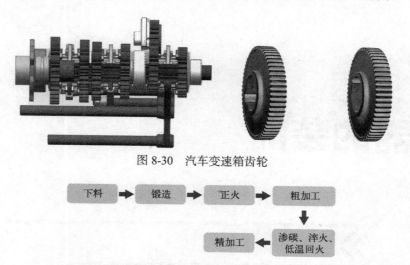

图 8-30　汽车变速箱齿轮

下料 → 锻造 → 正火 → 粗加工 → 渗碳、淬火、低温回火 → 精加工

图 8-31　20CrMnTi 汽车变速箱齿轮热处理工艺

8.5.4　刃具

刃具主要要求硬度、耐磨性和红硬性，可根据不同的使用条件选用碳素工具钢、低合金刃具钢、高速钢、硬质合金和陶瓷等，如手动刃具可用 T8、T10 等碳素工具钢制造，低速切削刃具可用低合金刃具钢 9SiCr、CrWMn 制造，高速切削刃具选用高速钢 W18Cr4V、W6Mo5Cr4V2 制造等。

图 8-32 所示为齿轮滚刀，是生产齿轮的常用刀具，用于加工外啮合的直齿和斜齿渐开线圆柱齿轮（见图 8-33）。其形状复杂，精度要求高。齿轮滚刀的材料为高速钢 W18Cr4V。其热处理工艺如图 8-34 所示。

图 8-32　齿轮滚刀

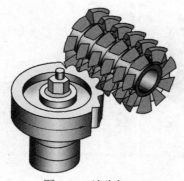

图 8-33　滚齿加工

热轧棒材下料 → 锻造 → 球化退火 → 粗加工 → 淬火 → 回火 → 精加工 → 表面处理

图 8-34　齿轮滚刀热处理工艺

第9章
机器的装配

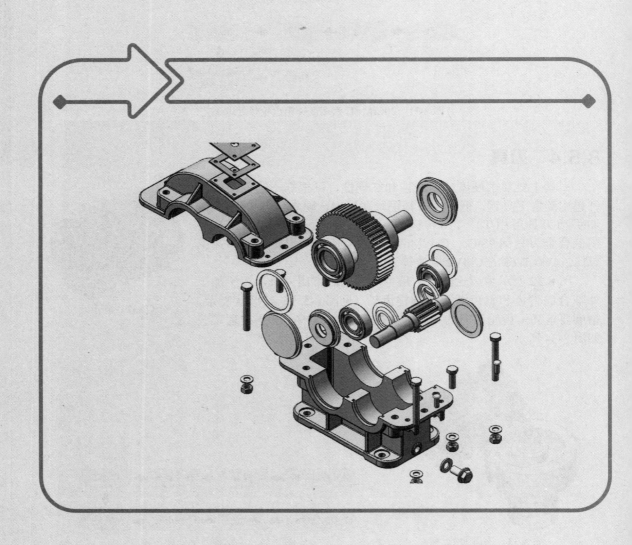

机器的装配是整个机器制造工艺过程中的最后一个环节，它包括部装和总装（把零件装配成部件的过程称为部件装配，简称部装；把零件和部件装配成最终产品的过程称为总装配，简称总装）、调整、检验和试验等。装配工作十分重要，对机器质量影响很大。若装配不当，即使所有机器零件加工都符合质量要求，也不可能装配出合格的、高质量的机器。

9.1　装配的概念

任何一台机器都是由若干零件、合件、组件和部件组成的。

组成机器的最小单元是零件，如一个齿轮、一个螺母、一根轴（见图9-1）。零件一般预先装成合件、组件、部件后才装入机器，直接装入机器的零件并不太多。

(a) 齿轮　　　　　(b) 螺母　　　　　(c) 轴

图 9-1　零件

合件一般由若干个零件连接（如焊接、铆接、压配等）或连接后经加工而成，如减速器箱体、发动机连杆（小头孔压入铜套后再精加工）（见图9-2）等。

(a) 减速器箱体　　　　　(b) 发动机连杆

图 9-2　合件

组件是指由若干个零件与合件组成的，在结构和装配上有一定独立性的组合体，如图9-3所示的装在同一根轴上的齿轮、键、轴承等。

(a)　　　　　　　　(b)

图 9-3　组件

部件是由若干个零件、合件、组件组成的，在结构和装配上独立，并且具有一定完整功能的组合体，如机床主轴箱（见图9-4）、溜板箱、走刀箱等。

(a)   (b)

图 9-4   部件

9.2   装配工作的基本内容

机器的装配，并不仅仅是将合格的零件、合件、组件、部件简单地连接在一起，而是通过组装、校准和反复检验等来保证装配的技术要求。

9.2.1   装配前零件的清洗与防锈

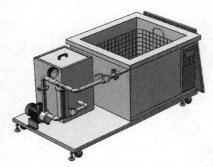

图 9-5   超声波清洗机

清洗工作对保证机器装配质量、延长机器使用寿命均有重要意义，尤其是对紧密配合件、密封件更为重要。清洗的目的是除去零件表面上的油污及杂质。常用的清洗液有煤油、汽油、碱液以及化学清洗液等。清洗时可采用擦洗、浸洗、喷洗、超声波清洗等方法。常用的零件清洗装置有机械化清洗槽、气相清洗装置、单室喷洗机、超声波清洗机（见图 9-5）。

在潮湿空气的作用下清洗后的零件容易生锈，为避免这种情况发生，应在煤油、汽油中加防锈剂。碱液清洗过的零件，还需用清水洗净并干燥后，再进行防锈处理。

超声波清洗工作原理如图 9-6 所示，主要是通过换能器将声能转换为机械振动，通过清洗槽壁将超声波辐射到槽中的清洗液，使液体中的微气泡保持振动，破坏污物与被清洗件表面的吸附作用，使污物层疲劳破坏而被剥离（见图 9-7）。

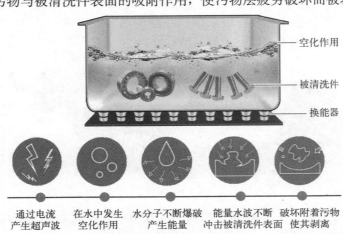

空化作用

被清洗件

换能器

通过电流   在水中发生   水分子不断爆破   能量水波不断   破坏附着污物
产生超声波   空化作用   产生能量   冲击被清洗件表面   使其剥离

图 9-6   超声波清洗工作原理

图 9-7　超声波清洗过程

9.2.2　装配中常用的连接方法及要求

装配中连接形式比较多，常用的有螺钉连接、螺栓连接、键连接、销连接、过盈连接、铆接、粘接和焊接等。

（1）螺钉、螺栓连接

螺钉、螺栓连接（见图 9-8）装卸方便，具有一定的可调性，但容易松动。为了保证螺钉、螺栓连接的可靠性，在装配时应注意预紧力、拧紧顺序和防松等问题。

（2）键、销连接

键连接可以实现轴与轴上零件（如齿轮、带轮等）之间的轴向固定，并传递运动和转矩。图 9-9 所示为普通平键连接，靠键的两侧面传递转矩，键的两侧面是工作面，对中性好，键的上表面与轮毂上的键槽底面留有间隙，以便装配。

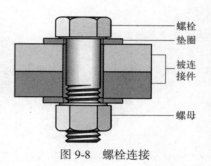

图 9-8　螺栓连接

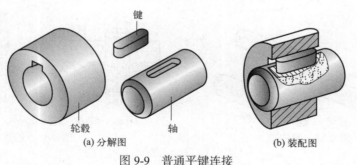

(a) 分解图　　　　　　　(b) 装配图

图 9-9　普通平键连接

如图 9-10 所示为导向平键连接，其特点是轮毂可在轴上沿轴向移动。导向平键比普通平键长，紧定螺钉固定在键槽中，键与轮毂槽采用间隙配合，键上设有起键螺孔。

图 9-11 所示为半圆键连接，工作面为键的两侧面，有较好的对中性，可在轴上键槽中摆动以适应轮毂上键槽斜度，适用于锥形轴与轮毂的连接，键槽对轴的强度削弱较大，只适用于轻载。

图 9-12 和图 9-13 所示为花键连接，由沿轴和轮毂孔周向均布的多个键齿相互啮合而成。花键连接多齿承载，承载能力高，齿浅，对轴的强度削弱小，对中性及导向性好，但加工需专用设备，成本高。

圆柱销是标准件，如图 9-14 所示，主要用于连接和定位。图 9-15 所示为销连接。圆柱销连接一般采用过盈配合，装配时要保证其过盈量，一经拆卸，就应更换。装配圆锥销时，应保证销与销孔的接触长度。装配重要的圆锥销时，应进行涂色检验，其接触斑点不小于60%。

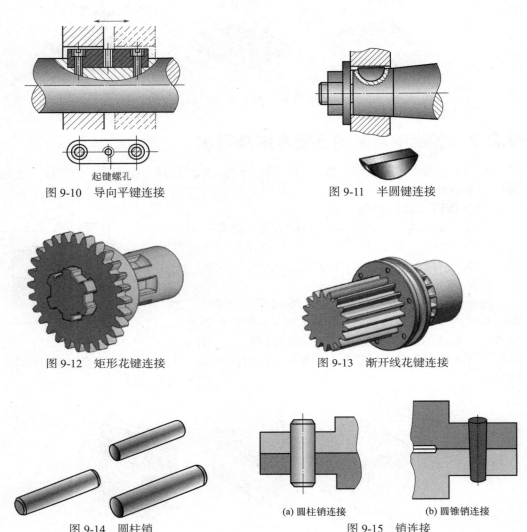

图 9-10　导向平键连接

图 9-11　半圆键连接

图 9-12　矩形花键连接

图 9-13　渐开线花键连接

图 9-14　圆柱销

(a) 圆柱销连接　　(b) 圆锥销连接

图 9-15　销连接

（3）过盈连接

过盈连接常采用以下几种装配方法：压入配合法，可使用手锤、重物、压力机；热胀配合法，采用火焰、介质、电阻、感应加热包容件，再自由套在被包容件上；冷缩配合法，采用干冰、低温箱、液氮等使被包容件冷缩，再自由装入包容件中。

图 9-16 所示为滚动轴承的装拆。

（4）铆接、粘接、焊接

① 铆接　分为冷铆（见图 9-17）和热铆（见图 9-18）两种。

② 粘接　用黏结剂将零件紧密地粘接在一起的一种方法，属于不可拆的连接工艺。其特点是简便，不需复杂设备，粘接过程不需加热，不必钻孔，因而不会削弱基体强度，可粘接各种金属、非金属及异种材料，但不耐高温，一般情况下，普通胶粘接的工件只允许在 150℃以下工作，耐高温胶也只能耐受 300℃，抗冲击性能和耐老化性能差，影响长期使用。

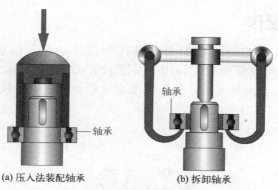

(a) 压入法装配轴承　　　　　　　(b) 拆卸轴承

图 9-16　滚动轴承的装拆

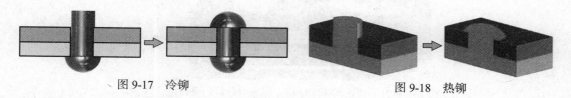

图 9-17　冷铆　　　　　　　　　　　　图 9-18　热铆

粘接金属工件时，工件的接头形式对粘接强度有很大影响。粘接接头形式如图 9-19 所示。

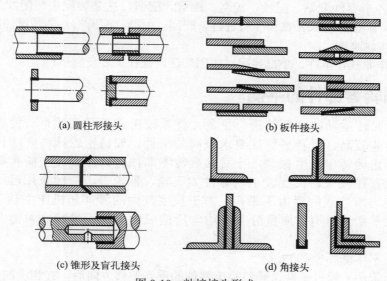

(a) 圆柱形接头　　　　　　　　　　(b) 板件接头

(c) 锥形及盲孔接头　　　　　　　　(d) 角接头

图 9-19　粘接接头形式

③ 焊接　如图 9-20 所示。应根据零件的材料、尺寸和连接特性选择不同的方法，如弧焊、气焊、钎焊等。

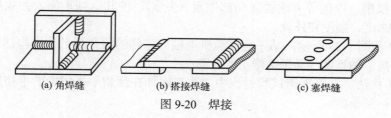

(a) 角焊缝　　　　　　(b) 搭接焊缝　　　　　　(c) 塞焊缝

图 9-20　焊接

9.2.3　校准与配作

校准（也称校正）是指在装配时对各零件和部件的相互位置进行找正、测量、调整等，使之达到规定的技术要求。如用千分表校正车床主轴箱、尾座对于导轨的平行度，以检验棒外圆母线作测量基准，分别校准主轴箱及尾座中心线与导轨面的平行度（见图 9-21）。

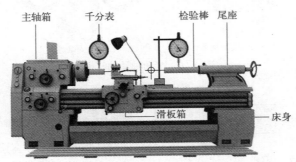

图 9-21　校正车床主轴箱、尾座对导轨的平行度

配作是指各个零件配钻、配铰、配刮、配磨、配研，这是装配中间附加的一些钳工和机械加工工作。配钻、配铰要在校准后进行。配刮、配磨、配研的目的是增加配合表面的接触面积，提高接触刚度。

校准与配作尤其在单件、小批装配时应用广泛，往往需要反复进行。

9.2.4　回转零部件的平衡

装配时对回转运动的零部件进行平衡，就是校正其不平衡质量，使机器工作时运转平稳。对转速较高、运转平稳性要求较高的机器，如精密磨床、电动机和高速内燃机等，为了防止运转中发生振动，应对其旋转零部件进行平衡。平衡有静平衡和动平衡两种。对于直径较大、长度较小的零件如飞轮、带轮等，一般采用静平衡，以消除质量分布不均匀所造成的静力不平衡；对于长度较大的零件如机床主轴、电动机转子等，需采用动平衡，以消除质量分布不均匀所造成的力偶不平衡和可能共存的静力不平衡。

（1）校正不平衡质量的方法

① 增加质量法　通过平衡试验机找出零件的重心偏移方向后，在相反的方向适当位置用补焊、喷镀、粘接、铆接、螺纹连接等方法加配相应的质量（配重），使其达到平衡。加配的质量必须固定牢靠。

② 减少质量法　通过平衡试验机找出零件的重心偏移方向后，在该方向的适当位置用钻削、磨削、铣削、锉削等方法去除局部质量（去重），使其达到平衡。去除局部质量后不得影响零件的刚度、强度和外观。

如图 9-22 和图 9-23 所示，动平衡试验机上轴类零件的抬升与钻孔机构结构紧凑、省时省力，大大提高了轴类零件动平衡修正的效率。

③ 质量位移法　在静平衡试验过程中，改变附加在预制平衡槽中的平衡质量相对位置或数量，使其达到平衡。

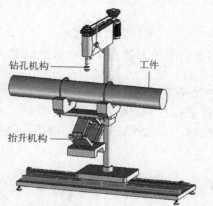

钻孔机构　　　工件

抬升机构

图 9-22　动平衡试验机上轴抬升与钻孔机构

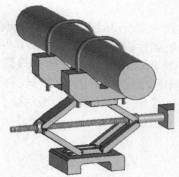

图 9-23　抬升机构

（2）静平衡

静平衡设备主要是静平衡架和平衡心轴。静平衡架的结构形式主要有导轨式、滚柱式、圆盘式和球面支承式。导轨式静平衡架应用最普遍。

如图 9-24 所示，导轨式静平衡架的主要部分是安装在同一水平面内的两个互相平行的刀口形导轨。试验时将回转构件的轴颈支承在两导轨上。若构件是不平衡状态，则在重力作用下，将在导轨上滚动。当滚动停止后，构件的质心 S 在理论上应位于转轴的正下方，如图 9-25 所示。在判定了回转构件质心相对转轴的偏离方向后，在相反方向的某个适当位置，取适量的胶泥暂时代替平衡质量粘贴在构件上，重复多次直到回转构件在任意位置都能保持静止不动，此时所粘贴胶泥的质径积（质量与其所在点的向径的乘积）即为应加平衡质量的质径积。最后

图 9-24　导轨式静平衡架

根据回转构件的具体结构，按质径积的大小确定的平衡质量被固定到构件的相应位置（或在相反方向上去除构件上相应的质量），就能使回转构件达到静平衡。导轨式静平衡架结构简单、可靠，平衡精度较高，但必须保证两导轨在同一水平面内。当回转构件两端轴颈的直径不相等时，就无法在这种平衡架上进行平衡试验了。

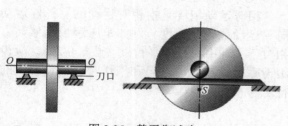

图 9-25　静平衡试验

图 9-26　圆盘式静平衡架

图 9-26 所示为圆盘式静平衡架，进行平衡试验时，将回转构件的轴颈支承在两对圆盘上，每个圆盘均可绕自身轴线转动，而且一端的支承高度可以调整，以适应两端轴颈的直径

不相等的回转构件。但因轴颈与圆盘间的摩擦阻力较大，故平衡精度比导轨式静平衡架要低一些。

（3）动平衡

动平衡主要是为消除旋转体内质量分布不均匀而引起的力偶不平衡和残余的静力不平衡。对一般刚性旋转体（见图9-27），可在两个校正平面上校正。

图9-28所示的转子动平衡试验机，是用于测定转子不平衡的设备，属于硬支承平衡试验机，摆架刚度很大，用动平衡试验机测量结果对转子的不平衡量进行修正，使转子旋转时产生的振动或作用于轴承上的振动减少到允许的范围内，以达到减少振动、改善性能和提高产品质量的目的。

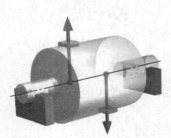

图9-27　刚性旋转体

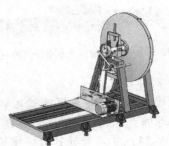

图9-28　转子动平衡试验机

9.3　装配精度

装配精度指机器装配后，各工作面间的相互位置和相对运动等参数与规定指标的符合程度。机器装配精度一般包括以下四个方面。

（1）尺寸精度

尺寸精度是指相关零部件的距离精度和配合精度。例如装配体中有关零件间的间隙；齿轮啮合中非工作齿面间的侧隙；相配合零件间的过盈量等。

（2）相互位置精度

相互位置精度是指相关零部件间的平行度、垂直度及各种跳动等。例如卧式铣床刀杆轴线和工作台面的平行度，车床主轴前、后轴承（见图9-29）的同轴度等。

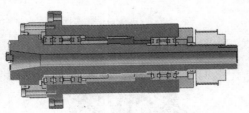

图9-29　车床主轴前、后轴承

（3）相对运动精度

相对运动精度是指相对运动的零部件运动方向和运动位置的精度。例如车床溜板箱移动方向相对于主轴中心线的平行度（见图9-30）；滚齿机滚刀垂直进给运动方向和工作台旋转轴心线的平行度等。

（4）接触精度

接触精度是指相互接触、相互配合的表面间接触面积大小及接触斑点的分布情况。例如齿轮侧面接触精度要控制沿齿高和齿长两个方向上接触面积大小及接触斑点数值。接触精度影响接触刚度和配合质量的稳定性，它取决于接触表面本身的加工精度和有关表面的相互位置精度。

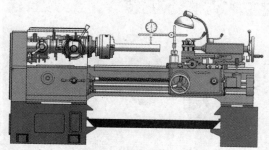

图 9-30　车床溜板箱移动方向相对于主轴中心线的平行度

　　需注意，机器和部件是由零件装配而成的，零件的精度特别是关键零件的加工精度对装配精度有很大影响。

9.4　装配的方法及选择

　　常用的装配方法有以下几种。

　　（1）互换法

　　互换法是在装配过程中，同种零件互换后仍能达到装配精度要求的装配方法。其实质是通过控制零件的加工误差来保证装配精度。根据零件的互换程度不同，分为完全互换法和不完全互换法。

　　（2）选配法

　　选配法是将相关零件的相关尺寸公差放大到经济精度，然后选择合适的零件进行装配，以保证装配精度的方法。这种方法常用于装配精度要求高，而组成环又不多的成批或大量生产的情况下，如滚动轴承的装配等。选配法按其形式不同分为直接选配法、分组选配法和复合选配法三种。

　　（3）修配法

　　在单件、小批生产中，对于产品中那些装配精度要求较高且组成环较多的零件装配时，如按互换法或选配法装配，会造成零件精度过高而难以加工，有时甚至无法加工。此时，常用修配法来保证装配精度要求。

　　修配法就是在装配时修去指定零件上预留的修配量，以达到装配精度的方法。具体地说就是将装配尺寸链中各组成环按经济精度制造，装配时，按实测结果，通过修配某一组成环的尺寸，用来补偿其他组成环因公差放大后产生的累积误差，使封闭环达到规定精度的一种装配方法。这种方法能获得较高的装配精度，但增加了一道修配工序。这种方法适用于模具装配。常用的有单件修配法、合并加工修配法。

　　（4）调整法

　　调整法的实质与修配法相同，也是将尺寸链中各组成环的公差放大，使其按经济精度制造。装配时，改变调整环的实际尺寸或位置，使封闭环达到规定的公差要求。预先选定的环称为调整环，它用来补偿其他各组成环因公差放大而产生的累积误差。根据调整方法的不同，调整法可分为可动调整法和固定调整法两种。

9.5　典型部件的装配

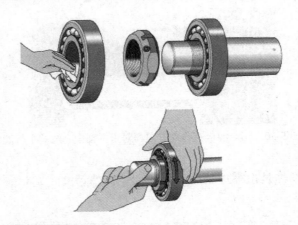

9.5.1　滚动轴承的装配

机械设备中常用的滚动轴承如图 9-31 所示，有深沟球轴承、角接触球轴承、圆锥滚子轴承、圆柱滚子轴承，这几种轴承的使用寿命与装配工艺有密切联系，如果装配工艺不合理，不但轴承本身会严重受损，而且还会影响轴系的稳定性和设备的整体寿命。

(a) 深沟球轴承　　(b) 角接触球轴承　　(c) 圆锥滚子轴承　　(d) 圆柱滚子轴承

图 9-31　滚动轴承

滚动轴承的装配一般分为以下几步：检测零部件、清洗、安装、调整游隙、润滑。

（1）检测零部件

在装配滚动轴承时，首先对各个零部件进行检测，检测项包括轴承和轴零件的尺寸公差、形状公差、位置公差、表面粗糙度及轴承与轴及轴孔的接触范围（见图 9-32）。

轴承内圈和轴之间不允许出现相对运动，内圈和轴实际上是通过过盈配合固定在一起的。无论多大的公差也必须是过盈配合，不允许间隙配合。因此将轴承安装在轴径上时，需要预先加热轴承再安装，冷却后内圈收缩，与轴紧固在一起。

（2）清洗

装配前对轴承及轴承外壳体、轴进行彻底清洗，确保配合面上无杂质附着。轴承的清洗分为粗洗和精洗，清洗时最好选择专业的容器，轴承清洗机如图 9-33 所示。

清洗轴承时，应将容器也分为粗洗用的和精洗用的，在容器内放置金属丝网的活动支承件，一般情况下用普通的洗涤油进行清洗便可，如轴承脏污特别严重时可选用汽油清洗，但对易燃的危险性及清洗后的防锈处理必须充分注意。

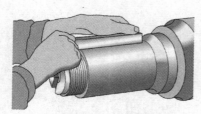

图 9-32 轴承接触范围的检测

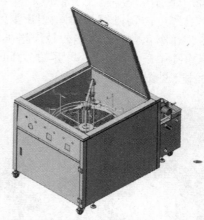

图 9-33 轴承清洗机

清洗后可手持轴承内圈，然后拨动轴承外圈，在旋转过程中检查是否有卡涩现象，无任何异常情况即为合格［见图 9-34（a）］。必要时还应进行径向游隙大小的检查。在组装现场，可用手感法简单地检查轴承游隙是否合适。手握轴承前后晃动，不应有较大的撞击声［见图 9-34（b）］；或用两手如图 9-34（c）所示托起轴承，上下左右晃动，不应有明显的撞击声。

(a) 拨动外圈检查转动灵活性

(b) 前后晃动检查游隙大小

(c) 双手托起晃动检查游隙大小

图 9-34 装配滚动轴承前的检查

（3）安装

如图 9-35 所示，这是安装中小型轴承的一种简便方法。当轴承内圈为紧配合，外圈为较松配合时，将铜棒紧贴轴承内圈端面，用锤直接敲击铜棒，通过铜棒传力，将轴承慢慢装到轴上。用铜棒沿轴承内圈端面圆周均匀敲击，切忌只敲打一边，也不能用力过猛，要对称敲打，轻轻敲打慢慢装上，以免装斜或击裂轴承。

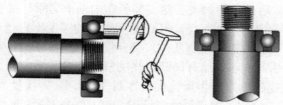

图 9-35 利用铜棒手工锤击安装

如图 9-36 所示，将套筒直接压在轴承套圈端面上（轴承装在轴上时压住内圈端面；装在壳体孔内时压住外圈端面），用锤敲击时力能均匀地分布在整个轴承套圈端面上，安装省力省时，质量可靠。安装所用的套筒应为软金属制造（铜或低碳钢管均可）。若轴承安装在轴上时，套筒内径应略大于轴颈 1 ～ 4mm，外径略小于轴承内圈挡边直径，或以套筒厚度为准，其厚度应制成等于轴承内圈厚度的 2/3 ～ 4/5，且套筒两端应平整并与筒身垂直。若轴承安装在座孔内时，套筒外径应略小于轴承外径。如果要将轴承的内、外圈同时装到轴上和轴承座孔中，必须确保以相同的力同时作用在内、外圈上，且必须与安装工具接触面在同一平面上（见图 9-37）。

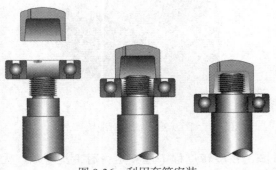

图 9-36　利用套筒安装

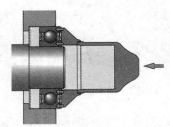

图 9-37　锤击套筒装配

可采用压力机代替手锤加压，其特点是轴承不受敲击，与轴承相配的密封装置等零件不会受损。压力机如图 9-38 所示。采用压力机安装轴承时（见图 9-39），应使压力机杆中心线与套筒和轴承的中心线重合，以防安装歪斜压裂轴承。安装压力应直接施加于过盈配合的轴承套圈端面上，否则会造成轴承工作表面压伤，导致轴承很快损坏。

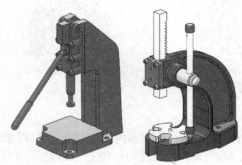

图 9-38　压力机

图 9-39　使用压力机进行安装

通常情况下，对于较大型轴承的安装，不加热轴承或轴承座是不可能完成的，因为随着尺寸的增大，安装时需要的力也增大。热安装所需的轴承套圈与轴或轴承座孔之间的温差主要取决于过盈量和轴承配合处的直径。开式轴承加热的温度不得超过 120℃。不推荐将带有密封件和防尘盖的轴承加热到 80℃以上（应确保温度不超过密封件和润滑脂允许的温度）。加热轴承时，要均匀加热，绝不可以有局部过热的情况。轴承感应加热器（见图 9-40）的工作原理是利用金属在交变磁场中产生涡流而使本身发热，图 9-41 所示为轴承感应加热示意图。有时也可以采用油浴的方法加热轴承（见图 9-42），但油浴通常要花费很长时间才能达到所需温度，且轴承实际温度也难以控制。油浴的能耗远高于感应加热器。在针对小型轴承的成批加热中，使用烤箱（见图 9-43）和热板加热也是常用的手段。然而对于大型轴承来说，使用烤箱和热板加热时间过长、效率低，并且为操作者带来极大的工作风险。不应使用明火加热轴承（见图 9-44）。利用感应加热器加热，是最适合加热轴承的方法。轴承加热结束后应尽快安装，热装后的轴承需要待温度下降轴承收缩后再次沿轴向压紧，因为轴承冷却后轴肩端面与轴承端面之间会产生间隙。

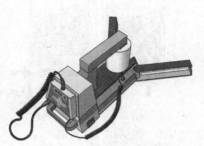

图 9-40 轴承感应加热器

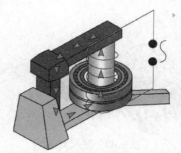

图 9-41 轴承感应加热示意图

图 9-42 轴承油浴

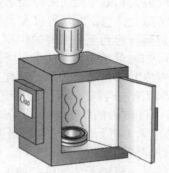

图 9-43 烤箱加热

图 9-44 明火加热

液压套入的方法适用于轴承尺寸和过盈量较大，又需要经常拆卸的情况，也可用于不可锤击的精密轴承。装配锥孔轴承时，由手动泵产生的高压油进入轴端，经通路引入轴颈环形槽中，使轴承内孔胀大，再利用液压螺母将轴承装入。所用的工具为液压泵、液压螺母、数字机械压力表、百分表（见图 9-45），液压螺母将轴承推到锥形轴上（见图 9-46）。

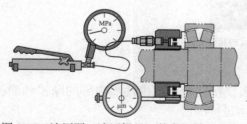

图 9-45 液压泵、液压螺母、数字机械压力表、
百分表

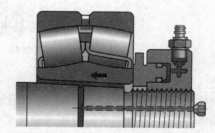

图 9-46 液压螺母将轴承推到锥形轴上

（4）调整游隙

轴承游隙的测量方法有专用仪器测量法、简单测量法、塞尺测量法。塞尺测量法（见图 9-47）在现场使用最广泛，适用于大型和特大型圆柱滚子轴承径向游隙［见图 9-48（a）］的测量，将轴承立起或平放测量，有差异时以轴承平放时的测量值为准。

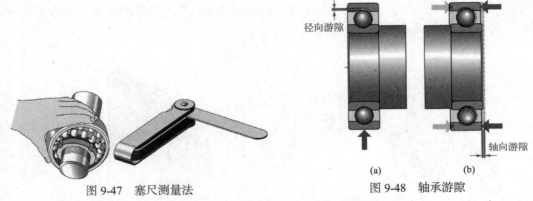

图 9-47　塞尺测量法　　　　　　　　　图 9-48　轴承游隙

　　用塞尺沿滚子和滚道圆周测量时，转动套圈和滚子保持架组件一周，在连续三个滚子上能通过的塞尺的最大厚度为最大径向游隙测量值，在连续三个滚子上不能通过的塞尺的最小厚度为最小径向游隙测量值。取最大和最小径向游隙测量值的算术平均值作为轴承的径向游隙。使用塞尺测量法所测得的游隙允许包括塞尺厚度允差在内的误差。

　　轴承的径向游隙对轴承的稳定运行起到至关重要的作用，轴承径向游隙已有相关的国家标准，在具体应用时只需查表便可知轴承径向游隙的上、下限。可在轴承座孔与轴承外圈接合面放入铜皮进行调整，注意放铜皮时不要堵塞轴承的油孔。一般需要多次调整，才能将轴承径向游隙调整到标准范围内。游隙调整达到标准后，重新进行安装。

　　轴承的内圈由轴肩进行定位，外圈由两侧的轴承压盖进行预紧，轴承的轴向游隙［见图 9-48（b）］由两侧轴承压盖的预紧力进行调整。考虑到轴承因发热造成游隙减小，轴承的轴向应留有一定的游隙，轴承轴向游隙无相关国家标准，在安装时，一般以轴承的原始游隙为标准进行调整。具体调整方法是，将轴安装到位，轴承两侧压盖螺栓紧固到位，然后在轴的一端施加一定的轴向力。该轴向力的大小可参照轴在运行中所承受的轴向力，然后用塞尺测量游隙，可通过调整垫片进行调整，直到符合要求为止。

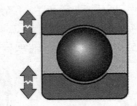

图 9-49　隔开轴承的接触面

（5）润滑

　　为使轴承正常运转，避免滚道与滚动体表面直接接触，减少轴承内部的摩擦和磨损，提高轴承性能，延长轴承的使用寿命，必须对轴承进行润滑。

　　轴承润滑的主要目的是在滚动面形成油膜，隔开轴承的接触面（见图 9-49），避免轴承腐蚀，减少轴承内各零件之间的摩擦和磨损，并进行导热和散热。轴承所用的润滑剂主要是润滑脂和润滑油两种。

9.5.2　滑动轴承的装配

（1）剖分式滑动轴承

　　剖分式滑动轴承由轴承座、轴承盖、轴瓦等组成，如图 9-50、图 9-51 所示。

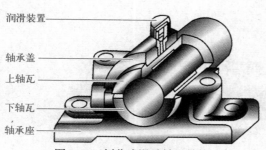

润滑装置

轴承盖

上轴瓦

下轴瓦

轴承座

图 9-50 剖分式滑动轴承结构

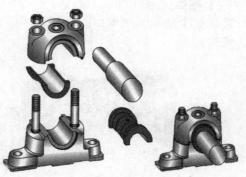

图 9-51 剖分式滑动轴承分解图

剖分式滑动轴承的装配步骤如下。

① 清洗与检查轴瓦　核对轴承型号，清洗轴承，用铜锤敲击轴瓦表面听声音，判断有无裂纹、孔洞和砂眼等。

② 检查轴承座　进行拉线找正（见图 9-52）。

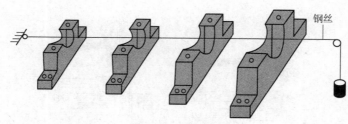

钢丝

图 9-52 拉线找正

③ 刮研瓦背　瓦背与轴承座孔应有良好的接触，配合紧密。刮研顺序为先下后上，以轴承座孔为基准刮研，轴瓦剖分面应高于轴承座剖分面。

④ 装配轴瓦　要注意以下几点。

a. 上、下轴瓦应严密接触。

b. 轴瓦与轴承座孔的配合一般为较小的过盈配合（0.01 ～ 0.05mm）。

c. 轴瓦直径不得过小或过大（见图 9-53 和图 9-54）。

d. 定位销安装要牢固。

e. 翻边或止口与轴承座之间不应有轴向间隙。

f. 用涂色法检查轴瓦与轴颈的接触角与接触点。接触角为 60°～90°。接触点：低速及间歇工况 1 ～ 1.5 点 /cm^2；中负荷及连续运转工况 2 ～ 3 点 /cm^2；重负荷及高速运转工况 3 ～ 4 点 /cm^2。

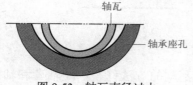

轴瓦

轴承座孔

图 9-53 轴瓦直径过小

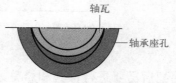

轴瓦

轴承座孔

图 9-54 轴瓦直径过大

（2）整体式滑动轴承（轴套）

整体式滑动轴承结构如图 9-55 所示。将轴套装到机体内的作业程序是压入、固定、检验、修整。

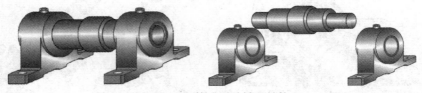

图 9-55　整体式滑动轴承结构

根据轴套在机体的位置和轴套的尺寸，可用手锤或压力机将轴套压入。图 9-56（a）所示为一种简单的压入方法（用垫板和手锤打入），开始打入轴套时，应边击打边检查，待找正后，再加大力度，否则会使配合表面擦伤，使轴套变形。图 9-56（b）所示为用导向套和手锤打入的方法，导向套起防止轴套倾斜的作用。在大量生产时，采用专用心轴最为适宜。装配时，先将轴套套在特制的心轴上，然后拧上垫板，由垫板来传递手锤或压力机的压力，将轴套压入孔内。

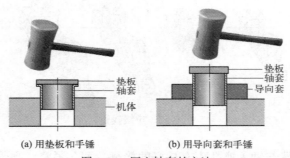

(a) 用垫板和手锤　　　　(b) 用导向套和手锤

图 9-56　压入轴套的方法

在压入轴套前，必须仔细检查轴套和机体上的孔，修整端面上的尖角，擦净接触表面并涂上润滑油，有油孔的轴套压入时，要对准机体上的油孔。直径过大或配合过盈量大于0.1mm 时，在常温下压装轴套会引起损坏，常用加热机体或冷却轴套的方法装配。加热或冷却时间的长短，由零件的形状、重量和材料来决定。

轴套压入后，为防止转动，可用紧定螺钉、销钉、骑缝螺钉等固定，如图 9-57 所示。

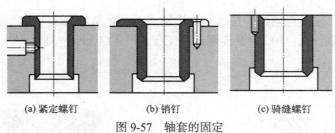

(a) 紧定螺钉　　　　(b) 销钉　　　　(c) 骑缝螺钉

图 9-57　轴套的固定

在装配后需要进行检验和修整。常采用铰孔和刮削的方法修整，使轴套和轴颈正确接触。

9.6 机器装配的自动化

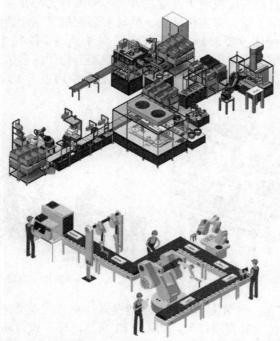

在机械制造工业中，20% 左右的工作量是装配，有些产品的装配工作量可达到 70% 左右，但装配又是在机械制造生产过程中采用手工作业较多的工序。装配技术上的复杂性和多样性，使装配过程不易实现自动化。近年来，在大批量生产中，加工过程自动化获得了较快的发展，促进了装配过程自动化的发展。装配过程自动化包括零件的供给、装配对象的运送、装配作业、装配质量检测等环节的自动化。最初从零部件的输送流水线开始，逐渐实现某些生产批量较大的产品，如电动机、变压器、开关的自动装配。现在，在汽车、武器、仪表等大型、精密产品中已有应用。

产品的装配过程所包括的大量装配动作，人工操作时看来容易实现，但如采用机械化、自动化操作，则要求装配机具备高度准确和可靠的性能。因此，一般可从生产批量大、装配工艺过程简单、动作频繁或耗费体力大的零部件装配开始，在经济上合理的情况下，逐渐实现机械化、半自动化和自动化装配。

9.6.1 自动装配机与装配机器人

自动装配机和装配机器人可用于各种形式的自动化装配：在机械加工中工艺成套件的装配；被加工零件的组件和部件装配；用于顺序焊接的零件拼装；成套部件的设备总装。

在装配过程中，自动装配机和装配机器人可完成以下形式的操作：零件传输、定位及其连接；采用压装或由紧固螺钉、螺母使零件相互固定；装配尺寸控制，以及保证零件连接或固定的质量；输送组装完毕的部件或产品，并将其包装或堆垛等。

为完成装配工作，在自动装配机与装配机器人上必须装备相应的带工具和夹具的夹持装置，以保证所组装的零件相互位置的必要精度，实现单元组装和钳工操作的可能性，如完

成装上 - 取下、拧出 - 拧入、压紧 - 松开、压入、铆接、磨光及其他必要的动作。

（1）自动装配机

自动装配机如图 9-58 所示，它配合部分机械化流水线和辅助设备实现了局部自动化装配和全部自动化装配。自动装配机因工件输送方式不同可分为回转型和直进型两类，根据工序繁简不同，又可分为单工位、多工位结构。回转型装配机常用于装配零件数量少、外形尺寸小、装配节拍短或装配作业要求高的装配场合。对于基准零件尺寸较大、装配工位较多，尤其是装配过程中检测工序多或手工装配和自动装配混合操作的多工序装配，则以选择直进型装配机为宜。图 9-59 所示为具有七个自动工位和三个并列手工工位的直进型装配系统。

图 9-58　自动装配机

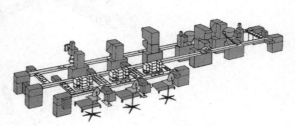

图 9-59　直进型装配系统

如图 9-60 所示，这是一种装配基础件或随行夹具，在链式或推杆步伐式传送装置上进行传送的装配机，装配工位沿着直线排列。如图 9-61 所示，环行式自动装配机的装配对象水平环行传送，没有大量空夹具返回，近似回转型。图 9-62 所示为多工位按钮自动装配机。

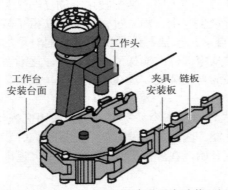

图 9-60　夹具水平返回的直进型自动装配机

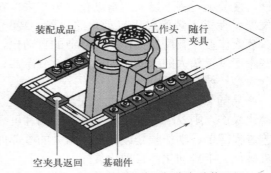

图 9-61　矩形平面轨道环行式自动装配机

（2）装配机器人

自动装配机配合部分手工操作和辅助设备，可以满足某些部件装配工作的要求，但在生产批量大、要求装配相当精确的产品装配时，不仅要求装配机更加准确和精密，而且应具有视觉和某些触觉传感机构，反应更灵敏，对物体的位置和形状具有一定的识别能力。这些功能一般自动装配机很难具备，而装配机器人则完全具备（见图 9-63）。

例如，在汽车总装配中，点焊（一辆汽车有数百甚至上千个焊点）和拧螺钉的工作量很大，又由于采用传送带流水线作业，如果由人来进行这些装配作业，就会非常紧张，如果采用装配机器人，就可以轻松地完成这些装配任务（见图 9-64）。

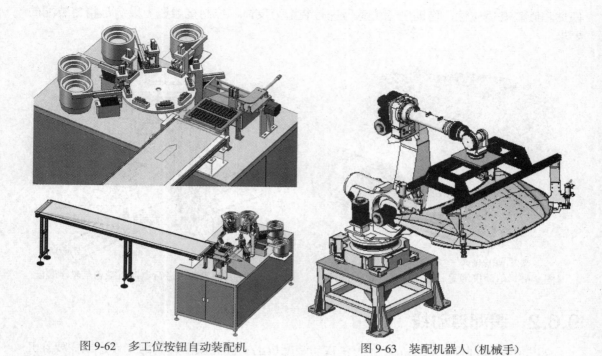

图 9-62　多工位按钮自动装配机　　　　图 9-63　装配机器人（机械手）

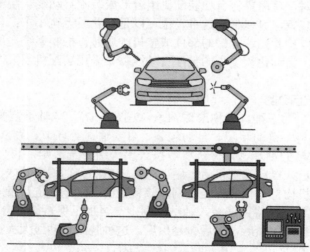

图 9-64　装配机器人点焊和拧螺钉

又如，某些精密装配机器人定位精度可达 0.02 ～ 0.05mm，这是装配人员很难达到的。装配间隙为 10μm 以下，深度达 30mm 的轴、孔配合，采用具有触觉反馈和柔性手腕的装配机器人，即使轴心位置有较大的偏离，也能自动补偿，准确装入零件，作业时间在 4s 以内。

采用装配机器人进行小型电动机滚珠轴承与端盖的精密装配如图 9-65 和图 9-66 所示。装配机器人动作顺序如下：抓住滑槽上供给的端盖；把端盖移到装配线上；解除机械联锁，使顺序机构起作用；靠触觉动作，探索插入方向，使端盖下降；配合作业完毕后，解除顺序机构作用，恢复机械联锁；返回滑槽，重复以上各步动作。由于装配机器人对零件位置的偏离和倾斜有适应性，借助触觉传感器进行装配力反馈，控制接触压力以满足精密装配的要求。

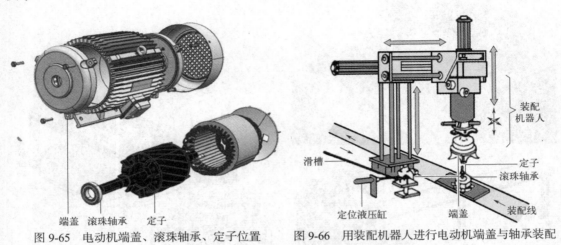

图 9-65　电动机端盖、滚珠轴承、定子位置　　　图 9-66　用装配机器人进行电动机端盖与轴承装配

9.6.2　装配自动线

如果产品或部件比较复杂，在一台自动装配机上不能完成全部装配工作，或需要在几台自动装配机上完成时，就需要将自动装配机组合形成装配自动线。装配自动线一般由四个部分组成：部件运输装置，可以是输送带，也可以是有轨或无轨小车；自动装配机或装配机器人；检验装置，用以检验已装配好的部件或整机的质量；控制系统，用以控制整条装配自动线，使其协调工作。自动化程度高的装配自动线需要采用装配机器人，它是装配自动线的关键环节。

（1）球轴承装配自动线

球轴承是滚动轴承的一种，也称滚珠轴承（见图 9-67）。球轴承装配自动线可实现零件的自动分选、自动供料、自动装配、自动包装、自动输送等环节。图 9-68 所示为球轴承装配自动线示意图。合格的钢球送入分选机，按公差等级分选成组，再分别送入储料柜中保存。轴承外圈和内圈送入自动选配机后，用电感式传感器分别测出其内、外直径，并送入自动装配机，带动选球机构打开相应直径的钢球储料柜活门，把规定数量的钢球也送到自动装配机上。多工位自动装配机将钢球装入轴承套圈中，再加上保持架，分球均匀后自动铆装，送到清洗机清洗，经自动检验后，最后包装出厂。这种装配自动线大大提高了生产率和装配质量，减轻了工人的劳动强度。

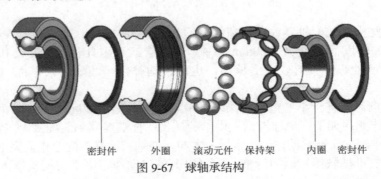

密封件　　外圈　　滚动元件　保持架　　内圈　密封件
图 9-67　球轴承结构

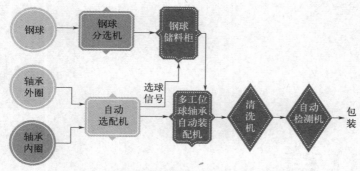

图 9-68　球轴承装配自动线示意图

（2）汽车装配自动线

图 9-69 所示为汽车装配自动线，它将输送系统、夹具、检测设备等组合在一起，以满足多品种产品的装配要求。其传输方式可以是同步传输的（强制式），也可以是非同步传输的（柔性式）。

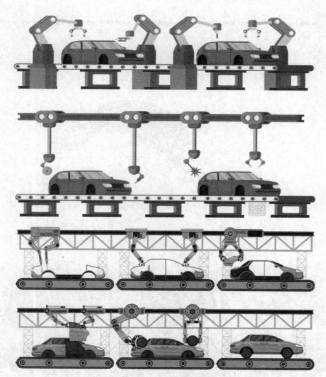

图 9-69　汽车装配自动线

汽车装配自动线可分为动力总成装配自动线（发动机、变速箱、滑柱、副车架等）、底盘装配自动线（前桥、后桥、转向节等）、内饰装配自动线（仪表板等）、车门装配自动线等。

现代装配自动化的发展，使装配自动线与自动化立体仓库，以及后一工序的检验试验自动线连接起来。为了适应产品批量和品种的变化，研制了柔性装配系统，这种现代化的装配自动线，采用了各种具有视觉、触觉和决策功能的多关节装配机器人及自动化的传送系统，可以保证装配的质量和生产率。

第 10 章
典型零件的加工

10.1   轴类零件的加工

    轴类零件通常被用于支承传动零件、传递转矩、承受载荷、保证传动零件具有一定的回转精度，是组成机器的重要零件之一。

10.1.1   轴类零件的结构特点

    轴类零件是旋转体零件，其长度大于直径，其表面通常有内、外圆柱面和圆锥面以及螺纹、键槽、花键、径向孔、沟槽等。常见轴类零件的结构形状如图 10-1 所示。

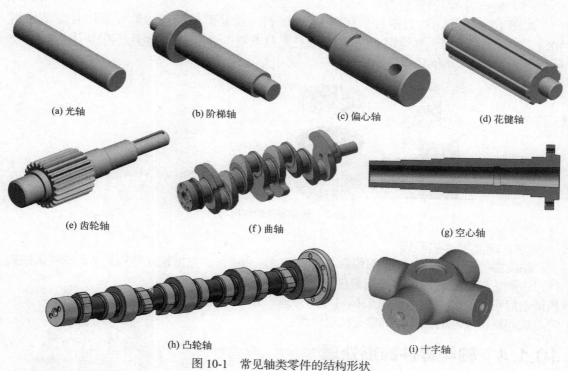

图 10-1   常见轴类零件的结构形状

10.1.2   轴类零件的技术要求

    轴通常以其支承轴颈与轴承配合，置于机架或箱体上，实现运动和动力的传递，因此支承轴颈的精度及其与配合轴承的位置精度将决定轴的工作状态和工作精度。轴类零件的技术要求通常包括以下四个方面。

    （1）尺寸精度

    起支承作用的轴颈通常尺寸精度要求较高，装配传动件的轴段尺寸精度相对要求较低。

    （2）形状精度

    轴类零件的形状精度主要是指轴颈、外锥面、莫氏锥孔等的圆度、圆柱度等，一般应将其公差限制在尺寸公差范围内。对精度要求较高的内、外圆表面，应在图纸上标注其允许偏差。

（3）位置精度

轴类零件的位置精度主要由轴在机器中的位置和功用决定。通常应保证装配传动件的轴段对支承轴段的同轴度要求，否则会影响传动件（齿轮等）的传动精度，并产生噪声。

（4）表面粗糙度

一般与传动件相配合的轴段表面粗糙度低于与轴承相配合的支承轴颈的表面粗糙度。

10.1.3　轴类零件的常用材料和毛坯

（1）轴类零件的常用材料

如图 10-2 所示，轴类零件常用材料为 45 钢，强度要求较高的轴可选用合金结构钢 40Cr、轴承钢 GCr15、弹簧钢 65Mn，高速、重载的轴可选用 20CrMnTi、20Mn2B、20Cr 等低碳合金钢或 38CrMoAl 渗氮钢。

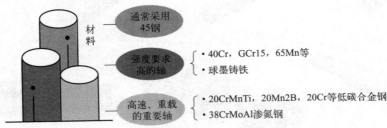

图 10-2　轴类零件的常用材料

（2）轴类零件的毛坯

轴类零件最常见的毛坯是圆棒料（见图 10-3）和锻件，大型轴或结构复杂的轴可采用铸件。一般比较重要的轴大多采用锻件，因为钢件毛坯经过加热锻造后可使金属内部纤维组织排列方向合理，分布致密均匀，从而获得较高的抗拉、抗弯及抗扭强度。

图 10-3　圆棒料

10.1.4　轴类零件的热处理

轴类零件采用锻造毛坯时，加工前需安排正火或退火处理，使钢材内部晶粒细化，消除锻造应力，并降低材料硬度，改善切削加工性能。

综合力学性能要求较高的轴类零件一般需要进行调质处理。调质一般安排在粗加工之后、半精加工之前，以便消除粗加工时产生的残余应力，获得良好的综合力学性能。当毛坯余量小时，调质也可安排在粗加工之前进行。

对于需要表面淬火的轴类零件，为了纠正因淬火引起的局部变形，表面淬火一般安排在精加工之前。对精度要求高的轴，在局部淬火或粗磨之后，还需进行低温时效处理，以保证精加工后尺寸的稳定。

10.1.5　轴类零件的加工过程

传动轴如图 10-4 所示，其加工过程一般如下。

图 10-4　传动轴

① 预备加工，包括下料、校直及预备热处理等。圆钢锯床下料如图 10-5 所示。

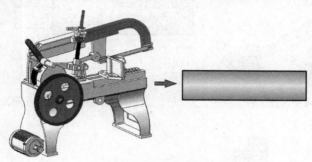

图 10-5　圆钢锯床下料

② 工件装夹（见图 10-6）。

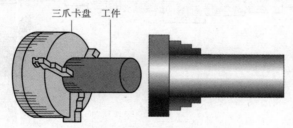

图 10-6　用三爪卡盘装夹工件

③ 车床车削。粗车一端面见平；调头，车另一端面，保证总长（见图 10-7）。

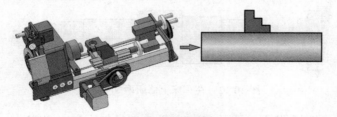

图 10-7　粗车端面

④ 车床钻削。钻一端中心孔；调头，钻另一端中心孔（见图 10-8）。

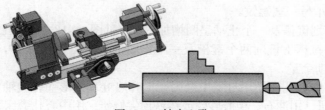

图 10-8　钻中心孔

⑤ 车床车削。用尾座顶尖顶住工件（见图10-9），粗车一侧阶梯轴；调头，用尾座顶尖顶住工件，粗车另一侧阶梯轴（见图10-10、图10-11）。

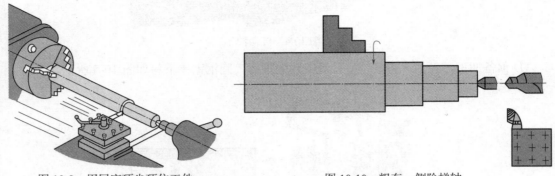

图10-9 用尾座顶尖顶住工件　　　　　　图10-10 粗车一侧阶梯轴

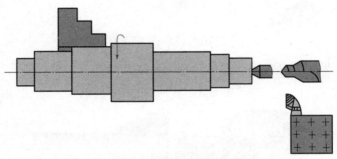

图10-11 粗车另一侧阶梯轴

⑥ 热处理（调质）。

⑦ 钳工修研。在车床上修研两端中心孔（见图10-12）。

手握

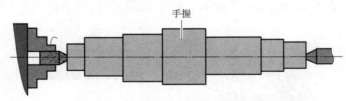

图10-12 在车床上修研两端中心孔

⑧ 车床车削。双顶尖装夹（见图10-13，图中工件仅示意），半精车一侧阶梯轴、切槽、倒角（见图10-14）；调头，双顶尖装夹，半精车另一侧阶梯轴、切槽、倒角（见图10-15）。

⑨ 车削螺纹。在车床上用双顶尖装夹（见图10-16，图中工件仅示意），车一端螺纹（见图10-17）；调头，车另一端螺纹。

⑩ 钳工划线。划键槽及一个止动垫圈槽加工线（见图10-18，图中工件仅示意）。

⑪ 铣键槽。在铣床上铣削两个键槽及一个止动垫圈槽（见图10-19，图中工件仅示意）。键槽深度应留出磨削余量。

⑫ 钳工修研。中心孔在使用过程中会因磨损和热处理变形而影响轴类零件的加工精度。用硬质合金顶尖修研；用油石、橡胶砂轮或铸铁顶尖修研；用中心孔磨床磨削（见图10-20）。

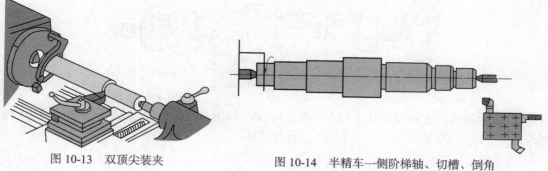

图 10-13　双顶尖装夹

图 10-14　半精车一侧阶梯轴、切槽、倒角

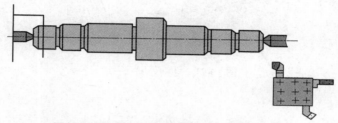

图 10-15　半精车另一侧阶梯轴、切槽、倒角

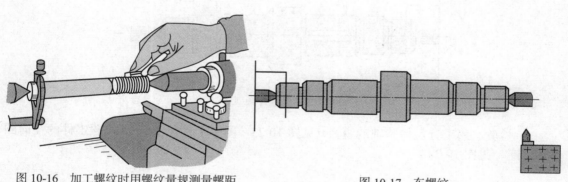

图 10-16　加工螺纹时用螺纹量规测量螺距

图 10-17　车螺纹

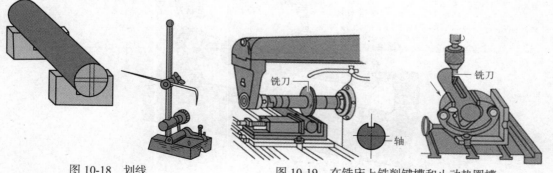

图 10-18　划线

图 10-19　在铣床上铣削键槽和止动垫圈槽

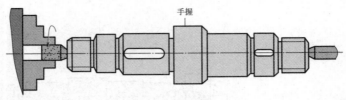

图 10-20　修研两端中心孔

⑬ 磨削外圆。在外圆磨床上磨削外圆 Q、M，并用砂轮端面靠磨轴肩 H、I；调头，磨削外圆 N、P，靠磨轴肩 G（见图 10-21、图 10-22）。

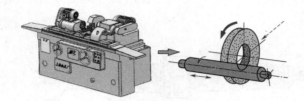

图 10-21　磨削外圆（一）

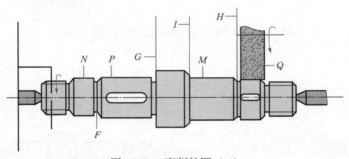

图 10-22　磨削外圆（二）

⑭ 检验。用千分尺检验轴的直径（见图 10-23，图中工件仅示意）。检验工件的径向圆跳动误差（见图 10-24）。

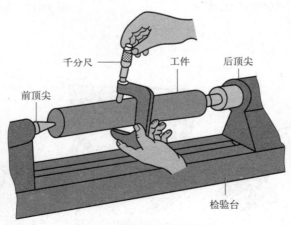

图 10-23　检验工件的外径尺寸

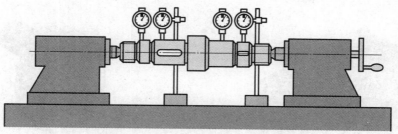

图 10-24　检测工件的径向圆跳动误差

10.2　箱体类零件的加工

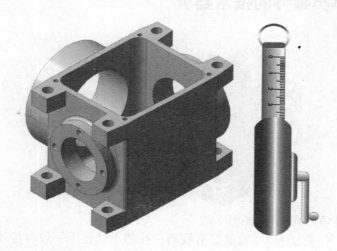

10.2.1　箱体类零件的结构特点

　　箱体是机器或部件的基础零件，它将一些轴、套和齿轮等连接在一起，保证它们之间有正确的相对位置关系，使它们能按一定的传动关系协调运动。因此，箱体的加工质量对机器的精度、性能和使用寿命都有直接影响。机械中常见的箱体类零件有减速器箱体（见图 10-25）、汽车差速器箱体（见图 10-26）、齿轮箱、发动机缸体（见图 10-27）、挖掘机底座和齿轮泵泵体（见图 10-28）等。

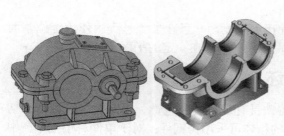

图 10-25　减速器箱体

图 10-26　汽车差速器箱体

图 10-27 发动机缸体

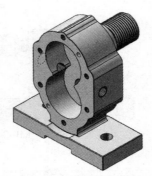

图 10-28 齿轮泵泵体

10.2.2 箱体类零件的技术要求

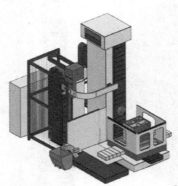

- 孔的尺寸精度和形状精度
- 孔系之间的位置精度
- 孔与平面的位置精度
- 平面的精度
- 表面粗糙度

（1）孔的尺寸精度和形状精度

箱体类零件通常对孔的尺寸精度要求较高。孔的形状精度一般应控制在尺寸公差范围内，要求高的应不超过尺寸公差的 1/2 ～ 1/3。

（2）孔与孔的位置精度

同一轴线上各孔的同轴度和孔端面对轴线的垂直度误差过大，会使轴和轴承装配到箱体内出现歪斜，加剧轴承磨损。为此，一般同一轴线上各孔的同轴度约为最小孔尺寸公差的 1/2。孔系间平行度误差，会影响齿轮的啮合质量，也有一定的精度要求。

（3）孔与平面的位置精度

孔和箱体安装基面的平行度要求，决定了轴与安装基面的位置关系。这项精度对装配影响较大，不同的装配关系有不同的要求。

（4）平面的精度

安装基面的平面度影响箱体安装连接时的接触刚度，并且在加工过程中作为定位基面也会影响孔的加工精度，因此规定基面（底面）必须平直，在一定的平面度公差范围内。

10.2.3 箱体类零件的材料与毛坯

箱体类零件的材料通常选用灰铸铁，灰铸铁具有良好的工艺性、耐磨性、吸振性和切削加工性，而且价格低廉。某些承受载荷较大的箱体可采用铸钢件；对于单件、小批生产中的简单箱体，为了缩短生产周期，降低生产成本，也可采用钢板焊接结构。在某些特定应用场合中，如飞机、汽车、摩托车的发动机箱体，可选用铝合金。

箱体类零件大多采用铸造方式获得毛坯，在铸造时，应防止砂眼和气孔的产生。为了减少毛坯制造过程中产生的残余应力，箱体在进行切削加工前通常应进行热处理。

10.2.4 箱体类零件的结构工艺性

箱体的基本孔可分为通孔、盲孔、阶梯孔和交叉孔等（见图10-29～图10-32）。最常见的为通孔，其工艺性好。盲孔、阶梯孔、交叉孔的工艺性较差。孔径相差越小工艺性越好。孔径相差越大且其中最小孔又很小时，则工艺性很差。

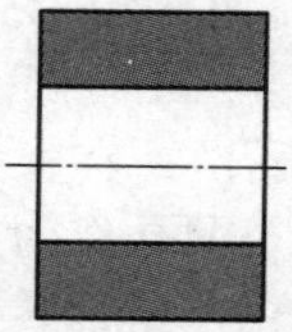

图10-29 通孔

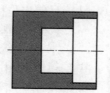

图10-30 盲孔

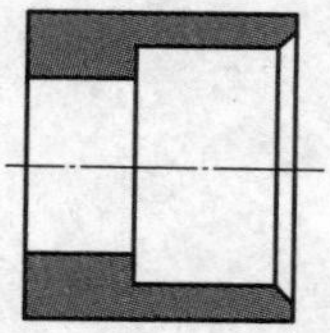

图10-31 阶梯孔

同一轴线上孔的孔径大小应向一个方向递减，镗杆从一端伸入，逐个加工或同时加工，如图10-33（a）所示。同一轴线上孔的孔径大小从两边向中间递减，可使镗杆从两边伸入箱体加工，为双面同时加工提供了条件，大批量生产时具有较好的结构工艺性，如图10-33（b）所示。同一轴线上的孔径排列方式，应尽量避免中间孔径大于外侧孔径，如图10-33（c）所示。

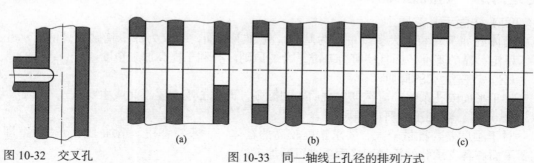

图10-32 交叉孔

(a)　　　　(b)　　　　(c)

图10-33 同一轴线上孔径的排列方式

箱体内壁孔端面加工比较困难，如果结构上要求必须加工时，应尽可能如图10-34（a）所示。若是如图10-34（b）所示，加工时镗杆伸进后才能装刀，镗杆退出前又需将刀卸下，加工很不方便。当内端面尺寸过大时，还需采用专用的径向进给装置，工艺性更差。

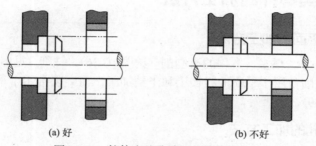

(a) 好　　　　　　　　(b) 不好

图10-34 箱体内壁孔端面的结构工艺性

10.2.5 箱体类零件的加工工艺

10.2.5.1 选择定位基准

选择基准时，应遵守基准统一和基准重合的原则。

（1）粗基准的选择

在保证各加工面有充足余量的前提下，应使孔的加工余量和孔的壁厚尽量均匀，其余部分具有适当的壁厚；装入箱体的零件应与箱体内壁之间保持足够的间隙；保证箱体必要的外形尺寸，且使定位稳定、夹紧可靠（见图 10-35）。

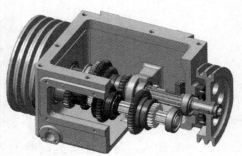

图 10-35　齿轮箱体

（2）精基准的选择

① 基准统一原则（一面两孔）：在大多数工序中，箱体利用底面（或顶面）及两孔作为定位基准加工其他平面和孔系，以避免由于基准转换而带来累积误差。

② 基准重合原则（三面定位）：箱体上的装配基准一般为平面，而它们又往往是箱体上其他要素的设计基准，因此以这些装配基准平面作为定位基准，避免了基准不重合导致的误差，有利于提高箱体各主要表面的相互位置精度。

10.2.5.2 安排加工顺序

（1）先面后孔的原则

箱体的加工和装配大多以平面为基准，先加工平面，不仅为加工精度较高的支承孔提供了稳定可靠的基准，而且还符合基准重合的原则，有利于提高加工精度。

（2）先主后次的原则

加工平面或孔系时，应贯彻先主后次的原则，即先加工主要平面或主要孔。

（3）粗、精加工分开的原则

对于刚度差、批量较大、要求精度较高的箱体，一般要将粗、精加工分开进行，即在主要平面和各支承孔的粗加工之后再进行精加工。

10.2.5.3 安排热处理工序

箱体类零件结构一般较复杂，壁厚不均匀，铸造残余内应力大，为消除内应力，减小箱体在使用过程中的变形，保持精度稳定，铸造后一般均需进行时效或退火处理。

10.2.6 箱体类零件的加工方法

10.2.6.1 箱体平面的加工方法

箱体平面的加工方法很多，常用的有刨削（见图 10-36）、铣削（见图 10-37）和磨削（见图 10-38）。刨削和铣削常用于平面的粗加工和半精加工，而磨削常用于平面的精加工，此外还有刮削（见图 10-39）、研磨等。

10.2.6.2 箱体孔的加工方法

利用普通镗床（见图 10-40）加工平行孔、垂直孔、同轴孔。

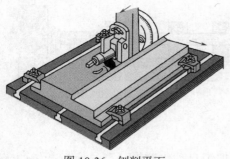

图 10-36 刨削平面

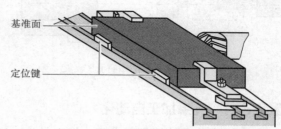

图 10-37 端铣刀铣平行面

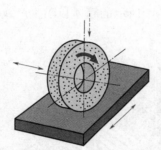

图 10-38 磨削平面

图 10-39 刮削平面

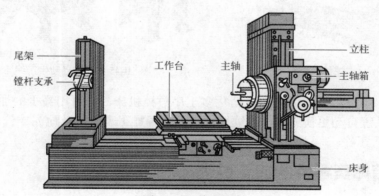

图 10-40 普通镗床

（1）平行孔系的加工方法

镗削平行孔（见图 10-41），可以移动工作台，移动一个孔距，然后镗另一个孔，保证两孔平行度要求。

（2）垂直孔系的加工方法

镗削垂直孔（见图 10-42），镗完一个孔，工作台旋转90°，再镗另外一个孔，保证两孔垂直度要求。

（3）同轴孔系的加工方法

镗削同轴孔（见图 10-43），将镗杆伸过两个孔，镗杆转动，工作台移动，保证两孔同轴度要求。

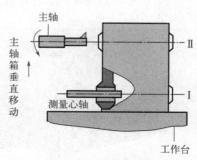

图 10-41 镗削平行孔

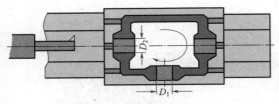

图 10-42　镗削垂直孔

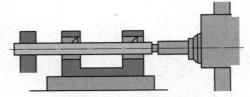

图 10-43　镗削同轴孔

10.2.6.3　孔系加工自动化

　　由于箱体孔系的精度要求高，加工量大，实现加工自动化对提高产品质量和生产率都有重要意义。随着生产批量的不同，实现自动化的途径也不同。

　　生产大批箱体，广泛使用组合机床和自动生产线加工，不但生产率高，而且利于降低成本和稳定产品质量，图 10-44 所示的箱体可利用图 10-45 所示的箱体自动生产线加工。该自动生产线设计有输送机、固定装置、加工装置等。

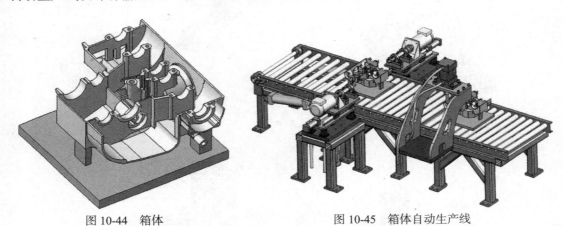

图 10-44　箱体

图 10-45　箱体自动生产线

　　生产单件、小批箱体，可采用自动化多工序数控机床，它可用最少的加工装夹次数，由机床的数控系统自动更换刀具，连续地对工件的各加工表面自动地完成铣、钻、扩、镗（铰）及攻螺纹等工序。

10.2.7　箱体类零件的加工过程

（1）零件分析

　　图 10-46 所示的剖分式箱体，对其孔径和孔距有尺寸精度要求。其位置精度包括同轴度、平行度、垂直度、径向圆跳动和端面圆跳动等。在普通镗床上加工金属材料时，一般表面粗糙度可达 $Ra1.6\mu m$。

（2）工艺分析

　　零件毛坯通常选用铸件。毛坯铸造后应进行时效处理。由于工件精度要求较高，故加工过程应划分为粗加工和精加工两个阶段。平面加工安排为铣削加工，孔系加工安排为镗削加工。由于工件为剖分式，必须先加工上、下两件，然后合箱、划线才能镗削。

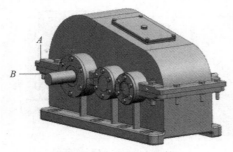

图 10-46　剖分式箱体

工件加工采用工序集中原则，一次装夹完成所有孔加工。

（3）加工步骤（见表 10-1 ~ 表 10-3）

表 10-1 箱盖的加工步骤

序号	内容	定位基准
1	铸造	
2	时效	
3	粗刨接合面	凸缘 A 面
4	刨顶面	接合面
5	磨接合面	顶面
6	钻接合面连接孔、螺纹底孔，锪沉孔，攻螺纹	接合面、凸缘的轮廓
7	钻顶面螺纹底孔，攻螺纹	接合面及两孔
8	检验	

表 10-2 箱底的加工步骤

序号	内容	定位基准
1	铸造	
2	时效	
3	粗刨接合面	凸缘 B 面
4	刨底面	接合面
5	钻底面孔，锪沉孔，铰两孔，备工艺用	接合面、端面、侧面
6	钻侧面测油孔、放油孔、螺纹底孔，锪沉孔，攻螺纹	接合面及两孔
7	磨接合面	底面
8	检验	

表 10-3 合箱后的加工步骤

序号	内容	定位基准
1	将箱盖与箱底对准合拢夹紧，配钻，铰两定位销孔并打入锥销；根据箱盖配钻箱底接合面的连接孔，锪沉孔	
2	拆开箱盖与箱底，清除接合面的毛刺和切屑后，重新装配箱体，打入锥销，拧紧螺栓	
3	铣两端面	
4	粗镗轴承支承孔、镗孔内槽	底面及两销孔
5	精镗轴承支承孔	底面及两销孔
6	去毛刺，清洗，打标记	
7	检验	

10.3　齿轮类零件的加工

　　齿轮传动广泛应用于机床、汽车、飞机、船舶及精密仪器等，其功用是按规定的速比传递运动和动力。在机械制造中，齿轮生产占有极重要的地位。

10.3.1　齿轮的结构形式和技术要求

　　齿轮由于使用要求不同而具有不同的形式，如图 10-47 所示。

(a) 盘类齿轮　　　　　　　　　　　　　　(b) 双联齿轮

(c) 轴齿轮　　　　　　(d) 内齿轮　　　　　　(e) 扇形齿轮

(f) 齿条

图 10-47　齿轮结构形式

　　齿轮的技术要求如下。

　　① 传递运动的准确性：齿轮要求运动传递准确，传动比恒定，亦即齿轮在一转中的角度误差不超过一定范围。

　　② 传递运动的平稳性：齿轮传动要求运动平稳，以减少冲击、振动和噪声，亦即当齿轮转动时，需要限制瞬时速比的变化。

　　③ 载荷分布的均匀性：齿轮工作时，要求齿面接触要均匀，这样齿轮在传递动力时不会因载荷分布不均而产生过大的接触应力，导致齿面过早磨损。

④ 传动侧隙的合理性：齿轮工作时，要求非工作齿面间留有一定的间隙，以储存润滑油，补偿因温度、弹性变形引起的尺寸变化和加工、装配时的误差。

10.3.2 齿轮的材料、热处理和毛坯

（1）齿轮的材料

齿轮的材料有碳素钢、合金钢、铸铁以及其他材料（见图 10-48）。

① 碳素钢　对于一般的机械设备，常采用碳素钢制造齿轮，常用的为 45 钢，其毛坯为锻件，对于大型齿轮，当齿轮直径大于 500mm 时，因齿轮结构复杂，锻造困难，可选用铸钢 ZG310-570 等。

② 合金钢　对于较精密的齿轮，应采用合金钢制造：制造软齿面齿轮时，常用 35CrMoA、40Cr、40CrNi、40MnVB 等合金调质钢；制造硬齿面齿轮时，常用 20Cr、20CrMnTi、20MnVB、20CrMnMo 等合金渗碳钢。

③ 铸铁　其抗胶合及抗点蚀能力强，但抗冲击性差，对于低速、轻载、尺寸较大、形状复杂的齿轮，可采用铸铁，常用的牌号有 HT300、QT400-15 等。

④ 其他材料　尼龙、夹布胶木等非金属材料，适用于高速、小功率、低精度及要求低噪声的齿轮；铸青铜用于制造高耐磨性齿轮；粉末冶金常用于载荷平稳、耐磨性要求高的齿轮。

普通齿轮通常选用中碳钢和中、低碳合金钢
非传力齿轮可选用尼龙、夹布胶木或塑料等非金属材料
硬度要求高的齿轮可选用渗氮钢
低速、轻载、无冲击的齿轮可选用灰口铸铁

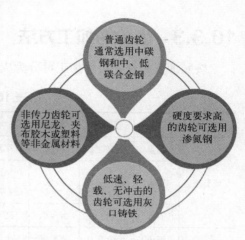

图 10-48　齿轮材料的选择

（2）齿轮的热处理

齿轮通常需要进行两种热处理，如图 10-49 所示。

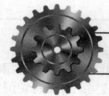

毛坯的热处理
在齿轮毛坯加工前后通常安排正火或调质等热处理，其目的是消除锻造的残余应力，改善材料内部的金相组织和切削加工性能，提高齿轮的综合力学性能
齿面的热处理
在滚齿、插齿、剃齿之后，珩齿、磨齿之前进行齿面高频淬火、渗碳淬火、氮碳共渗和渗氮等热处理工序，其目的是提高齿面硬度，增强齿轮的承载能力和耐磨性

图 10-49　齿轮的热处理

（3）齿轮的毛坯

齿轮毛坯形式主要有棒料、锻件和铸件（见图 10-50）。棒料用于小尺寸、结构简单且对强度要求不太高的齿轮。当齿轮强度要求高，并要求耐磨损、耐冲击时，多用锻造毛坯。当齿轮的直径很大时，常用铸造齿坯。为了减少机械加工量，对大尺寸、低精度的齿轮，可以直接铸出轮齿；对于小尺寸、形状复杂的齿轮，可以采用精密铸造、压力铸造、精密锻造、粉末冶金、热轧和冷挤等工艺制造出具有轮齿的齿坯，以提高生产率，节约原材料。

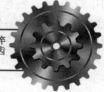

图 10-50　锻造、铸造的齿轮毛坯

10.3.3　齿轮的加工方法

按照加工原理，齿轮加工可分为成形法和展成法两大类（见表 10-4）。

表 10-4　齿轮加工方法

齿轮加工方法		刀具	机床	适用范围
成形法	铣齿	模数铣刀	铣床	用盘形或指状铣刀加工，分度头分齿，加工精度及生产率均较低
	拉齿	齿轮拉刀	拉床	精度和生产率较高，但拉刀制造困难，价格高，故仅在大批量生产时采用，适宜拉内齿轮
	磨齿	砂轮	磨齿机	适用于大批量生产，宜磨削内齿轮和齿数极少的齿轮
展成法	滚齿	齿轮滚刀	滚齿机	生产率较高，通用性强，常用于加工直齿、斜齿的外啮合圆柱齿轮和蜗轮
	插齿	插齿刀	插齿机	生产率较高，通用性强，适用于加工内、外啮合齿轮以及扇形齿轮、齿条等
	剃齿	剃齿刀	剃齿机	生产率高，主要用于滚齿、插齿加工后，淬火前的齿形精加工
	珩齿	珩齿轮	珩齿机	多用于经过剃齿和高频淬火后的齿轮加工，适用于成批生产
	磨齿	砂轮	磨齿机	生产率较低，加工成本较高，用于齿形淬硬后的精密加工，适用于单件、小批生产

用成形法加工齿轮，要求所用刀具切削刃形状与被切齿轮的齿槽形状相同，如图 10-51 所示。在卧式或立式铣床上用盘形铣刀或指状铣刀加工，是成形法加工齿轮应用较为广泛的方法。如图 10-52 所示，铣齿时工件安装在分度头上，铣刀旋转对工件进行切削加工，工作台作直线进给运动，加工完一个齿槽，分度头将工件转过一个齿，再加工另一个齿槽，依次加工完所有齿槽。成形法一般用于单件、小批生产和机修工作中，加工直齿、斜齿和人字齿圆柱齿轮。

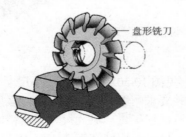

(a) 盘形铣刀

(b) 指状铣刀

图 10-51　成形法加工齿轮

展成法是利用一对齿轮啮合或齿轮与齿条啮合的原理，使其中一个作为刀具，在啮合过程中加工齿面的方法，如图10-53所示。展成法在生产中应用广泛。

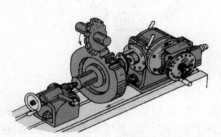

图 10-52 卧式铣床上用盘形铣刀铣齿轮

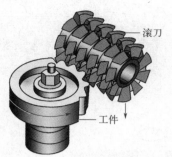

图 10-53 展成法加工齿轮

10.3.4 齿轮加工机床

（1）滚齿机

滚齿机在齿轮加工中应用十分广泛，可用来加工直齿轮、斜齿轮和蜗轮等。

如图10-54所示，刀架可沿立柱上的导轨上下直线运动，还可绕刀架转盘转动一个角度，以调整滚刀的安装角度。滚刀装在刀杆上作旋转运动，后立柱除用作心轴的支承外，还可以连同工作台一起作水平方向移动，以适应不同直径的工件及在采用径向进给法切削蜗轮时作进给运动。工件装在心轴上，随工作台一起旋转。

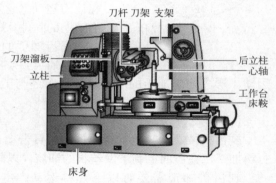

图 10-54 滚齿机

在滚齿机上用齿轮滚刀加工齿轮的原理如图10-55所示，相当于一对螺旋齿轮互相啮合的过程［见图（a）］，只是其中一个螺旋齿轮的齿数极少，且分度圆上的螺旋升角很小，所以它便成为蜗杆形状［见图（b）］，再将蜗杆开槽铲背、淬火、刃磨，便成为齿轮滚刀［见图（c）］。在滚切过程中，滚刀与齿坯按啮合传动关系作相对运动，在齿坯上切出齿槽，形成了渐开线的齿形，如图10-56所示。

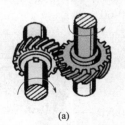
(a)

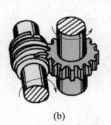
(b)

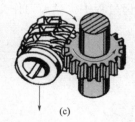
(c)

图 10-55 滚齿原理

（2）插齿机

插齿机多用于粗、精加工直齿圆柱齿轮（见图10-57），尤其适用于加工在滚齿机上不能加工的内齿轮（见图10-58）、双联齿轮和多联齿轮。

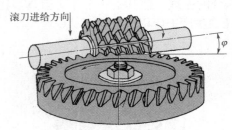

图 10-56　滚齿加工齿轮

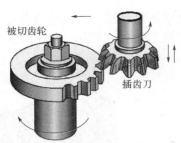

图 10-57　外齿轮的插削加工

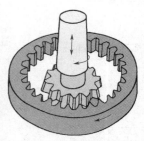

图 10-58　内齿轮的插削加工

插齿机分立式和卧式，立式插齿机使用普遍。立式插齿机又有刀具让刀和工件让刀两种形式。高速和大型插齿机采用刀具让刀，中小型插齿机一般采用工件让刀。在立式插齿机上，插齿刀装在刀具主轴上，同时作旋转运动和上下往复插齿运动；工件装在工作台上，作旋转运动；刀架（或工作台）可横向移动实现径向切入运动，刀具回程时，刀架向后稍作摆动，以便实现让刀运动（或工作台作让刀运动）。加工斜齿轮时，通过装在主轴上的附件（螺旋导轨）实现。

插齿加工的基本原理如图 10-59 所示，相当于一对圆柱齿轮啮合，其中一个是齿轮形刀具（插齿刀），插齿时刀具沿工件轴线方向作高速的往复直线运动，形成切削加工的主运动，同时还与工件作无间隙的啮合运动，在工件上加工出全部轮齿。

（3）剃齿机

剃齿机按螺旋齿轮啮合原理由刀具带动工件(或工件带动刀具)自由旋转对圆柱齿轮进行精加工，在齿面上剃下发丝状的细屑，以修正齿形和提高表面质量。

剃齿机加工需要有以下几种运动：主运动，即剃齿刀的高速正反转运动；工件沿轴向往复运动，使齿轮全齿宽均能剃削；工件每往复一次作径向进给运动，以切除全部余量。

剃齿加工是利用一对螺旋角不等的螺旋齿轮啮合的原理实现的。剃齿刀与被切齿轮的轴线在空间交叉一个角度，剃齿刀为主动轮，被切齿轮为从动轮，它们的啮合为无侧隙双面啮合的自由展成运动。在啮合传动中，由于轴线交叉角的存在，齿面间沿齿产生相对滑移，滑移速度即为剃齿加工的切削速度，通过滑移将加工余量切除。为使齿轮两侧获得同样的剃齿条件，在剃齿过程中，剃齿刀作交替正反转运动（见图 10-60）。

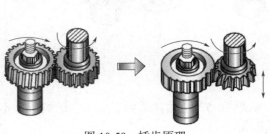

图 10-59　插齿原理

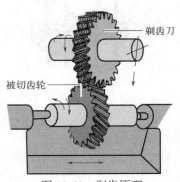

图 10-60　剃齿原理

（4）磨齿机

磨齿机常用于淬硬齿轮轮齿的精加工，磨齿能纠正齿轮淬火后的变形，因此加工精度高。有的磨齿机也可直接在齿坯上磨出轮齿，但只限于模数较小的齿轮。磨齿有成形法和展成法两大类，成形法磨齿应用较少，多数以展成法磨齿。

展成法磨齿可分为连续磨齿和分度磨齿两类。连续磨齿原理与滚齿相似（见图10-61），蜗杆形砂轮相当于滚刀，砂轮与工件靠展成运动形成渐开线。工件作轴向直线往复运动，以磨削出整个齿。连续磨削的磨齿机生产率高，但修整砂轮费时，常用于大批量生产。分度磨齿原理是利用齿轮和齿条啮合原理，以砂轮代替齿条来磨齿。如图10-62所示，用两个碟形砂轮代替齿条一个齿的两个侧面。砂轮作旋转运动和往复直线运动。砂轮往复一次，磨完一个齿的两个侧面，然后进行分度磨下一个齿，直到全部齿面磨完为止。

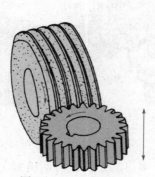

图 10-61　展成法磨齿

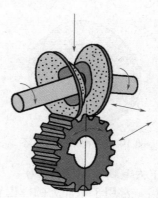

图 10-62　分度磨齿原理

10.3.5　齿轮的加工过程

（1）零件分析

齿轮在精度方面主要包括齿坯精度和齿形精度等，还包括同轴度、平行度、垂直度、径向圆跳动和端面圆跳动等。

（2）工艺分析

齿轮类工件的毛坯通常选用圆钢或锻件。

工件精度要求较高，齿坯加工过程应划分为粗加工、半精加工、精加工等阶段。为保证齿形精度，进行滚齿→剃齿→珩齿。在磨内孔、珩齿加工前，安排热处理。

（3）加工步骤

① 锻压机锻造齿坯（见图10-63）。

② 齿坯正火处理（见图10-64）。

③ 转塔车床粗车各部，均留余量（见图10-65）。

④ 车床精车各部，除内孔外，其余均达图纸要求。

⑤ 滚齿机滚齿。如图10-66所示，在滚齿过程中，在滚刀按给定的切削速度作旋转运动时，齿坯则按齿轮齿条啮合关系转动（即滚刀转一圈，相当于齿条移动一个或几个齿距，齿坯也相应转过一个或几个齿距），在齿坯上切出齿槽，形成渐开线齿面。

⑥ 倒角。可在滚齿机上安装倒角装置进行倒角。

⑦ 在插床上插键槽，达到图样要求。

图 10-63　锻压机锻造齿坯

图 10-64　齿坯正火处理

图 10-65　粗车后的齿坯

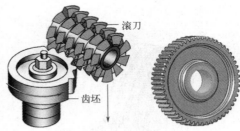

图 10-66　滚齿

⑧ 钳工去毛刺（见图 10-67）。

⑨ 剃齿。常用于未淬火圆柱齿轮的精加工，生产效率很高，是软齿面精加工最常见的加工方法之一。剃削直齿圆柱齿轮时，要用斜齿剃齿刀，使剃齿刀和被加工齿轮的轴线成 10°～20° 的交叉角。

⑩ 齿轮淬火处理（见图 10-68）。

图 10-67　去毛刺

图 10-68　齿轮淬火处理

⑪ 用内圆磨床磨内孔。

⑫ 珩齿。这也是一对交错轴齿轮的啮合传动，所不同的是利用珩磨轮表面的磨料，通过压力和相对滑动来切除金属，如图 10-69 所示。珩齿可以精加工淬硬齿轮，可得到较小的表面粗糙度和较高的齿面精度。

⑬ 检验。图 10-70 所示为齿坯端面圆跳动误差的检验，检测既可在切齿前也可在切齿后进行。测量时，把制造好的齿坯通过心轴定位在顶尖架上，形成无间隙配合，即以心轴

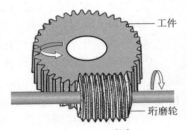

图 10-69　珩齿

轴线作为测量基准。将千分表连同其表架吸附在顶尖架的工作台面上，调整千分表测头与齿坯的端面可靠接触，然后缓慢转动心轴，同时观察千分表读数，小于图纸规定的公差值即为合格。

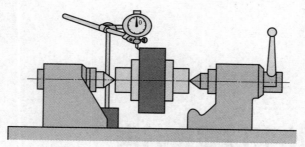

图 10-70　齿坯端面圆跳动误差的检验

图 10-71 所示为齿坯径向圆跳动误差的检验，其检测应在切齿前检测。测量方法同端面圆跳动检测一样，只是调整千分表测头与齿坯的外圆面可靠接触。

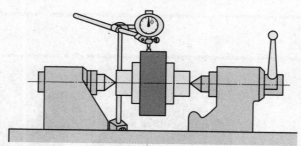

图 10-71　齿坯径向圆跳动误差的检验

第 11 章
有趣的机械制造

一台机器是怎样从材料开始，由齿轮、转轴、传动带、螺栓、螺母、轴承等零部件制造完成的呢？

11.1　螺旋千斤顶的制造

你能把汽车顶起来吗？

它就能把汽车顶起来！

　　小小的螺旋千斤顶就能把几吨重的汽车顶起来。作为一种小型起重设备，其结构小巧，顶起力大，操作简单。螺旋千斤顶是利用螺旋传动进行工作的。螺旋传动在生活中的应用有很多，目前广泛应用于机床、汽车、船舶和飞机等要求高精度或高效率的场合。

　　螺旋千斤顶通过操作者旋转摇杆或手柄（见图11-1），实现螺纹传动，从而将重物顶起。螺旋千斤顶的种类很多，常见的有固定螺旋千斤顶（见图11-2）、塔式螺旋千斤顶（图11-3）、自降螺旋千斤顶（图11-4）、剪式螺旋千斤顶（图11-5）。

托杯

手柄

螺母
（螺套）

螺杆

底座

图 11-1　螺旋千斤顶结构

图 11-2　固定螺旋千斤顶

　　如图11-1所示，螺旋千斤顶下部是底座，中间是起重螺杆和螺母（螺套），螺母用螺钉固定在上端，上部是手柄和托杯。螺钉属于标准件，可以根据要求，直接选取适当的型号。对于托杯、手柄、螺母、螺杆、底座，需要机械加工，大批量生产可在数控机床上加工，小批量生产可在普通机床（如CA6140车床）上加工。

　　托杯外形不止一种，其中一种形式如图11-6所示，它用来承托重物，材料为45钢，为了使其与重物接触良好并防止与重物之间出现相对滑动，在托杯上表面应加工出沟纹。为了防止托杯从螺杆端部脱落，用螺钉固定在螺杆上端。加工工艺流程：下料→车削外形轮廓→车削内孔→铣削沟纹→热处理→精车。

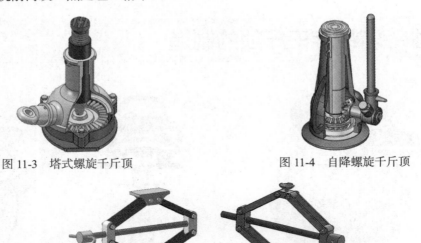

图 11-3　塔式螺旋千斤顶　　　　　　图 11-4　自降螺旋千斤顶

图 11-5　剪式螺旋千斤顶

手柄如图 11-7 所示，材料为 45 钢，加工工艺流程：下料→粗车→热处理→精车。加工手柄的过程如图 11-8 所示。

图 11-6　托杯　　　　　　　　　　　图 11-7　手柄

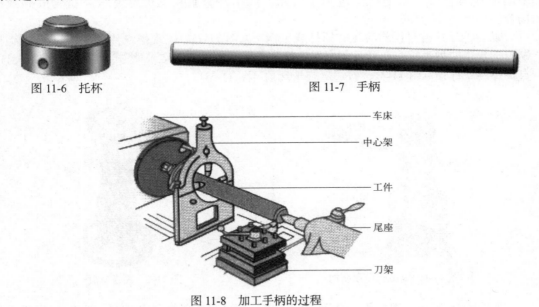

车床

中心架

工件

尾座

刀架

图 11-8　加工手柄的过程

图 11-9 所示为底座，其加工质量对千斤顶的性能和使用寿命有着直接的影响。底座材料是灰铸铁，铸铁具有较好的耐磨性、铸造性、切削加工性和减振性，而且成本低。其加工方法多采用铸造，毛坯在铸造时应注意防止砂眼和气孔的产生。为了减少残余应力，底座铸造后进行时效处理。其加工工艺流程：铸造→毛坯时效处理→车削端面→车削内阶梯孔→精车与螺套配合孔。

图 11-10 所示为螺杆，其材料为 45 钢，它起传递运动和动力的作用，所以需要具备较高的强度、硬度和耐磨性。加工工艺流程：下料→粗车→调质处理→车削外圆轮廓→加工通孔→车削矩形螺纹→攻内螺纹→热处理→精车。

图 11-9 底座

图 11-10 螺杆

图 11-11 所示为螺母，螺母螺纹多发生剪切和挤压破坏，一般螺母的材料强度低于螺杆，故只需校核螺母螺纹的强度。千斤顶转速较低，主要承受压应力。对于螺母，需要较高的强度和耐磨性，其材料可选择锡青铜。加工工艺流程：下料→粗车→车削外圆轮廓及端面→车削通孔→车削内螺纹→精车。

螺旋千斤顶的组装如图 11-12 和图 11-13 所示，螺母压入底座上的孔内，为了安装简便，需要在螺母下端和底座孔上端制出倒角，为了更可靠地防止螺母转动，底座与螺母用螺钉固定，根据顶起重量选取紧固螺钉的直径。

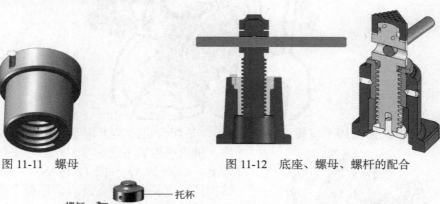

图 11-11 螺母

图 11-12 底座、螺母、螺杆的配合

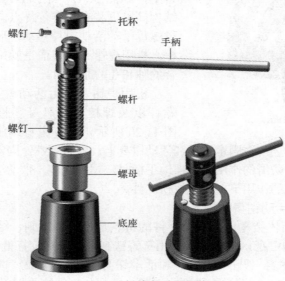

图 11-13 螺旋千斤顶的装配

千斤顶在工作时，需要在手柄上作用一定的外力，以使螺杆旋转，顶起托杯上的重物。手柄插入螺杆上端的孔中，为了防止手柄从孔中滑出，在手柄两端应加上挡环，并用螺钉固定。

一个完整的螺旋千斤顶就这样制造完成了，但它必须经过质量检验，人们才可以安全地使用。

11.2　机用虎钳的制造

机用虎钳又称机用平口钳（见图 11-14），是配合机床加工用于夹紧工件的一种机床附件。机用虎钳的用途非常广泛，常安装在机床工作台上，如图 11-15 ～图 11-18 所示。机用虎钳具有结构简单、装夹可靠等优点。用扳手转动丝杠，通过螺母带动活动钳身移动，形成对工件的夹紧与放松。机用虎钳工作表面是螺旋副、导轨副及间隙配合的轴和孔的摩擦面。

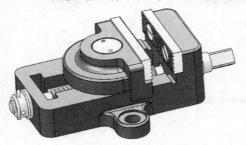

图 11-14　机用虎钳

机用虎钳主要由活动钳身、固定钳身、钳口、螺杆以及螺栓、螺母等零件组成，如图 11-19 和图 11-20 所示。固定钳身用螺栓固定于工作台上，活动钳身装在固定钳身上。在固定钳身和活动钳身上，各有用螺钉固定的钢制且制有交叉网纹的钳口板，起夹紧、防滑的作用。当摇动手柄时，螺杆旋转，带动活动钳身相对于固定钳身作轴向移动，在钳口的作用下夹紧或放松工件。

（1）固定钳身、活动钳身的加工

钳身属于机架、箱体类零件。该类零件的特点是形状不规则，结构较复杂。其作用主要是固定、连接。活动钳身、固定钳身采用灰铸铁制造，材料价格低，运用砂型铸造工艺，生产加工简单。固定钳身（见图 11-21）和活动钳身（见图 11-22）选择数控加工中心（见图 11-23）加工，加工中心能够进行铣削、钻削、镗削及攻螺纹等加工。

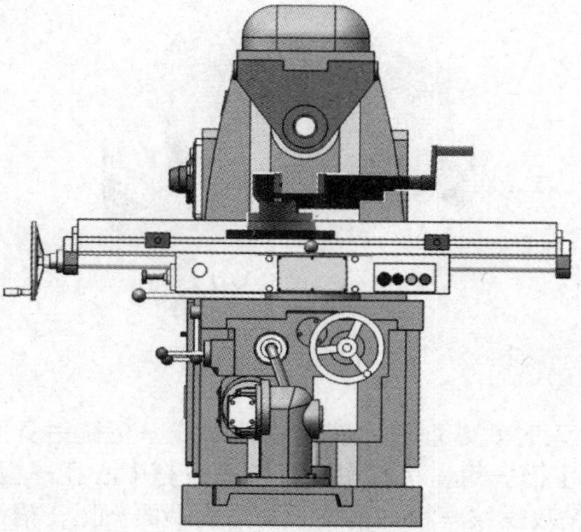

图 11-15　铣床与机用虎钳

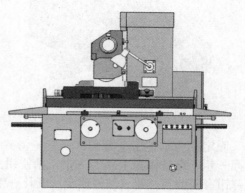

图 11-16　平面磨床与机用虎钳

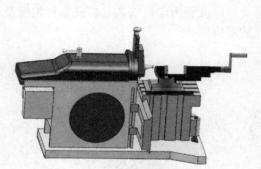

图 11-17　牛头刨床与机用虎钳

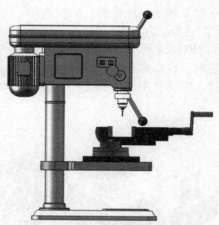

图 11-18　台式钻床与机用虎钳

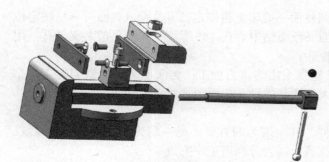

图 11-19　机用虎钳的结构

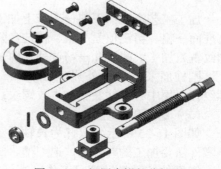

图 11-20　机用虎钳的分解图

图 11-21　固定钳身

图 11-22　活动钳身

固定钳身加工工艺流程：铸造→清砂→人工时效处理→涂防锈漆→划线→粗铣钳身下表面→粗、精铣钳身上表面→粗、精铣钳身工字槽→粗、精铣钳口板端面→打中心孔→粗、精镗钳身前壁孔→粗、精镗钳身后壁孔→粗、精攻螺纹→粗、精铣工字槽前端面→粗、精铣工字槽后端面→钳工修毛刺→检验→涂油入库。

活动钳身加工工艺流程：铸造→清砂→人工时效处理→涂防锈漆→以顶面为定位基准，粗铣钳身→以端面定位安装，精铣顶面→钻中心孔→粗、精铣各孔→加工与螺杆相配合的螺纹孔→钳工修毛刺→检验→涂油入库。

（2）螺母的加工

如图 11-24 所示，螺母材料为 Q235A，外表面粗糙度要求较高，大螺纹孔对下底面有平行度要求。在车床上车削圆柱面，用四爪卡盘装夹，以底面为定位基准。在铣削外轮廓及攻螺纹时，采用机用虎钳装夹，以底面为大螺纹孔的定位面。

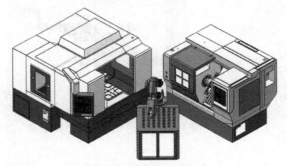

图 11-23　数控加工中心

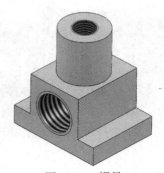

图 11-24　螺母

加工工艺流程：下料→车床上加工圆柱面→铣床上粗铣定位基准面（底面）→精铣定位基准面→粗、精铣顶面→粗、精铣台阶面→顶面钻中心孔，攻螺纹→侧面平放装夹钻孔，用螺纹铣刀加工大螺纹孔→精铣外轮廓→检验。

圆柱面采用 90° 外圆车刀加工；外轮廓采用端铣刀加工；台阶面采用立铣刀加工；小螺纹孔先用中心钻钻底孔，再攻螺纹；大螺纹孔先钻孔，再用螺纹铣刀加工。

（3）螺杆的加工

如图 11-25 所示，螺杆为长轴类零件，其一端为四方形，另一端为螺纹，中间有螺纹。该零件需要加工的有外圆、退刀槽、螺纹等，需要分两道工序完成。

螺杆的转动带动螺母工作，螺杆的性能直接影响到机用虎钳的工作效率。选用的材料要有较高的硬度和耐磨性，经调质处理后可达到要求。毛坯材料选择45圆钢。

该工件悬伸较长，采用一夹一顶方式装夹（见图11-26）。先将毛坯在普通车床上车端面，再在两端钻中心孔，并以两中心孔为安装基准，利用三爪卡盘和顶尖装夹。

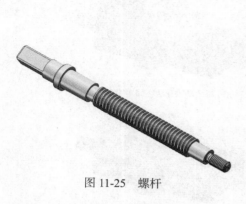

图 11-25 螺杆

图 11-26 采用一夹一顶方式装夹

加工工艺流程：下料→车端面、钻中心孔（CA6140车床）→自右向左粗车外圆，掉头粗车外圆→调质处理→精车外圆，掉头精车外圆→车退刀槽→车螺纹至图纸要求→铣床铣四方→检验。

（4）钳口板的加工

钳口板（见图11-27）选用45钢，锻造后磨削钳口板工作面和底平面，为提高硬度与韧性，再经热处理淬硬，具有较好的耐磨性。与钳身配合的螺纹孔在镗床上镗削加工。表面处理采用镀层工艺，起防水、防蚀、防锈作用。

（5）机用虎钳的装配

机用虎钳各零件的装配关系如图11-28所示。首先把螺母放入固定钳身的槽中，将螺杆从固定钳身左侧穿入，旋入螺母中，装上垫圈、六角螺母并固定，如图11-29（a）所示；将活动钳身对准螺母上部圆柱装在固定钳身上，如图11-29（b）所示；将两块钳口板分别装在固定钳身和活动钳身上，并用螺钉固定，如图11-29（c）所示；最后在活动钳身上装上螺钉固定，装配好的机用虎钳如图11-29（d）所示。

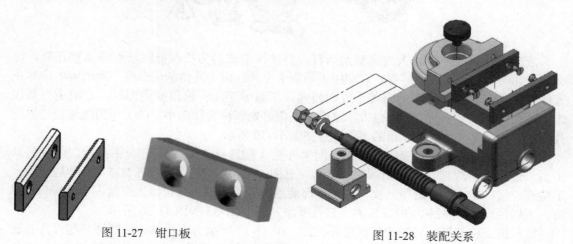

图 11-27 钳口板

图 11-28 装配关系

当用带方孔的扳手套上螺杆右端方头，并顺时针方向转动时，螺母带着活动钳身向右移动，即可夹紧工件进行加工，待加工完毕，逆时针方向转动扳手，即可松开并取下工件。

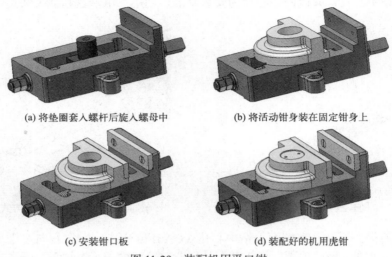

(a) 将垫圈套入螺杆后旋入螺母中   (b) 将活动钳身装在固定钳身上

(c) 安装钳口板   (d) 装配好的机用虎钳

图 11-29　装配机用平口钳

11.3　液压千斤顶的制造

　　液压千斤顶需要依靠人力来驱动压杆，将液压能转换为机械能，从而将重物托起。那么它是如何轻松举起重物的呢？它利用了帕斯卡原理：由于液体的流动性，密闭容器中静止流体的压强，将大小不变地向各个方向传递。压强等于压力除以受力面积，如果受力面积大，那么作用于这个面上的力也大，这样就能很好地解释为什么小小的千斤顶能够轻松举起几吨重的汽车了。液压千斤顶的工作原理如图 11-30 所示。

　　图 11-31 所示为卧式液压千斤顶。钢架外壳（见图 11-32）采用合金钢制造，经机械加工后，还要进行焊接，可采用焊接机器人（见图 11-33）来完成（见图 11-34），但是必须人工检查焊接机器人作业的每一接口，保证都能达到要求，并完成机器人焊接不了的接口（需要人工焊接）。焊好后利用喷漆机器人进行喷漆，如图 11-35 和图 11-36 所示。

　　液压缸是将液压能转换为机械能的元件。图 11-37 所示为液压缸、活塞杆与起重臂的连接。图 11-38 所示为液压缸与压杆的连接，起重臂与托架（见图 11-39）的连接如图 11-40 和图 11-41 所示。

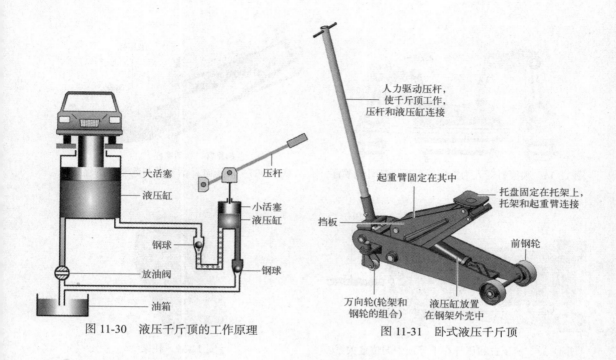

图 11-30　液压千斤顶的工作原理

大活塞
液压缸
压杆
小活塞
液压缸
钢球
放油阀
钢球
油箱

人力驱动压杆，使千斤顶工作，压杆和液压缸连接
起重臂固定在其中
托盘固定在托架上，托架和起重臂连接
挡板
前钢轮
万向轮(轮架和钢轮的组合)
液压缸放置在钢架外壳中

图 11-31　卧式液压千斤顶

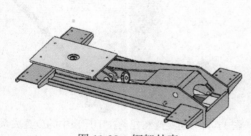

图 11-32　钢架外壳

图 11-33　焊接机器人

图 11-34　焊接机器人焊接液压千斤顶钢架外壳

图 11-35　喷漆机器人

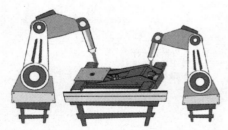

图 11-36　喷漆机器人为液压千斤顶钢架外壳喷漆

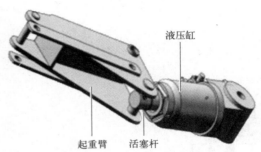

图 11-37　液压缸、活塞杆与起重臂的连接

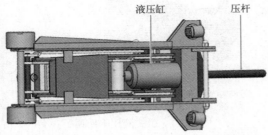

图 11-38　液压缸和压杆在千斤顶中的位置关系

图 11-39　托架

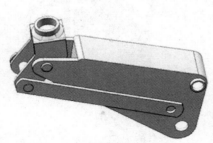

图 11-40　起重臂与托架的连接

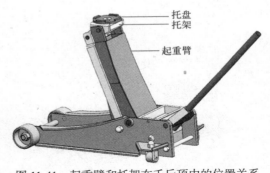

图 11-41　起重臂和托架在千斤顶中的位置关系

　　千斤顶需要起升、移动重物，钢架外壳下安装万向轮与直轮（前钢轮）（见图 11-42），使千斤顶移动起来更加灵活。万向轮由轮架（见图 11-43）和钢轮（图 11-44）组合而成。

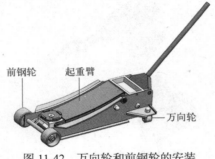

图 11-42　万向轮和前钢轮的安装

图 11-43　轮架

图 11-44　钢轮

液压千斤顶组装好后，必须检查液体是否泄漏，以其 125% 额定工作压力测试，动作正常，不漏油为合格。

11.4 厨用剪刀是如何制造的

图 11-45 所示为厨用剪刀的基本结构与用途。厨用剪刀通常比一般剪刀大，以方便处理肉类、海鲜、长条状蔬菜等食材。

图 11-45 厨用剪刀的基本结构与用途

厨用剪刀的材料选用 304 食品级不锈钢。通过热模锻使毛坯变为刀片，等刀片冷却后，利用整修冲压机切掉刀片周围的多余金属。整形后用砂带进行表面打磨（见图 11-46）。接着打安装孔（见图 11-47）。

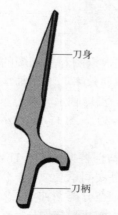

刀身

刀柄

图 11-46 用砂带打磨后的刀片

图 11-47 刀片打孔

采用热处理工艺使不锈钢刀片更坚固耐用。用研磨机打磨刀柄，用抛光轮抛光刀身，然后用电解蚀刻机将公司名称刻在刀身上，并用研磨机磨出锯齿。

把刀片放进注塑机的模具里，将熔化的塑胶充入模具，然后迅速冷却，使塑胶硬化包住刀柄（见图11-48）。用可拆卸旋钮将两刀片组装在一起并适当调整，就完成了剪刀的组装（见图11-49）。只要稍微转动旋钮，就能分开两刀片进行清理，然后再组合，非常方便。

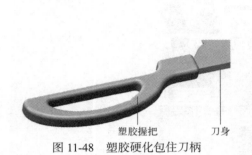

图 11-48　塑胶硬化包住刀柄

可拆卸旋钮，转动可将剪刀拆分成两半使用

图 11-49　组装好的厨用剪刀

塑胶握把　刀身

11.5　滚珠轴承的制造

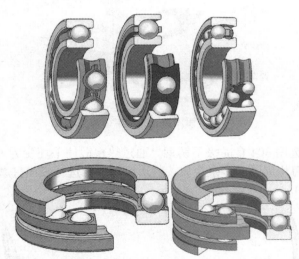

滚珠轴承是滚动轴承的一种，将球形合金钢珠安装在内钢圈和外钢圈的中间，以滚动方式来降低动力传递过程中的摩擦力和提高机械动力的传递效率。滚珠轴承不能承受重载荷，在轻工机械中较常见。滚珠轴承也称球轴承。具体有深沟球轴承、调心球轴承、角接触球轴承、推力球轴承等。滚珠轴承应用非常广泛，在图11-50～图11-59所示的产品中都有使用。

滚珠轴承主要包含四个基本元件：滚珠、内圈、外圈与保持架（见图11-60和图11-61）。其内圈通常与轴配合，外圈通常与孔配合。滚珠在内圈与外圈间承受载荷。保持架分离滚珠以减少摩擦，均匀分布滚珠优化载荷，引导无载荷的滚珠，在分离型轴承的安装或拆卸时保证滚珠不会散落。密封圈用以延长使用寿命，保存润滑剂，防止异物侵入。

图 11-50　洗衣机

图 11-51　空调

图 11-52　旱冰鞋

图 11-53　钓鱼竿

图 11-54　风力发电机

图 11-55　摩托车

图 11-56　赛车

图 11-57　轿车

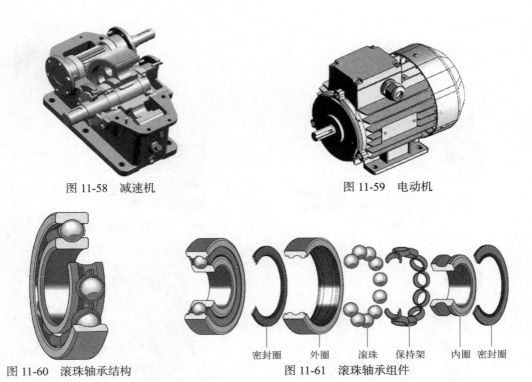

图 11-58 减速机　　　　　　　　　　图 11-59 电动机

图 11-60 滚珠轴承结构

密封圈　外圈　滚珠　保持架　内圈　密封圈
图 11-61 滚珠轴承组件

（1）内圈与外圈的制造

图 11-62 所示为滚珠轴承内圈与外圈加工工艺流程。

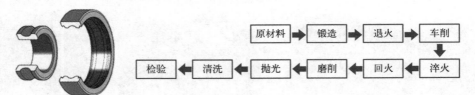

图 11-62 滚珠轴承内圈与外圈加工工艺流程

　　滚珠轴承内、外圈的原材料是棒料，经锻造后退火，采用车床车削成基本形状，保证厚度并留下磨削余量，淬火并回火后再经专用磨床磨削，使之达到最终尺寸，抛光、清洗，包装入库待装配。

（2）滚珠的制造

滚珠加工工艺流程如图 11-63 所示。

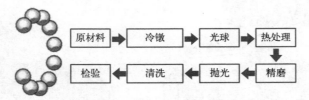

图 11-63 滚珠加工工艺流程

滚珠的原材料是合金线材（见图 11-64），将直径和最终球体直径差不多的线材按所需大小切成小段（见图 11-65）。将截好的线材装入钢球冷镦机，由冷镦机内的钢模镦打成球坯。冷镦机处理的速度极快，每分钟可以制作约 1000 个球坯（见图 11-66），将球坯放入钢球光球机，光球机有两块厚重坚硬、带凹槽的铸铁磨球板，转动一侧的磨球板，使球坯在凹槽内滚动，就可以磨掉毛刺了（见图 11-67）。一次研磨表面还是凹凸不平，所以需多次重复研磨。在这一过程中会产生许多热量，因此必须对球坯和铸铁磨球板进行冷却。

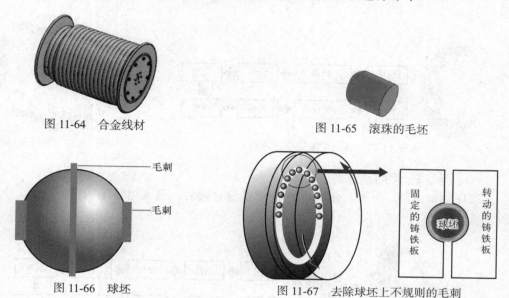

图 11-64　合金线材

图 11-65　滚珠的毛坯

图 11-66　球坯

图 11-67　去除球坯上不规则的毛刺

　　热处理会提高滚珠的硬度和强度。将滚珠加热到一定温度后，置于油中冷却到一定温度，然后再将滚珠加热到某一温度（回火），以保持其高的硬度和耐磨性，降低淬火残余应力和脆性，同时得到均匀的内部组织。

　　将滚珠再次放入光球机，并在冷却液中添加研磨剂，滚珠再次从凹槽内通过，表面被打磨光滑了，并达到最终的尺寸。对滚珠进行抛光处理仍然使用光球机，但磨球板是由软金属制成的，并且板间压力也小了很多。另外，使用的是抛光剂而不是研磨剂。这一工序在不去除任何材料的情况下，使滚珠的表面变得非常光滑。用超声波和清洗液清洗滚珠后，利用光的反射情况进行外观检查（见图 11-68），利用仪器测量其圆度、球径（见图 11-69）及表面粗糙度。合格的滚珠用防锈油进行喷淋后（见图 11-70）按要求进行包装。

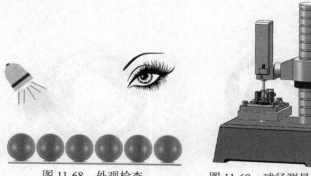

图 11-68　外观检查

图 11-69　球径测量仪检测

图 11-70　滚珠的成品

（3）保持架的制造

在滚珠轴承中，保持架的基本功能是等距离分隔并保持滚珠，引导滚珠在滚道上运动。保持架加工工艺流程如图 11-71 所示。

保持架的种类繁多，按其制造方法可分为冲压保持架、车制保持架、压铸保持架和注塑保持架。滚珠轴承的保持架多采用冲压保持架（见图 11-72），一般采用钢板在常温下冲压而成。

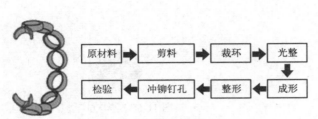

原材料 → 剪料 → 裁环 → 光整

检验 ← 冲铆钉孔 ← 整形 ← 成形

图 11-71　保持架加工工艺流程

图 11-72　冲压保持架

（4）滚珠轴承的组装

滚珠轴承内圈、外圈、滚珠和保持架检验合格后，进入组装车间进行组装，其流程如图 11-73 所示。

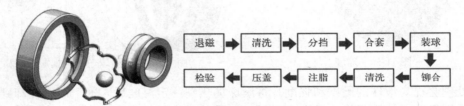

退磁 → 清洗 → 分挡 → 合套 → 装球

检验 ← 压盖 ← 注脂 ← 清洗 ← 铆合

图 11-73　滚珠轴承组装流程

轴承组装机采用叠装上料，轴承内、外圈叠放起来由分料气缸夹走，取料机械手先取内圈，将其放到中间的夹具中，再取外圈，按分好的挡把两个零件放在一起（见图 11-74），通过中间的大气缸进行合套，装好后由后面的取料气缸取走。

成品滚珠被送到自动组装机的槽里，自动组装机上的送球机构将滚珠通过软管送到推料机构里，推料机构将正确数量的滚珠推入内、外圈的滚道中（见图 11-75），分球仪把滚珠均匀排列在滚道里。接下来安装保持架。组装机先安装半个保持架，接着另一台组装机再安装另一半保持架。紧接着组装机使轴承旋转并进行测试，最后把两半保持架铆合，安装完毕（见图 11-76）。

图 11-74　合套

图 11-75　装球

图 11-76　装保持架

用清洗液进行喷淋清洗，用噪声检测仪检测轴承运转的噪声。组装机把润滑脂均匀涂抹在轴承的滚道上，再盖上密封圈封住润滑脂。最后用自动控制测试仪进行质量检测，用激光机在合格的轴承上刻写型号和编号后，就可以打包入库了。

11.6　螺栓、螺母的制造

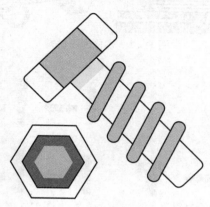

螺栓、螺母（见图 11-77 ～图 11-79）的使用非常普遍。它们可以随时组合与分开，是可拆卸连接。

图 11-77　六角螺栓

图 11-78　六角螺母

图 11-79　螺栓和螺母组合

11.6.1　螺栓的制造

螺栓加工工艺流程如图 11-80 所示。

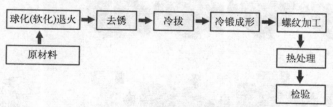

图 11-80　螺栓加工工艺流程

制造螺栓的原材料根据零件的服役条件选择，可以是钢盘条（见图 11-81）。首先对原材料进行球化（软化）退火，以便获得均匀细致的内部组织，从而显著提高其塑性变形的能力。然后将盘条置于硫酸池内，去除铁锈，经水漂洗后，对其表面进行防锈处理。

用成形机在室温下将盘条拉直后将其切成略长于螺栓总长的条状，加长的部分将被制成螺栓头。每一条都用模具压成标准圆柱体，再通过另外一组模具逐步锻出螺栓的头部（见

图 11-82 ～图 11-84)。

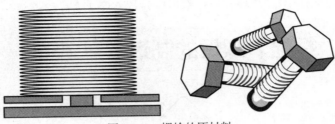

图 11-81　螺栓的原材料

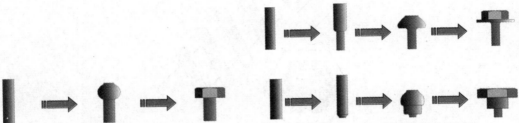

图 11-82　普通螺栓冷锻过程　　　　图 11-83　大变形量螺栓冷锻过程

将冷锻好的毛坯通过活动牙板与固定牙板的相互作用，使螺纹成形（见图 11-85 ～图 11-87)。

图 11-84　冷锻后螺栓毛坯

图 11-85　搓丝原理

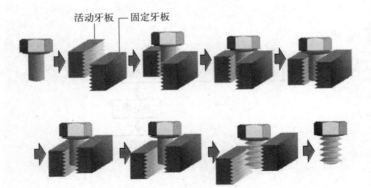

图 11-86　搓丝过程

图 11-87　搓丝后的螺栓零件

　　每一批次的生产期间，都需要随机抽取样品测定尺寸，测试过程需要用到多种测量工具，例如用螺纹千分尺测量螺纹的中径，用卡尺测量螺栓头的宽度，用螺纹环规综合检查螺纹（见图 11-88 ～图 11-90)。

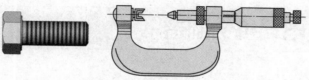

图 11-88　用千分尺测量螺栓的长度

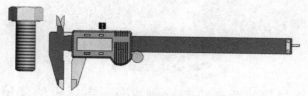

图 11-89　用卡尺测量螺栓头的宽度

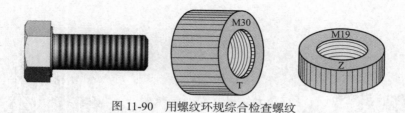

图 11-90　用螺纹环规综合检查螺纹

11.6.2　螺母的制造

螺母加工工艺流程如图 11-91 所示。

制作螺母需要用到的工艺为热锻，热锻是在高温状态下进行锻压。选择圆钢（见图 11-92），将其切成小段，加热后用液压锤将其锻打成正六方形，另一模具则加工内孔，接着在孔内攻螺纹（见图 11-93）。在攻螺纹时要加润滑油，以最大程度地减少丝锥的磨损。然后进行热处理，最后抽样检测，检验其是否合格。

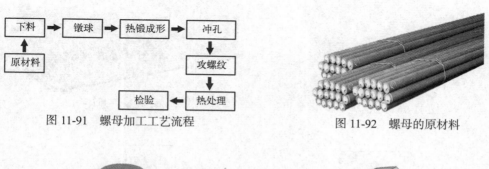

图 11-91　螺母加工工艺流程　　　　　　图 11-92　螺母的原材料

图 11-93　螺母的成形过程

11.7 电动机的制造

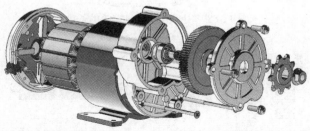

电动机是把电能转换成机械能的一种设备，电动机的使用涉及方方面面（见图 11-94 ～图 11-101）。

图 11-94 地铁列车

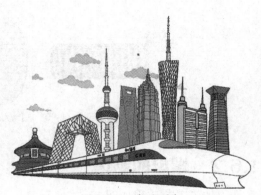

图 11-95 高速列车

图 11-96 飞机

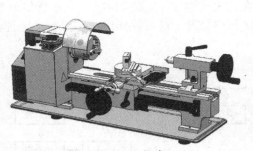

图 11-97 机床

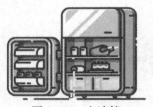

图 11-98 电冰箱

图 11-99 抽油烟机

图 11-100 吹风机

图 11-101 洗衣机

图 11-102 所示为电动机的外观，图 11-103 所示为其内部结构。电动机主要由两个组件构成（见图 11-104），固定部分称为定子，在定子里面转动的称为转子。定子包含多个线圈，对它们通电将产生磁场，使转子旋转产生机械能。机座和端盖也是电动机主要零件。

图 11-102 电动机的外观

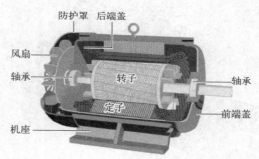

图 11-103 电动机内部结构

在电动机制造过程中，要使用很多专用设备，例如铁芯冲片涂漆和干燥所用的专用设备；转子铸铝所用的熔铝炉、预热炉及压铸机（或离心铸铝机）、转子铜条（笼形结构）所用的中频焊机；防爆电动机壳体的耐压试验设备；绕组制造中所用的绕线机、胀形机、包绝缘机以及浸渍、烘干设备等。电动机制造过程中所使用的材料也有很多，除钢材外，还包括有色金属及其合金，以及各种绝缘材料。

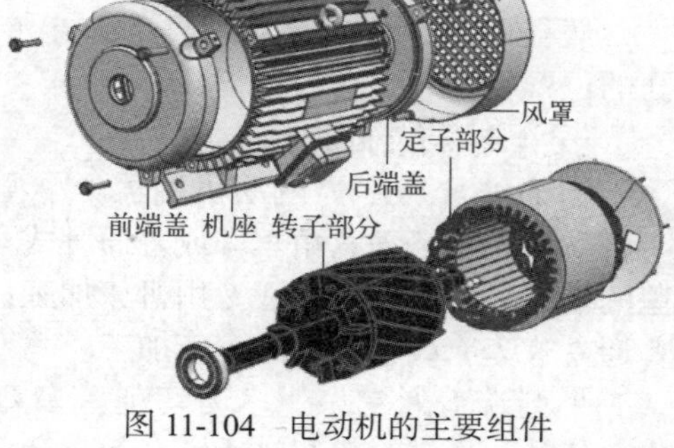

图 11-104 电动机的主要组件

11.7.1 电动机主要零件的金属切削加工

（1）机座的加工

机座（见图 11-105）是电动机的主要结构零件，对电动机的互换性和空气隙的均匀度影响较大，加工比较复杂。合理选择机座的加工方案和加工方法，对提高电动机质量和降低

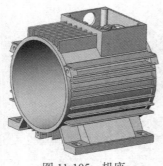

图 11-105　机座

机械加工费用影响很大。机座的种类很多，从不同的角度出发，可分成许多不同的类型。

机座通常为铸铁件，大型异步电动机机座一般用钢板焊成，微型电动机的机座采用铸铝件。封闭式电动机的机座外面有散热筋以增加散热面积，防护式电动机的机座两端端盖开有通风孔，使电动机内外的空气可直接对流，以利于散热。

中小型异步电动机的机械加工：底平面的刨削或铣削，止口和铁芯挡内圆的车削；各种固定孔的加工（钻孔和攻螺纹）。

机座底平面加工方法主要有两种，在刨床上加工和在铣床上加工。对于小型电动机机座，通常在牛头刨床上加工，尺寸大一些的机座则在龙门刨床（见图 11-106）上加工。在铣床铣底平面时，采用一个大直径的镶齿式刀盘（见图 11-107），加工时接近连续切削，因此没有振动，可以提高切削用量，通常只需一次走刀，除可以很好地保证底平面的表面粗糙度、平面度以外，还能保证机座的中心高尺寸精度。

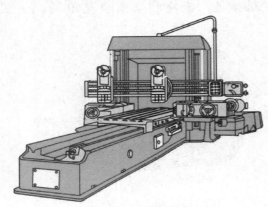

图 11-106　龙门刨床

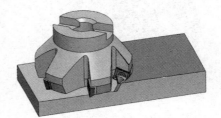

图 11-107　镶齿式刀盘

止口和铁芯挡内圆一般情况下采用车削加工，尺寸大的可以采用数控立式车床（见图 11-108）加工，镗两端止口及铁芯挡内圆。

底孔和端盖固定孔在钻孔时，由专门的钻模来保证孔的位置度公差。

（2）端盖的加工

图 11-109 所示为电动机端盖。小型端盖一般用多轴半自动车床、自动六角车床或普通卧式车床加工；稍大一些的端盖采用组合机床或专用机床加工；更大的端盖则用普通立式车床或数控立式车床加工。

小型端盖通常采用多刀切削。多刀刀架可以纵横两方向移动。通常，粗车轴承室、粗车和精车轴承室外端面用一把刀，精车轴承室和倒角用一把刀，车轴承室内端面用一把刀，粗车与精车端面各用一把刀，粗车与精车止口和止口端面用一把刀。

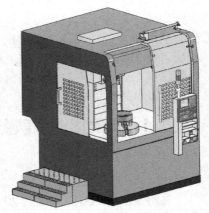

图 11-108　数控立式车床

采用两次装夹加工固定孔，小型端盖用立式钻床或多头钻床钻孔和攻螺纹，中大型端盖则在摇臂钻床上钻孔和攻螺纹。为了提高生产率和保证各孔的相对位置，在钻孔时通常都采用钻模。

（3）转轴的加工

电动机转轴如图11-110所示，其加工过程可分为预备加工和成形加工两个阶段。预备加工包括毛坯下料、圆钢调质、平端面和打中心孔等。预备加工的目的是提供符合加工要求的毛坯，并加工好工艺定位基准，以便后续的成形加工。成形加工包括粗车、半精车、精车、磨外圆、铣键槽等。成形加工的目的是将毛坯加工成设计的形状和尺寸。

图11-109 端盖

图11-110 转轴

毛坯下料、圆钢调质是在毛坯进入机械加工工序之前进行的。平端面、打中心孔和成形加工都在机械加工环节进行。轴的加工基准为两端的中心孔，中心孔是转轴车削、磨削以及后期转子表面、绕线电动机集电环表面车削的基准，因而在加工过程中必须保证中心孔不受任何损害，以确保各圆柱面的同轴度。

11.7.2 电动机定、转子铁芯的冲压加工

传统制作方法是用普通模具冲制出定、转子冲片（散片），齐片后再经铆接、扣片或氩弧焊等，交流电动机转子铁芯还需手工扭转出斜槽。现代冲压技术是用高精度、高效率、长寿命、集各工序于一副模具的多工位级进模在高速冲床（见图11-111）上进行自动化冲制。其冲制过程是卷料先经校平机校平，再通过自动送料装置自动送料，条料进入模具，可以连续完成冲裁、精整、叠片等一系列工序，成品被输送出来。

11.7.3 电动机的组装

定子铁芯（见图11-112）有凹槽，每一个都要装入铜制绕组并进行绝缘处理，形成定子（见图11-113）。把定子浸入聚酯基清漆中，排除空气，彻底浸透，然后放入烘箱烘烤，随着清漆变硬，定子线圈变得坚硬，再把定子放入机座里（见图11-114）。

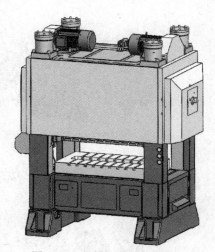

图11-111 定、转子高速冲床

转子由转子铁芯、转子绕组和转轴等组成（见图11-115）。转子铁芯（见图11-116）作为电动机磁路的一部分，并放置转子绕组。转子绕组切割定子磁场，产生感应电动势和电流，并在旋转磁场的作用下受力使转子转动。转轴用以传递转矩及支承转子的重量，一般都由中碳钢或合金钢制成。除了定子和转子两大部分外，还有端盖、风扇等其他附件。

图 11-112　定子铁芯

图 11-113　定子

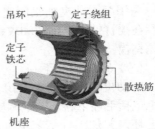

图 11-114　定子装入机座

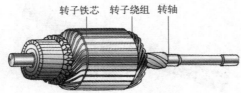

图 11-115　转子的组成

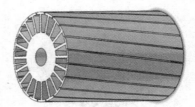

图 11-116　转子铁芯

　　转子需要进行平衡，否则电动机会振动，导致性能下降。图 11-117 所示为装配好的转子。把转子放进定子里（见图 11-118），注意不要损坏定子线圈，然后再一起放入机座中。安装电动机后端盖，安装风扇，以冷却运行中的电动机，防止电动机过热发生故障。安装风扇防护罩，在电动机前面装上前端盖（见图 11-119、图 11-120）。最后对电动机进行测试，包括绝缘和输出等多项指标。

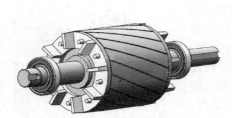

图 11-117　装配好的转子

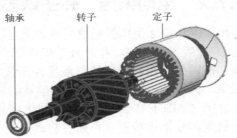

图 11-118　装配转子和定子

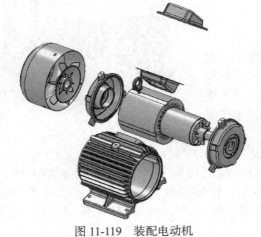

图 11-119　装配电动机

图 11-120　装配好的电动机

随着科技的发展，电动机已经在自动生产线上装配了。电动机组装生产线主要由转子组装、定子组装、电动机总成装配以及控制器组装等工序组成。电动机组装生产线可实现产品生产过程信息的全追溯。从组装机（见图11-121）到组装生产线（见图11-122），真是一个飞跃呀！

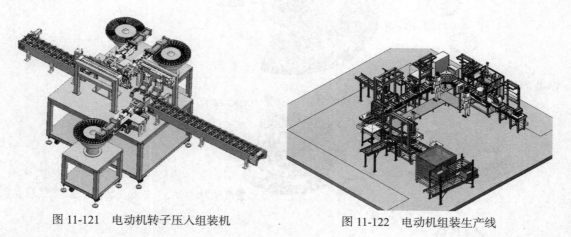

图 11-121　电动机转子压入组装机　　　　图 11-122　电动机组装生产线

11.8　永恒的机械之美——机械手表的制造

机械手表是怎样制造的？一块常见的机械手表的机芯有上百个零件，更多功能的机芯则有上千个零件。机械手表可分为手动机械手表和自动机械手表两种。图11-123、图11-124所示为一款自动机械手表组件。一块完整的机械手表一般由表壳、机芯、表盘、表带、后盖等组成。

一块机械手表的制作需要上百个加工和组装工序，不仅需要手表工匠的精湛技艺，还需要现代化的设备和昂贵的制表材料。手表外壳（见图11-125）由一整块不锈钢制成，冲床先把它压出基本形状，再经过铣床精密切削，就可以让它定型；接下来的就是修边工序，修好边的表壳，需要用手工雕琢，在上面制出需要的效果；再接下来，要给表壳抛光，用毛毡不停地摩擦表壳的各个部分，还需要由机器进行第二道抛光，让它发出金属特有的光泽。

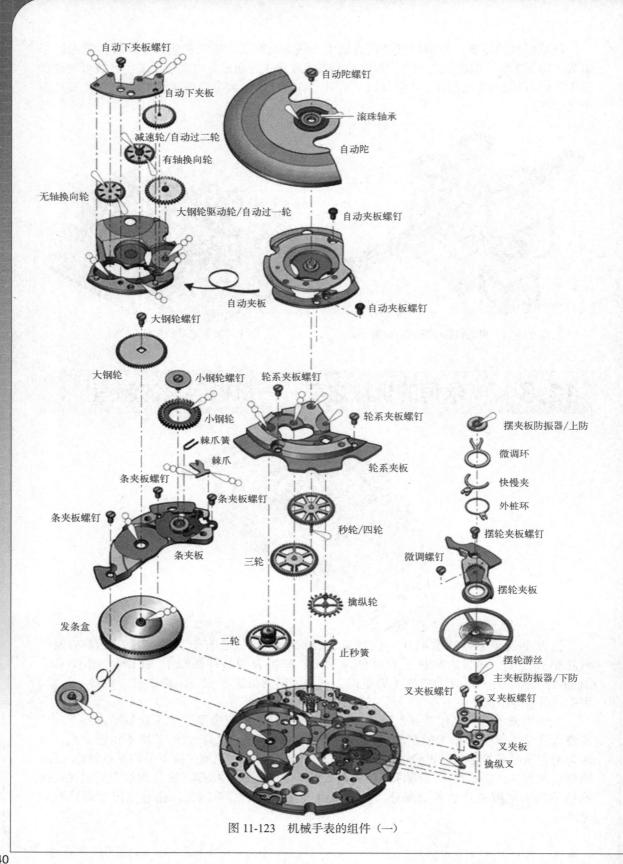

图 11-123　机械手表的组件（一）

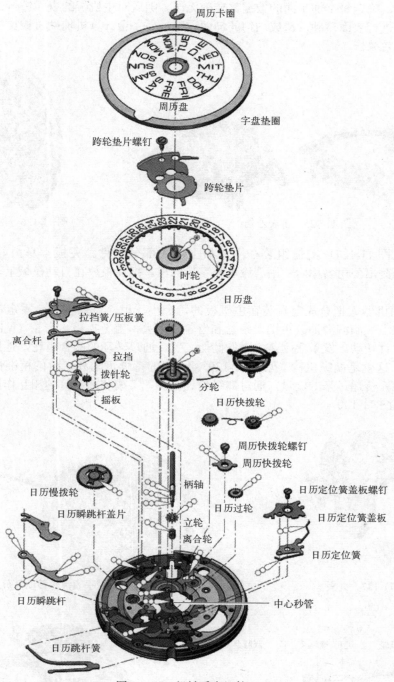

周历卡圈

周历盘

字盘垫圈

跨轮垫片螺钉

跨轮垫片

时轮

日历盘

拉挡簧/压板簧

离合杆

拉挡

拨针轮

摇板

分轮

日历快拨轮

周历快拨轮螺钉

周历快拨轮

日历慢拨轮

柄轴

日历定位簧盖板螺钉

日历瞬跳杆盖片

日历过轮

日历定位簧盖板

立轮

离合轮

日历定位簧

日历瞬跳杆

中心秒管

日历跳杆簧

图 11-124 机械手表组件（二）

　　机芯是手表的重要部件，手表机芯主机板是由一整块黄铜加工而成的。将切割好的黄铜片用冲床压出初步形状，再用计算机辅助铣床将其切削到正确的厚度，并在黄铜片上切削出凹槽和孔（见图 11-126）。机芯的其他零件将以主机板为底座来安装。铣磨制造过程会在主机板表面留下微量金属粉尘和油渍，因此主机板要用水和溶剂彻底清洗，干了之后用检测仪器进行检查，确定每个加工面的数据都准确无误。随后对主机板的表面进行处理，为了去除工具痕迹，进行表面喷砂，造成均匀的糙面质感；另一台计算机辅助机械在主机板表面蚀刻出珍珠般的效果。

图 11-125　手表外壳

图 11-126　主机板

夹板（见图 11-127）盖住组装在主机板上的大部分零件。夹板本身由好几个零件组成，用激光雕刻出公司名称后，用清漆填充字母部位。把夹板放在自动机械上，刻出拉丝的质感。

接下来用机器人把合成宝石装在主机板的每个小孔里，每颗宝石会固定住机芯的某个活动零件，加上一滴润滑油。再把发条盒和齿轮装上去，盖上夹板。齿轮（见图 11-128）可以带动手表指针转动。发条盒则是手表的储能装置，通过转动的啮合齿轮，连接到摆轮上进行动力传递，这就是擒纵机构（见图 11-129），手表的持续走动和走时的精准性，都要靠它来控制。从轮系传递过来的能量，通过擒纵轮、叉瓦、叉槽和圆盘钉的相互作用传递给摆轮游丝系统（见图 11-130）。

图 11-127　夹板

图 11-128　机械手表齿轮传动部分

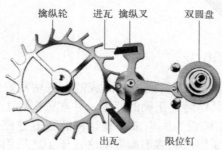

擒纵轮　进瓦　擒纵叉　双圆盘

出瓦　限位钉

图 11-129　杠杆式擒纵机构

游丝

摆轮

擒纵叉

擒纵轮

图 11-130　摆轮和擒纵机构连接

现在轮到机器人上场了，通过电子显微镜的观察，让它给每颗宝石和其他零件滴注润滑油，同时在自动陀上用激光打上手表品牌和标志，然后把自动陀安装到机芯上，随着手腕的运动，它就能给手表上紧发条。

接下来安装手表的表盘（见图11-131）。表盘由两黄铜片组成：上面的黄铜片标有时间刻度，表面镀了氧化铜；下面的黄铜片则涂满了夜光颜料。使用专门的机器，给手表装上指针。下面要把整块手表组装到一起。在表壳里摆好密封圈，然后把表壳摆在冲床上，把表镜压进外圈，密封圈会封住表镜和外圈之间的缝隙，这样就可以防止手表进水了。把组装好的机芯和表盘放在表壳里，在表冠孔中涂上油脂，把事先加工好的柄轴和表冠（见图11-132）安装在手表上，转动表冠就可以轻松地调整时间了。表冠由柄头管、垫圈、柄头盖、柄帽组成，通过垫圈与柄头管配合，可以防止水蒸气和灰尘进入表壳内。柄头管铆装在表壳上，与柄轴连接。表冠按顺时针方向转动可以上发条，拉出一挡可以调时间，拉出两挡可以拨动指针。把手表的后盖盖上去，这只漂亮的手表就组装好了。

图 11-131　表盘

图 11-132　表冠

有的手表的表冠上还有一个重要部件——护桥装置（见图11-133）。它可以锁在表壳上盖住表冠，保护它不被意外转动和磕碰。每一块手表，除了保证走时精准，都要经过严格的防水测试，经过这道检验，它们才能自信地来到主人的面前。

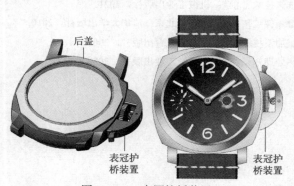

图 11-133　表冠护桥装置

参 考 文 献

[1] 王先逵 . 机械制造工艺学 . 北京：机械工业出版社，2006.

[2] 尹成湖 . 机械制造技术基础 . 北京：高等教育出版社，2021.

[3] 盛善权 . 机械制造 . 北京：机械工业出版社，1999.

[4] 王建峰 . 机械制造技术 . 北京：电子工业出版社，2002.

[5] 于爱武 . 机械制造技术应用 . 北京：北京理工大学出版社，2019.

[6] 赵程，杨建民 . 机械工程材料 . 北京：机械工业出版社，2015.

[7] 耿鑫明 . 特种铸造生产工艺及装备入门与精通 . 北京：机械工业出版社，2011.

[8] 周湛学 . 机械零件精度测量及实例 . 北京：化学工业出版社，2009.

[9] 周湛学 . 铣工 . 北京：化学工业出版社，2004.

[10] 尹成湖 . 磨工 . 北京：化学工业出版社，2004.

[11] 郑慧萍 . 镗工 . 北京：化学工业出版社，2004.

[12] 陈志杰 . 刨插工 . 北京：化学工业出版社，2004.

[13] 罗小丽 . 电机制造工艺及装配 . 北京：机械工业出版社，2019.

[14] 杨永强，王迪 . 激光选区熔化 3D 打印技术 . 武汉：华中科技大学出版社，2019.

[15] 杨永强，王迪 . 金属 3D 打印技术 . 武汉：华中科技大学出版社，2020.

[16] 郭连湘，黄小平 . 机械零件加工质量检测 . 北京：高等教育出版社，2012.

[17] 陈维平，李元元 . 特种铸造 . 北京：机械工业出版社，2018.

[18] 黄鹤汀，吴善元 . 机械制造技术 . 北京：机械工业出版社，1999.

[19] 吴承建，陈国良，强文江 . 金属材料学 . 北京：冶金工业出版社，2009.

[20] 陈强，高波 . 金属切削加工 . 北京：机械工业出版社，2015.

[21] 钟翔山 . 机械设备装配全程图解 . 北京：化学工业出版社，2019.

[22] 李淑芳 . 机械装配与维修技术 . 北京：机械工业出版社，2021.

[23] 万苏文，何时剑 . 典型零件工艺分析与加工 . 北京：清华大学出版社，2010.

[24] 郭溪茗，宁晓波 . 机械加工技术 . 北京：高等教育出版社，2009.

[25] 孙晓旭 . 金属材料与热处理知识 . 北京：机械工业出版社，2008.